非线性壁板颤振

谢 丹 著

科学出版社

北 京

内 容 简 介

本书主要内容包括超声速、高超声速气流中简支壁板、悬臂板的非线性(热)颤振的基本理论及分析方法、非线性气动力效应及结构损伤对壁板非线性颤振特性的影响、力-热-结构耦合建模及分析技术在典型弹道下变高度和变马赫数状态下的壁板热颤振特性分析中的应用。第 1 章主要介绍壁板颤振问题的工程背景、问题概述、分析方法、研究现状及壁板颤振研究的新方向。第 2 章介绍壁板非线性颤振求解方法,包括运动方程的建立、运动偏微分方程的空间离散方法、模型降阶方法、非线性动力学响应的分析方法。第 3~5 章分别介绍简支壁板的非线性颤振分析方法、三维受热简支壁板的复杂响应分析方法及悬臂板的非线性颤振分析方法。第 6 章进行非线性气动力对壁板颤振特性的影响分析。第 7 章介绍损伤壁板的非线性颤振分析方法。第 8 章介绍基于力-热-结构耦合的热气动弹性分析技术的壁板热颤振分析。最后,附录提供了全书的符号变量列表及复杂公式的推导,方便读者查阅。

本书可作为高等院校航空航天类相关专业从事壁板非线性颤振基础研究的教师和高年级本科生、研究生的参考书,也可供从事相关研究的科研人员参考和查阅。

图书在版编目(CIP)数据

非线性壁板颤振 / 谢丹著. —北京:科学出版社,
2021.11
　　ISBN 978 - 7 - 03 - 068792 - 0

　　Ⅰ.①非…　Ⅱ.①谢…　Ⅲ.①飞机壁板—颤振　Ⅳ.
①V223

中国版本图书馆 CIP 数据核字(2021)第 090948 号

责任编辑:徐杨峰 / 责任校对:谭宏宇
责任印制:黄晓鸣 / 封面设计:殷　靓

科学出版社 出版
北京东黄城根北街 16 号
邮政编码:100717
http://www.sciencep.com

南京展望文化发展有限公司排版
苏州市越洋印刷有限公司印刷
科学出版社发行　各地新华书店经销

*

2021 年 11 月第　一　版　　开本:B5(720×1000)
2021 年 11 月第一次印刷　　印张:15 1/4
字数:260 000

定价:120.00 元
(如有印装质量问题,我社负责调换)

Foreword

Professor Dan Xie has been actively engaged in research on the topics of this monograph for almost a decade and she has provided a compact account of the state of the art to which she has made notable contributions. This in depth and wide ranging discussion will be of great interest to other research scholars in the field and especially to those research students beginning their own research. As Professor Xie notes there are ample opportunities for continuing work and progress. Her insightful discussion will provide a substantial and very helpful foundation for those seeking new research challenges and opportunities.

Earl H. Dowell

Duke University, August 2021

序

    谢丹教授近十年以来一直投身于非线性壁板颤振的相关研究,她对本学科的最新研究进展进行了总结和详尽的阐述,并在该领域做出了突出贡献。这种深入而广泛的研究工作将激发该领域研究者的广泛兴趣,特别是对那些刚刚开启自己学术生涯的学生来说,更是如此。正如谢教授所指出的那样,非线性壁板颤振领域仍然大有可为,未来的工作仍然有广阔空间。而她富有洞察力的研究将为那些寻求新挑战和新机遇的研究者提供坚实的基础。

Earl H. Dowell

2021 年 8 月于杜克大学

前　言

　　1903 年 12 月 8 日,Langley 的"空中旅行者"发生了机尾折断而导致飞行失败。9 天后,Wright 兄弟成功试飞了世界上第一架动力载人飞机"飞行者一号",成为世界飞行第一人,创造了历史。Coller 教授评论道:"若不是气动弹性问题,Langley 很可能取代 Wright 兄弟的历史地位"。而"空中旅行者"飞行失败的原因正是机翼扭转发散,代表了气动弹性现象的首次问世,同样也创造了历史。随着气动弹性力学的发展,典型的气动弹性现象,如扭转变形发散、操纵反效、颤振、抖振、动响应等,在指导飞行器设计与安全飞行中扮演了举足轻重的角色。

　　颤振是结构由于气动弹性效应从气流中吸收能量而发生的振幅不衰减且相当大的振动现象,作为危险性、频发性、复杂性最严重的一种动不稳定气动弹性现象,可能发生在飞行器全机或部件上、薄壁结构上、大跨度桥梁上或高耸建筑上,往往造成灾难性事故或巨大的经济损失。1940 年,著名的 Tacoma 大桥在建成四个月后发生了颤振坍塌,是历史上典型的桥梁颤振事故。2003 年,美国的太阳神"NASA‐Helios"在起飞半个小时后发生了上表面蒙皮及太阳能帆板撕裂而坠入太平洋。然而,壁板颤振是飞行器蒙皮结构或其他薄壁结构在气动力、惯性力及弹性力共同作用下发生的一种自激振动。随着飞行器的质量更轻、速度更高,飞行器的薄壁结构发生壁板颤振越来越频繁,虽然不会像机翼颤振那样造成破坏,但是频繁的结构振动往往造成振动噪声或结构疲劳损伤。因此,颤振也成为飞行器设计中重要的研究范畴。

　　鉴于壁板颤振研究对飞行器设计的重要基础性意义,自 20 世纪 50 年代起,壁板颤振受到国际著名学者的高度重视。美国科学最高荣誉——美国国家科学奖章获得者、美国科学院/工程院院士、中国科学院外籍院士加州理工学院的

Fung 教授和麻省理工学院的 Dugundji 教授是早期从事壁板颤振研究的代表人物。后续,美国工程院院士 Dowell 教授对非线性壁板颤振问题开展了长达半个多世纪的研究,是壁板颤振研究的集大成者。过去五十余年,Dowell 在航空航天领域顶级期刊 *AIAA Journal* 上发表了壁板颤振相关论文 40 余篇,涵盖了从理论机理研究到仿真计算方法研究、从实验研究到工程应用研究等方面,极大地丰富了壁板颤振的研究内涵,是公认的壁板颤振研究第一人。然而,Dowell 的代表性专著 *Aeroelasticity of Plates and Shells* 出版于 1975 年,后续尽管多次再版,仍以第一版为主体,内容多为经典二维、三维壁板颤振的气动/结构耦合问题,关于气动/结构/热等多场耦合以及高性能降阶模型等新问题涉及甚少。而国内还没有任何关于壁板颤振研究的相关专著。因此,激发了作者撰写本书的动力和兴趣,希望能够将新的分析方法和重要发现呈现给读者,推动壁板颤振研究方向的持续发展。

目前,关于壁板颤振的研究还存在一些问题。① 壁板颤振是一个典型的气动弹性问题,涉及气动和结构的耦合模型求解,本质上是偏微分方程(partial differential equation, PDE)的求解。经典的求解方法如伽辽金(Galerkin)方法、瑞利-里茨(Rayleigh - Ritz)方法都是半解析法,且精度高,但是对壁板的几何外形及边界条件有很大的限制。相比之下,有限元方法虽然克服了半解析法的局限性,但是计算量过大。② 对悬臂板颤振的研究相对甚少,而且局限于简单的极限环运动,还未涉及对混沌等复杂响应的研究。对于复杂响应,疲劳寿命的计算法则是不同的,因此不同的响应形式往往会导致疲劳寿命不连续,这对疲劳寿命的预测是非常重要的。③ 壁板由于发生频繁振动可能存在结构的疲劳损伤,如刚度损失等,相对于理想健康壁板结构,其影响到底有多大?另外,在目前的壁板颤振分析中,多采用线性气动力模型,而随着马赫数的增加,非线性气动力效应的影响有多大?值得进一步探究。④ 考虑高超声速范围内,气动加热显著,气动热与气动弹性之间的耦合不可忽略。传统的将气动热加载在结构上的做法往往不够准确。

作者于 2011~2013 年在 Dowell 教授的指导下从事壁板非线性颤振相关研究。随后,作者的博士学位论文也对简支壁板、悬臂板在超声速气流中的非线性颤振做了相关研究,并探索了模型降阶技术在该领域的应用。随后,又对该研究进行了拓展:① 考虑壁板存在结构损伤,根据损伤壁板的非线性颤振研究探索结构损伤诊断的非线性手段;② 考虑在更高马赫数如高超声速气流中,研究非线性气动力效应对壁板非线性颤振特性的影响;③ 于 2019~2021 年在香港理工大学从事博士后研究,基于已有的壁板非线性颤振研究,建立了气动力-气动热-热传导-结构动力学多物理场耦合的高超声速壁板热颤振分析;④ 在力-热-结构耦合分析的基础上,以及考虑了典型弹道下变来流参数的情况下,对壁板的热颤振特性进行分析。以上 4 项研究工作对壁板非线性颤振的研究进行了很大程度的拓展和延伸,也是作者撰写本书的另一个强大动力。

　　本书针对壁板非线性颤振问题对作者多年的研究工作进行了系统性总结,包括从二维壁板到三维壁板、从简支壁板到悬臂板、从均匀受热壁板到气动加热环境下的壁板、从经典半解析法空间离散到模型降阶方法空间离散、从线性气动力到非线性气动力、从理想壁板结构到损伤壁板结构、从固定高度和马赫数到典型弹道下变高度和变马赫数的壁板热颤振分析。

　　本书能够顺利出版,得益于西北工业大学研究生教育教学改革专项的资金支持,以及科学出版社的帮助,在此表示感谢。最后向参与书稿整理的研究生冀春秀、车驰、张世豪表示感谢。由于作者水平有限,书中的缺点和不足在所难免,恳请读者批评、指正。

谢丹

2021 年 1 月于西北工业大学航天学院

多学科飞行动力学与控制实验室

目　录

第 3 章　简支壁板的非线性颤振分析

36

第 4 章 三维受热简支壁板的复杂响应分析

第 5 章 悬臂板的非线性颤振分析

第 6 章　非线性气动力效应分析

第 7 章　损伤壁板的非线性颤振分析

第8章　基于力-热-结构耦合的壁板热颤振分析

附录 A　符号变量列表

附录 B 系 数 公 式

第 1 章

绪　论

1.1　壁板颤振问题工程背景

随着飞行速度提高、结构质量轻便等要求的提出,一些新型飞行器如高速民用运输机,可重复使用的发射器,X-33、X-34 及 X-38 等空天飞行器以及高性能战斗机 YF-22、JSF 等都面临着可能的壁板颤振问题[1],如图 1.1[2]所示。壁板颤振是飞行器蒙皮结构或其他薄壁结构在气动力、惯性力及弹性力的共同作用下发生的一种自激振动,是一种气动弹性不稳定现象。壁板颤振可能造成的后果有:① 产生强烈的噪声;② 壁板在长时间的振动后发生疲劳开裂甚至在飞行中破碎;③ 壁板覆盖的或其附近的设备失效。最早发生的壁板颤振案例是第二次世界大战中德国的 V-2 火箭,当时有 70 余枚发生了事故,发生事故的真正

① V-2火箭　　④ F-117
② 土星五号　　⑤ X-33
③ X-15

图 1.1　工程实践中的壁板颤振问题[2]

原因是火箭头部的壁板结构发生了颤振。20 世纪 50 年代,由于壁板颤振引起液压管路断裂,一架美国战斗机在试飞中坠毁。1992 年 AIAA 动力学专家会议上的一篇报道指出,由于壁板颤振问题,F－117A 隐身战斗机在试飞中大约有一半的复合材料蒙皮出现了裂纹。因此,1985 年颁布实施了美军标《飞机结构通用规范》,要求对蒙皮壁板进行防颤振设计。长期以来,我国在进行飞机结构设计时并没有考虑壁板颤振问题,设计规范中也没有对此提出要求。但是从 1988 年末起,我国系列飞机也因为壁板颤振问题相继出现了严重的方向舵蒙皮裂纹故障[3]。总之,远至国外的新型飞行器,近至国内的民用飞机,都发生过形形色色的壁板颤振问题。因此,壁板颤振问题是国际学术界与工程界广泛关注的一个问题。

壁板颤振主要有以下几个特点[4,5]：① 壁板颤振是一种典型的超声速现象,大部分壁板颤振现象均发生在超声速气流中;② 在飞行器的壁板颤振问题中,气流仅作用在壁板的一个表面上;③ 发生壁板颤振时,由于受到结构非线性的影响,一般呈现出有限幅值的极限环振动。因此壁板颤振通常不会引发迅速的结构破坏,而是造成结构的疲劳损伤的累积;④ 在马赫数 $Ma > 2.2$ 的超声速和高超声速壁板颤振研究中,一般要考虑气动加热的影响[6-13]。在热环境下,气动加热产生的温度效应将影响壁板的颤振特性,具体体现在两个方面[14]：① 温度的升高使材料的力学性能发生改变;② 结构受热时,如果出现温度分布不均匀或者结构变形受到约束,都要产生热应力。这时,在弹性力、惯性力、气动力和热载荷的耦合作用下,结构、材料、气动力等方面的非线性效应异常显著,必须采用非线性的颤振理论来研究。研究非线性壁板颤振问题,有助于加深对壁板颤振机理的理解,从而找到设计参数对壁板颤振稳定性边界的影响规律,指导飞行器工程中高速飞行器的壁板设计工作。同时由于壁板颤振研究涉及多个学科的知识,其建模方法、分析方法和控制方法均能体现各学科的发展,而且能够在非线性气动弹性力学研究和气动热弹性力学研究等领域得到广泛应用。因此,壁板颤振研究不仅理论意义重大,而且具有重要的工程实用价值。

壁板颤振属于气动弹性力学的范畴,而气动弹性又是流固耦合问题的一个重要分支。流体与固体之间的相互作用是大自然中最为常见的力学现象之一。例如,微风掠过树叶、大雁翱翔于天空、鱼儿畅游于水中等都体现着一种和谐的力学之美。不仅限于自然事物,人类制造的飞行器、机械、桥梁、船舶等文明产物也在不可避免地与浸没它们的流场环境相互作用着。壁板颤振是流固耦合力学在航空航天工程上的一个典型问题,而流固耦合问题在很多领域都是普遍存在的(图 1.2)。

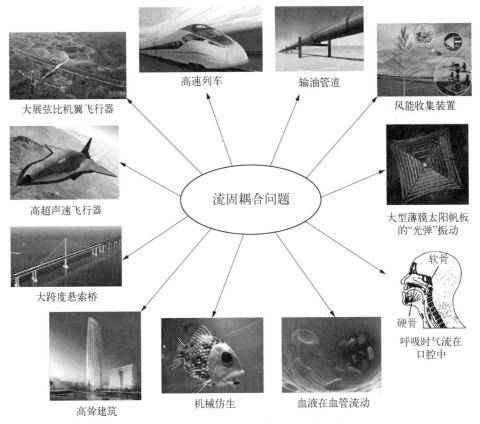

图 1.2 工程中不同领域的流固耦合问题

1)飞机机翼颤振问题[15-22]

(1)高超声速飞行器或火箭等蒙皮颤振问题[1,5,23-27]。

(2)直升机桨叶颤振问题[28,29]。

(3)叶轮机转子的气动弹性问题[30,31]。

(4)太阳帆板"光压弹性"问题[32]。

2)土木工程

(1)大跨度悬索桥的风桥耦合问题[33-35]。

(2)大桥拉索的风致振动[36]。

(3)高耸大楼的风致响应[37]。

（4）水-坝耦合[38]。

3）高速火车上亚声速壁板颤振问题[39]（$Ma < 0.4$）

4）船舶水弹性力学[40]

5）石油化工

（1）输液管道中液体与管道的相互耦合振动问题[41]。

（2）装液容器的液体晃动问题[42]。

6）生物化学

（1）呼吸气流与口腔软腭的气动弹性问题[43]（"打鼾"现象的机理）。

（2）血液在血管中流动[44]。

7）机械仿生学[45]

8）长细丝在流体中振动及旗帜挥舞[46,47]

9）风能采集装置[48]

综上，形形色色的流固耦合问题已经涉及航空、航天、航海、石油、化工、机械、生物医学、生物仿生学等各个领域，甚至体育产业也与之有密切关系。据报道，adidas 公司设计的世界杯用球"团队之星"、"普天同庆"及"桑巴荣耀"都进行了多次风洞实验，以确保比赛用球的稳定性。从力学的角度来说，流固耦合问题主要涉及流体力学、固体力学、动力学与控制以及热力学，是一门复杂的交叉学科。壁板颤振的研究可以为其他领域的流固耦合问题提供理论依据，因此具有重要的学术理论意义。

1.2　壁板颤振问题概述

壁板颤振的研究始于 20 世纪 50 年代，经历了从线性理论到非线性理论的发展过程。在线性理论中，认为存在一个临界速度（动压），当气流速度超过这个临界值时，壁板的运动以指数形式发散，而在临界速度以内，壁板在小扰动作用下，会不断衰减最终稳定到未变形的状态。但是，在壁板运动以指数形式发散的过程中，运动幅值不断增大，当横向位移达到了壁板厚度的量级时，结构的几何非线性会产生一个面内薄膜力，因此，壁板的运动在有限幅值内做极限环运动。几何非线性表现为结构的应变-位移呈非线性关系。壁板颤振涉及结构和气动两个方面，因此根据结构理论和气动理论采用的是线性模型还是非线性模型，将壁板颤振问题的分析模型分为不同的种类。最早在

1970 年，Dowell[49]较为全面地对 20 世纪 70 年代以前的壁板颤振的研究做了总结，并将壁板颤振分析模型分为了四类。1993 年，基于非线性活塞理论用于高超声速壁板颤振的分析理论，Gray 和 Mei[50]拓展出了第五类分析模型。随着气动理论的进一步发展，更精确的计算气动力的方法如欧拉（Euler）方程及纳维-斯托克斯（Navier – Stokes）方程被提上日程。因此，Gray 和 Mei[50]将壁板颤振的分析模型拓展到了第六类（表 1.1）。在非线性壁板颤振研究中，多采用冯·卡门（von Karman）板理论的非线性应变-位移关系考虑壁板的几何大变形，采用 Ashley 和 Zortarian[51]建立的活塞理论计算壁板表面的气动力。其中线性活塞理论适于 $Ma < 5$ 的低超声速，对于 $Ma > 5$ 的高超声速，应采用三阶活塞理论，从而能够更好地体现气动力的非线性效应。在非线性壁板颤振分析中，结构的几何非线性引起的壁板平面内张力起到"硬弹簧"效应，振动幅值因受到限制而产生限幅运动。相反，气动力的非线性起到"软弹簧"的作用，导致壁板颤振的临界动压降低[5]。已有研究[25]表明，不同参数下壁板的颤振可能呈现五种响应形态：衰减振动、屈曲振动、极限环振动、准周期振动及混沌振动。考虑到气动加热对颤振特性的影响，它会进一步降低颤振边界，并使非线性颤振响应呈现出更复杂的变化。

表 1.1　壁板颤振分析模型分类

类　型	结　构　理　论	气　动　力　理　论	适用马赫数
1	线性	线性活塞理论	$\sqrt{2} < Ma < 5$
2	线性	线化势流理论	$1 < Ma < 5$
3	非线性	线性活塞理论	$\sqrt{2} < Ma < 5$
4	非线性	线化势流理论	$1 < Ma < 5$
5	非线性	非线性活塞理论	$Ma > 5$
6	非线性	欧拉方程或纳维-斯托克斯方程	亚/跨/超/高超声速

目前用得最多的是第三类，最具有代表性的是 Dowell 在 1966 年的研究工作[25]，基于 von Karman 板的大变形理论描述结构的几何非线性，采用一阶活塞理论计算气动力，建立了二维及三维简支壁板的颤振运动方程，运用伽辽金方法对运动微分方程进行了空间离散，最后结合数值积分四阶龙格-库塔（fourth-order Runge-Kutta method，RK4）方法求解位移时间响应。该模型数学建模简单，分析结构比较典型，因此，在之后对壁板颤振的机理研究、降阶模型研究及数值分析方法研究中，经常被用作标模以验证结果的准确性。

1.3 壁板颤振问题分析方法

由于壁板结构是连续系统,壁板颤振方程中同时包含壁板运动的空间信息和时间信息,因此壁板颤振问题的数学方程是一个非线性偏微分方程组。那么,研究壁板的颤振问题在数学上就是求解非线性偏微分方程组的初值和边值问题。由于非线性的存在,一般来说它的精确解是不存在的,因此,只能求助于近似解法。这里暂且抛开壁板颤振这个物理背景,从数学角度更具一般性地总结非线性微分方程组的求解方法。

求解非线性偏微分方程组的近似解法,首先将无限维问题转化为有限维问题,即进行空间离散。最早的空间离散方法是有限差分法。后来发展的方法都是在加权余量法(weighted residual approach)的思想上建立起来的,即用加权余量法迫使微分方程组空间域上的加权余量在某种平均意义上为零,但是在每个求解点上不一定为零。加权余量法,又称加权残量法或加权残余法。当求解点数目 n 取有限值时,定解方程存在偏差(余量)。取权函数,强迫余量在某种平均意义上为零。采用使余量的加权积分为零的等效积分的弱形式来求得微分方程近似解的方法称为加权余量法。加权余量法在固体力学中是求解线性、非线性微分方程的一种有效方法,它是基于等效积分形式的近似方法,也是通用的数值计算方法。有限元法、边界元法、无网格法都是加权余量法的特殊情况,由于这三种方法各有其特点,所以都各自发展为一种独立的方法。加权余量法最早用于流体力学、传热等科学领域,之后在固体力学中得到了更大的发展。加权余量法是求解微分方程近似解的一种有效方法,而且任何独立的完全函数都可作为权函数。加权余量法分为内部法、边界法和混合法,在内部法中,又可分为:① 配点法,以狄拉克 δ 函数(Dirac delta function)作为权函数;② 子域法,如有限体积法;③ 最小二乘法;④ 力矩法;⑤ 伽辽金法。下面给出一些常用方法的简单介绍。

(1) 配点法[52]。试函数可以是全局函数或局部函数,试函数完备且满足连续性要求,权函数取狄拉克 δ 函数。配点法的实质是保证残值函数在某些有限点上为零,但是并不能保证在整个求解域上满足加权余量为零,而且,在这有限个点以外的点上,不能排除近似解不会产生显著的残差,因此,配点法不能保证解的精确性。

（2）有限体积法。试函数可以是全局函数或局部函数,试函数完备且满足连续性要求,权函数取希维赛德阶梯函数(the Heaviside step function)阶梯函数。有限体积法属于加权残余法中的子域法,从未知解的近似方法来看,有限体积法属于采用局部近似的离散方法。将计算区域划分为一系列不重复的控制体积,并使每个网格点周围有一个控制体积;将待解的微分方程对每一个控制体积积分,便得出一组离散方程,其中的未知数是网格点上因变量的数值。为了求出控制体积的积分,必须假定值在网格点之间的变化规律,即假设值的分段的分布剖面。有限体积法得出的离散方程,要求任意一组控制体积及整个计算区域都满足因变量的积分守恒,这是有限体积法吸引人的优点。一些离散方法,如有限差分法,仅当网格极其细密时,离散方程才满足积分守恒;而有限体积法即使在粗网格情况下,也可以满足积分守恒。有限体积法可视作有限单元法和有限差分法的中间物。有限单元法必须假定值在网格点之间的变化规律(即插值函数),并将其作为近似解。有限差分法只考虑网格点上的数值而不考虑值在网格点之间如何变化。有限体积法只寻求节点值,这与有限差分法相类似;但有限体积法在寻求控制体积的积分时,必须假定值在网格点之间的分布,这又与有限单元法类似。

（3）伽辽金方法[53]。伽辽金方法是由俄罗斯数学家鲍里斯·格里戈里耶维奇·伽辽金提出的一种数值分析方法。伽辽金法直接对原控制方程采用积分的形式进行处理,它通常被认为是加权余量法的一种。应用这种方法可以将求解微分方程问题(通过方程对应泛函的变分原理)简化为线性方程组的求解问题。而一个高维(多变量)的线性方程组又可以通过线性代数方法简化,从而达到求解微分方程的目的。伽辽金法采用微分方程对应的弱形式,其原理为通过选取有限多项式函数(又称基函数或形函数),将它们叠加,再要求结果在求解域内及边界上的加权积分(权函数为势函数本身)满足原方程,便可以得到一组易于求解的线性代数方程,且能够自动满足自然边界条件。必须强调的是,作为加权余量法的一种势函数选取形式,伽辽金法得到的只是在原求解域内的一个近似解(仅仅是加权平均满足原方程,并非在每个点上都满足)。试函数和权函数都是全局函数,当两者一样时称为伽辽金法,两者不同时称为彼得罗夫-伽辽金(Petrov – Galerkin)法。

（4）有限元法[54]。有限元法是一种高效能、常用的数值计算方法。有限元法在早期是以变分原理为基础发展起来的,所以它广泛地应用于拉普拉斯方程和泊松方程描述的各类物理场中(这些物理场与泛函的极值问题有紧密的联系)。自 1969 年以来,某些学者在流体力学中应用加权余量法中的伽辽金法或最小二乘法等同样获得了有限元方程,因而有限元法可应用于任何微分方程描述的各类物理场中,而不再要求这些物理场和泛函的极值问题有所联系。有限元法的基本原理是:将连续的求解域离散为一组单元的组合体,用每个单元内假设的近似函数来分片表示求解域上待求的未知场函数,近似函数通常由未知场函数及其导数在单元各节点的数值插值函数来表达,从而使一个连续的无限自由度问题变成离散的有限自由度问题。

(5) 边界元法(boundary element method)。能够把所求问题域降低到一维。例如,对三维问题,将权函数取为域内基本解,试函数只需在三维问题域表面进行局部分片近似,因此可以大大降低问题的自由度。但是,非线性问题的基本解是很难寻找的,因此边界元法局限于线性问题。边界元法是一种继有限元法之后发展起来的一种新数值方法,与有限元法在连续体域内划分单元的基本思想不同,边界元法是只在定义域的边界上划分单元,用满足控制方程的函数去逼近边界条件。所以边界元法与有限元法相比,具有单元数目少、数据准备简单等优点。但用边界元法解非线性问题时,遇到同非线性项相对应的区域积分,这种积分在奇异点附近有强烈的奇异性,从而使求解遇到困难。1978 年,Brebbia 用加权余量法推导出了边界积分方程,他指出加权余量法是最普遍的数值方法,如果把开尔文(Kelvin)解作为加权函数,从加权余量法中导出的将是边界积分方程-边界元法。

(6) 无网格法[55]。无网格方法在数值计算中不需要生成网格,而是按照一些任意分布的坐标点构造插值函数来离散控制方程,就可方便地模拟各种复杂形状的流场。无网格法又可以细分为很多种,其中无网格伽辽金法成为目前影响最大、应用最广的无网格方法,现有的 LS－Dyna、Abaqus、Radioss 等商业软件都加入了该方法的计算模块。

(7) 无网格局部 Petrov－Galerkin 法[55]。试函数是无网格函数,如分片单位函数、移动最小二乘及径向基函数等。权函数可以取狄拉克 δ 函数、Heaviside 函数、径向基函数及分片单位函数等。

(8) 杂交/混合有限元法。高阶微分方程组被降低为一阶微分方程组,每个方程用试函数与权函数类似的有限元法求解。

目前,伽辽金方法、有限元方法分别作为半解析方法和数值方法,是求解壁板颤振问题应用最广泛的方法。那么,在偏微分方程组进行空间离散,转化为常微分方程组以后,求解常微分方程组是我们要讨论的又一个问题。目前,求解常微分方程组的主要方法有摄动法、谐波平衡法、高维谐波平衡法、时域配点法及数值解法。

（1）摄动法[56]。摄动法也称小参数法，又称小参数展开法。利用摄动法求解方程的渐进解，通常要将物理方程和定解条件无量纲化，在无量纲方程中选择一个能反映物理特征的无量纲小参数作为摄动量，然后假设解可以按小参数展开成幂级数，将这一形式级数代入无量纲方程后，可得到各级的近似方程，依据这些方程可确定幂级数的系数，对级数进行截断，便得到原方程的渐近解。摄动法由庞加莱于 19 世纪末提出，经过钱伟长等人的发展应用于板壳问题中。摄动法可以研究壁板的极限环运动，即微分方程的稳态周期解。

（2）谐波平衡法[57]。谐波平衡（harmonic balance，HB）法是将随时间变化的非线性方程组的解假设为时间的傅里叶（Fourier）级数展开形式，然后将解的展开形式代入方程，消去正、余弦函数，即可得到与未知系数数目相同的关于未知系数的代数方程组，求解即可得到原非线性方程组的解。谐波平衡法的缺点是只能求解系统的周期解，对更复杂的解无能为力。而且，对于高阶非线性动力学系统的求解也会比较困难。

（3）高维谐波平衡法[58,59]。基于传统的谐波平衡法，又发展了高维谐波平衡（high-dimensional harmonic balance，HDHB）法。它将系统的一个周期分成了有限个时间段，在时间段的端点处假设系统的解已知，然后求解系统的近似解。相对于传统的谐波平衡法，高维谐波平衡法能够处理更复杂的系统非线性问题，而且使用简单、方便。

（4）时域配点法[60,61]。时域配点（time domain collocation，TDC）法是一种时间域内的配点法，用于求解系统随时间变化的解。本质上还是一种加权余量法。而且已有研究证明[60]，高维谐波平衡法本质上就是时域配点法。

（5）数值解法。只有少数简单的微分方程能够用初等函数求解析解，多数微分方程只能求近似解。上面讲述的谐波平衡法得到的是解的级数展开形式，是一种近似的解析解，而通过数值解法得到的是微分方程在离散点上的近似数值解。求解微分方程最常用的数值方法是欧拉法和龙格-库塔法。

数值解法是求解壁板颤振的常微分方程组时使用最为广泛的方法，如 RK4。RK4 是一种在工程上应用广泛的高精度单步算法。具体地，本书研究的 von Karman 板的非线性颤振问题，它的数学方程是关于空间坐标 x、y 和时间坐标 t 的偏微分方程组。运用伽辽金法对其进行空间离散，消除空间坐标 x、y，得到以时变模态坐标为因变量，以时间坐标 t 为自变量的三次非线性二阶常微分方程组。该微分方程组可以通过 RK4 数值方法进行求解。

1.4   壁板颤振问题研究现状

1963 年,Dugundji 等[24]采用伽辽金法研究了弹性基座上简支二维壁板的颤振问题,研究指出壁板能够在低、亚声速气流中发生颤振。该研究中还设计了风洞实验来验证该结论,并且发现理论预测的颤振边界与风洞实验一致,但是颤振频率差异较大。2011 年,西南交通大学的李鹏等[62]研究了外激励作用下亚声速二维壁板的分岔及响应特性。2012 年,李鹏等[63]运用微分求积法分析了二维亚声速壁板的失稳问题。

Li 和 Yang[39]研究了三维悬臂板在亚声速中的颤振问题。他们选取的悬臂板采用一边固支一边用弹簧支撑的形式来模拟高速列车上的松动薄壁板结构。研究发现,悬臂板在亚声速气流中($Ma \approx 0.3$)会发生颤振甚至混沌响应。2010 年,Dowell 和 Bendiksen[64]指出,对于一般的(无弹性基座的)简支壁板,亚声速气流不会使它发生颤振。因此,壁板颤振的研究主要是在超声速甚至高超声速范围内开展的。壁板颤振虽然不会像机翼颤振那样引起事故,但是严重的壁板颤振现象引发的非线性振动将对高速飞行器结构的疲劳强度、飞行性能和飞行安全带来不利的影响。因此随着高速飞行器设计中各项研究工作的开展,壁板颤振问题受到大量国内、外学者越来越多的重视。

最早将结构非线性引入壁板颤振模型的是 Fung[65]。后来,Dowell 针对壁板颤振问题做了大量的原创性工作[25,26,49,66,67]。1966 年,Dowell[25]建立了简支 von Karman 板在超声速流场中的颤振方程。其运动方程是一个二阶偏微分方程组,Dowell 运用伽辽金法对空间坐标进行离散,得到关于模态坐标的常微分方程组,最后用四阶龙格-库塔数值方法求解。研究中对二维、三维简支壁板都进行了分析,并给出了以面内力和动压张成的参数空间内简支壁板的稳定性边界。1991 年,Ye 和 Dowell[68]运用瑞利-里茨法研究了三维悬臂板在超声速流场中的极限环运动,关于壁板颤振的研究理论可以参考 Dowell 关于板壳气动弹性理论的专著[27]。总之,Dowell 对壁板颤振的研究主要运用了经典的伽辽金法和瑞利-里茨法等全局方法。2007 年,西北工业大学的杨智春等[4]对高速飞行器壁板颤振的分析模型和分析方法进行了综述,并相继做了大量研究[6,14],分别研究了超声速气流中受热壁板的稳定性及二次失稳型颤振特性。

2010 年,杨智春和夏巍[5]对飞行器壁板颤振问题的国内、外研究状况进行了总结,评述了在壁板颤振研究中的各种模型、数值求解算法以及理论分析和实验方面已取得的研究成果。2012 年,杨智春等[69]研究了考虑初始曲率的受热曲壁板的非线性颤振特性。西南交通大学的叶献辉等[7,8]研究了热环境下三维壁板的非线性颤振现象。在这些研究中,他们都运用了经典的伽辽金方法。

虽然这些经典方法的精度高,但是只能求解简单几何外形及简单边界问题。原因在于上述两种方法是基于假设全域形函数的全局方法(global method),对于复杂边界问题,假设的全域形函数就显得力不从心了,因此能够处理复杂几何外形及边界问题的有限元法成为解决工程实际问题的主流方法。美国老道明大学的 Mei 及其合作者将有限元法运用于简支壁板、悬臂板、各向同性板及复合材料板在超声速及高超声速气流中的非线性颤振研究中[50,70-74]。更多相关文献可以在 Mei 等的一篇综述[1]中查阅。同时国内学者杨智春等将有限元方法用于复合材料壁板的研究中[75-77]。苑凯华和邱志平[78]运用有限元方法研究了含有不确定结构参数的复合材料壁板的热颤振问题。

然而,传统的有限元法对壁板颤振的分析往往会因为自由度过大而不利于开展时域分析。随之,国内学者窦怡彬等[79]基于计算流体动力学(computational fluid dynamic,CFD)/计算结构动力学(computational structural dynamic,CSD)耦合研究了二维壁板的颤振特性。徐敏等[80,81]对 CFD/CSD 耦合方法进行了深入研究,同时将 CFD/CSD 耦合算法用于机翼的颤振分析[82]。CFD/CSD 耦合平台省去了 CFD 与 CSD 的数据交换,但是仍然存在计算量大的缺点。然而,非定常流场模型降阶技术的出现,为 CFD/CSD 耦合数值模拟方法在工程设计中的广泛应用提供了新机遇。陈刚和李跃明[83]对非定常流场降阶模型的应用研究的进展及展望进行了综述。对非线性系统模型降阶理论与方法进行了概述,全面、系统地介绍了非定常流场降阶模型的国内、外研究进展。陈刚等[84]基于沃尔泰拉(Volterra)级数建立了非线性非定常气动力的降阶模型。姚伟刚和徐敏[85]基于沃尔泰拉级数建立了降阶模型进行气动弹性分析。姚伟刚等[86]基于特征正交分解(proper orthogonal decomposition,POD)法建立了非定常气动力降阶模型。邱亚松等[87]为了实现流场的快速求解,基于 POD 方法与代理模型提出了一种全新的流场预测方法。Chen 等[88]基于 POD 方法的降阶模型研究了主动颤振抑制的控制律。Guo 和 Mei[89,90]运用气动弹性模态建立了壁板的降阶模型,研究了二维壁板在不任意偏航角及温度梯度下的非线性颤振特性。Attar 和 Dowell[91]运用一种系统辨识方法建立降阶模型并研究了典型三角翼的非线性结构响应特性。总之,目前的降阶技术主要包括:气动弹性模态法、特征模态法、谐波平衡法、系统辨识法以及 POD 方法,其中 POD 方法是目前最为流行的降阶技术,也是本书后续会讲到的重点内容。

1.5　壁板颤振研究新方向

超声速及高超声速中壁板的非线性颤振分析方法主要归为两大类:① 经典方法,包括伽辽金法[25,26,69]、瑞利-里茨法[68,92]、谐波平衡法和摄动法(小参数法)[93-95];② 频域或时域内的有限元法[50,70,72-74]。以美国杜克大学的 Dowell 为代表,运用伽辽金方法及瑞利-里茨方法研究了简支矩形板及悬臂矩形板的极限环运动。Kuo 等[94]采用谐波平衡法及摄动法研究了壁板的非线性颤振。而 Gray 和 Mei[50]、Dixon 和 Mei[74]将有限元法运用于二维壁板在超声速、高超声速气流中的极限环振动。

大多数关于简支壁板及悬臂板的非线性颤振的研究都仅限于传统的经典方法及有限元方法。但是,经典方法仅限于处理简单几何外形及边界条件,而传统的有限元法对壁板颤振的分析往往会因为自由度过大而不利于开展时域分析。因此,为了节省计算量、保证更好的精度以及对物理本质更准确的描述,建立壁板颤振系统的降阶模型(reduced order model, ROM)是目前急需解决的问题。Guo 和 Mei[89,90]提出了气动弹性模态的概念,并运用壁板的气动弹性模态进行模型降阶,很大程度地提高了壁板非线性颤振时域分析的效率。Dowell 和 Hall[96]对目前应用较多的建立降阶模型的方法进行了总结,主要包括特征模态法、谐波平衡法、系统辨识法、POD 方法等。其中 POD 方法能够基于非线性系统的解提取出最优的、最能代表原系统非线性特征的模态,因此 POD 方法已经被广泛应用在很多领域。Liang 等[97]将 POD 方法应用在微电子系统的降阶模型中。Balima 等[98]在非线性复杂系统的模型降阶中对模态识别法和 POD - Galerkin 法做了对比。Kappagantu 等[99-101]将 POD 方法用于梁的模型降阶中。Amabili 等[102,103]将 POD 方法与伽辽金方法用于水中圆柱壳的时域分析中,并进行了对比。另外,POD - Galerkin 方法也应用于流体动力学的模型降阶[104]和非线性结构动力学的模型更新中[105,106]。Romanowski[107]首次运用 K - L 基降低气动弹性方程,建立基于 POD 方法的降阶模型,用于气动弹性分析方面的研究中。Hall 等[108,109]研究了频域内的 POD 技术,使线性系统的计算效率更高。Lucia

等[110]运用 POD 技术构建了非线性壁板在跨声速内的响应基,研究 POD 方法在非线性系统中的应用。Dowell 等[111]应用 POD 技术快速预测了翼型和机翼在跨声速域内的颤振边界。Lieu 和 Lesoinne[112]研究了基于 POD 方法的时域 ROM技术的鲁棒性,并用此模型建立了 F‑16 全机的降阶模型。尽管 POD 方法已经在多个领域得到了应用,但是 POD 方法用于气动弹性分析的实例还不多见。Epureanu 等[113]运用有限差分法、伽辽金法和 POD 方法对二维壁板的气动弹性进行了分析,并基于 POD 方法进行了结构损伤探测[114]。Vetrano 等[115]讨论了POD 方法在气动弹性中的应用。Beran 等[116,117]基于 POD 方法建立降阶模型(POD/ROM)用于壁板非线性颤振响应分析。姚伟刚等[86]将 POD 方法用于非定常气动力建模技术中。Chen 等[88]将 POD 方法用于颤振抑制控制律设计中。

综上所述,要建立壁板非线性颤振问题的降阶模型,POD 方法是最优的选择。Epureanu 等首次将 POD 方法用于超声速气流中二维简支壁板的颤振研究,Amabili 等将 POD 方法用于水中圆柱壳的时域分析。因此,针对简支壁板及悬臂板建立 POD 降阶模型是我们首要解决的问题。

到目前为止,关于悬臂板的非线性颤振研究还相对较少,而且仅限于极限环等简单运动形式的研究。已有研究表明,在面内力与动压较大的情况下,简支壁板的耦合作用会使悬臂板发生混沌响应。那么悬臂板是否会发生混沌响应,如果会发生,其条件是什么,以什么路径进入混沌响应等这些问题都需要深入研究。因此,探究超声速流场中悬臂板的混沌响应及其他形式的复杂动力学响应是壁板颤振研究中又一个值得深入探究的问题。

从 1.4 节中知道,POD 方法已经被应用在很多领域,POD 方法的广泛适用性源于 POD 方法的显著优势:① POD 模态(POD modes)是基于整个非线性系统的解得到的,因此它们可以捕获整个系统的非线性特征;② POD 模态是基于现有的求解器经过简单数据处理得到的,这个过程较其他模态降阶技术省去了繁重的计算负担;③ POD 模态是最优的,能够反映非线性系统的物理本质,较其他的线性叠加方法可以实现以最低维数的模态来重构全阶系统;④ POD 模态具有通用性,对于一个确定的物理模型,恰当选取"普适性"模态能够避免每次求解所需的模态提取,使 POD 降阶模型的计算量降低数个量级。

但是,目前对 POD 方法的运用还存在显著的局限性。Epureanu 等[113]将POD 方法用于超声速气流中二维简支壁板的非线性颤振分析,但是他们指出,POD 方法能够准确分析系统的极限环等简单运动,但不能准确描述混沌等复杂运动。Amabili 等[102,103]将 POD 方法用于水中圆柱壳的时域分析中,也给出了类似的结论。POD 方法不能用于混沌等复杂响应分析,在很大程度上限制了 POD 方法的运用。因此,如何选取最优的快照数据来提取最具有普适性的 POD 模态以适用于分析混沌响应,是 POD 方法应用中亟待解决的一个问题。

1.6 本书章节安排

(1)第 1 章:绪论。对壁板颤振问题的工程背景、物理本质、分析方法、研究现状、潜在的研究新方向进行了阐述,并列出了全书的章节安排。

(2)第 2 章:壁板非线性颤振求解方法。详细介绍了 von Karman 板大变形理论、拉格朗日(Lagrange)方程、经典活塞理论、半解析空间离散的伽辽金方法、瑞利-里茨方法、POD 模型降阶技术及非线性动响应分析方法,如庞加莱映射、频谱分析及李雅普诺夫(Lyapunov)指数等。

(3)第 3 章:简支壁板的非线性颤振分析。包括简支壁板的非线性颤振方程的建立、运动偏微分方程的空间离散、POD 降阶模型的验证及非线性颤振特性分析。

(4)第 4 章:三维受热简支壁板的复杂响应分析。详细介绍了三维受热简支壁板的 POD 降阶模型的建立过程及基于 POD 降阶模型进行壁板稳定性边界、混沌响应、瞬态混沌现象、POD 模态及降阶模型鲁棒性的探究。

(5)第 5 章:悬臂板的非线性颤振分析。包括悬臂板的颤振方程建立、运动方程空间离散、混沌响应分析、基于 POD 降阶模型的悬臂板非线性颤振分析。提出了一种简单、快速的 POD 方法建立降阶模型,运用数值微分直接求解 POD 模态的各阶导数,代替了 POD 模态向瑞利-里茨模态函数(Rayleigh-Ritz modes,RRMs)的投影,省去了复杂的数学推导过程,节省了计算耗时。

(6)第 6 章:非线性气动力效应分析。以三维受热壁板为物理模型,建立其非线性热气动弹性方程,其中气动力分别采用了线性一阶活塞理论及非线性三阶活塞理论。为了评估非线性气动力对颤振特性的影响,进行了算例分析,包括对极限环、分岔行为的影响,及每个非线性项的影响规律。

(7)第 7 章:损伤壁板的非线性颤振分析。基于理想健康壁板的非线性颤振分析理论及方法,本章对存在刚度损失的损伤壁板进行物理建模、方程构建及算例分析,旨在介绍损伤壁板的非线性颤振分析方法及特性,总结结构损伤对颤振特性的影响规律,并得到逆问题,即如何基于颤振分析手段对壁板结构损伤进行诊断。

(8) 第 8 章：基于力-热-结构耦合的壁板热颤振分析。前面章节的研究对象均是超声速气流中的壁板颤振问题,随着飞行器设计要求的提高,本章将考虑高超声速条件下显著的气动加热效应,进行气动力-气动热-结构热传导-结构动响应多物理场耦合分析。以高超声速飞行器的热防护金属多层板为物理模型,进行耦合建模、耦合求解、热颤振分析及热防护结构设计。具体地,讨论了气动热-气动弹性单向/双向耦合分析策略,并开展了典型弹道下变飞行参数条件下的热颤振耦合分析。

(9) 附录。包括附录 A 和附录 B,分别提供了全书符号变量的定义及复杂公式的推导或表达式,便于读者查阅。

参考文献

[1] Mei C, Abdel-Motagaly K, Chen R. Review of nonlinear panel flutter at supersonic and hypersonic speeds[J]. Applied Mechanics Reviews, 1999, 52(10): 321 – 332.

[2] 夏巍.超声速气流中受热复合材料壁板的非线性颤振特性研究[D].西安:西北工业大学,2008.

[3] 孟凡颢,钟腾育.用壁板颤振理论解决某系列飞机的方向舵蒙皮裂纹故障[J].飞机设计,2000,211(4): 1 – 6.

[4] 杨智春,夏巍,孙浩.高速飞行器壁板颤振的分析模型和分析方法[J].应用力学学报,2007,23(4): 537 – 542.

[5] 杨智春,夏巍.壁板颤振的分析模型,数值求解方法和研究进展[J].力学进展,2010,40(1): 81 – 98.

[6] 夏巍,杨智春,谷迎松.超声速气流中受热壁板的二次失稳型颤振[J].航空学报,2009,30(10): 1851 – 1856.

[7] 叶献辉,杨翊仁.三维壁板热颤振分析[J].振动与冲击,2008,27(6): 55 – 59.

[8] 叶献辉,杨翊仁,范晨光.热环境下壁板非线性颤振分析[J].计算力学学报,2009,26(5): 684 – 689.

[9] 杨超,李国曙,万志强.气动热-气动弹性双向耦合的高超声速曲面壁板颤振分析方法[J].中国科学: 技术科学,2012,42(4): 369 – 377.

[10] 王晓庆,韩景龙,张军红.不同气流偏角下的壁板热颤振分析及多目标优化设计[J].航空学报,2010,11: 014.

[11] Yang T, Han A. Flutter of thermally buckled finite element panels[J]. AIAA Journal, 1976, 14(7): 975 – 977.

[12] Bein T, Friedmann P, Zhong X, et al. Hypersonic flutter of a curved shallow panel with aerodynamic heating [C]. Proceedings of the 34th AIAA/ASME/ASCE/AHS/ASC Structures, Structural Dynamics and Materials Conference, La Jolla, 1993.

[13] Hopkins M A, Dowell E H. Limited amplitude panel flutter with a temperature differential

[C]. Proceedings of the 35th Structure, Structural Dynamics and Materials Conference, Hilton Head, 1994: 1343 - 1355.

[14] 夏巍,杨智春.超音速气流中受热壁板的稳定性分析[J].力学学报,2007,23(5): 602 - 609.

[15] Woolston D S, Runyan H L, Byrdsong T A. Some effects of system nonlinearities in the problem of aircraft flutter[R]. NACA TN - 3539, 1955.

[16] Yang Z C, Zhao L C. Analysis of limit cycle flutter of an airfoil in incompressible flow[J]. Journal of Sound and Vibration, 1988, 123(1): 1 - 13.

[17] Zhao L C, Yang Z C. Chaotic motions of an airfoil with non-linear stiffness in incompressible flow[J]. Journal of Sound and Vibration, 1990, 138(2): 245 - 254.

[18] Price S J, Lee B H K, Alighanbari H. Post stability behavior of a two-dimensional airfoil with a structural nonlinearity[J]. Journal of Aircraft, 1994, 31(6): 1395 - 1401.

[19] Price S J, Alighanbari H, Lee B H K. The aeroelastic response of a two-dimensional airfoil with bilinear and cubic structural nonlinearities[J]. Journal of Fluids and Structures, 1995, 9(2): 175 - 193.

[20] Lee B H K, Gong L, Wong Y S. Analysis and computation of nonlinear dynamic response of a two-degree-of-freedom system and its application in aeroelasticity[J]. Journal of Fluids and Structures, 1997, 11(3): 225 - 246.

[21] Lee B H K, Jiang L Y, Wong Y S. Flutter of an airfoil with a cubic restoring force[J]. Journal of Fluids and Structures, 1999, 13(1): 75 - 101.

[22] Lee B H K, Price S J, Wong Y S. Nonlinear aeroelastic analysis of airfoils: bifurcation and chaos[J]. Progress in Aerospace Sciences, 1999, 35(3): 205 - 334.

[23] Fung Y C. On Two-dimensional panel flutter[J]. Journal of the Aerospace Sciences, 1958, 25(3): 145 - 160.

[24] Dugundji J, Dowell E H, Perkin B. Subsonic flutter of panels on a continuous elastic foundation[J]. AIAA Journal, 1963, 1(5): 1146 - 1154.

[25] Dowell E H. Nonlinear oscillations of a fluttering plate[J]. AIAA Journal, 1966, 4(7): 1267 - 1275.

[26] Dowell E H. Nonlinear oscillations of a fluttering plate. II [J]. AIAA Journal, 1967, 5 (10): 1856 - 1862.

[27] Dowell E H. Aeroelasticity of plates and shells[M]. Berlin: Springer, 1975.

[28] Miller R H, Ellis C W. Helicopter blade vibration and flutter[J]. Journal of the American Helicopter Society, 1956, 1(3): 19 - 38.

[29] Tang D, Dowell E H. Flutter and stall response of a helicopter blade with structural nonlinearity[J]. Journal of Aircraft, 1992, 29(5): 953 - 960.

[30] Hall K C. Unsteady aerodynamics, aeroacoustics and aeroelasticity of turbomachines[M]. London: Springer, 2006.

[31] Marshall J, Imregun M. A review of aeroelasticity methods with emphasis on turbomachinery applications[J]. Journal of Fluids and Structures, 1996, 10(3): 237 - 267.

[32] Dowell E H. Can solar sails flutter? [J]. AIAA Journal, 2011, 49(6): 1305 - 1307.

[33] Scanlan R. The action of flexible bridges under wind, I: flutter theory[J]. Journal of Sound and Vibration, 1978, 60(2): 187-199.

[34] 项海帆.21 世纪世界桥梁工程的展望[J].土木工程学报,2000,33(3): 1-6.

[35] Chen X, Kareem A, Matsumoto M. Multimode coupled flutter and buffeting analysis of long span bridges[J]. Journal of Wind Engineering and Industrial Aerodynamics, 2001, 89(7): 649-664.

[36] 顾明,刘慈军,罗国强,等.斜拉桥拉索的风(雨)激振及控制[J].上海力学,1998,19(4): 281-288.

[37] 杨伟,顾明.高层建筑三维定常风场数值模拟[J].同济大学学报:自然科学版,2003,31(6): 647-651.

[38] Chopra A K. Reservoir-dam interaction during earthquakes[J]. Bulletin of the Seismological Society of America, 1967, 57(4): 675-687.

[39] Li P, Yang Y. On the stability and chaos of a plate with motion constraints subjected to subsonic flow[J]. International Journal of Non-Linear Mechanics, 2014, 59: 28-36.

[40] Bishop R E D, Price W G. Hydroelasticity of ships[M]. Cambridge: Cambridge University Press, 1979.

[41] Païdoussis M P, Issid N. Dynamic stability of pipes conveying fluid[J]. Journal of Sound and Vibration, 1974, 33(3): 267-294.

[42] Rebouillat S, Liksonov D. Fluid-structure interaction in partially filled liquid containers: a comparative review of numerical approaches[J]. Computers & Fluids, 2010, 39(5): 739-746.

[43] Huang L. Flutter of cantilevered plates in axial flow[J]. Journal of Fluids and Structures, 1995, 9(2): 127-147.

[44] Fung Y C. What are the residual stresses doing in our blood vessels? [J]. Annals of Biomedical Engineering, 1991, 19(3): 237-249.

[45] 田方宝.模拟生物运动的流固耦合数值研究[D].合肥:中国科学技术大学,2011.

[46] Zhang J, Childress S, Libchaber A, et al. Flexible filaments in a flowing soap film as a model for one-dimensional flags in a two-dimensional wind[J]. Nature, 2000, 408(6814): 835-839.

[47] Gibbs S C. Stability of beams, plates and membranes due to subsonic aerodynamic flows and solar radiation[D]. Durham: Duke University, 2014.

[48] Abdelkefi A. Global nonlinear analysis of piezoelectric energy harvesting from ambient and aeroelastic vibrations[D]. Blacksburg: Virginia Polytechnic Institute and State University, 2012.

[49] Dowell E H. Panel flutter: a review of the aeroelastic stability of plates and shells[J]. AIAA Journal, 1970, 8(3): 385-399.

[50] Gray C E, Mei C. Large-amplitude finite element flutter analysis of composite panel in hypersonic flow[J]. AIAA Journal, 1993, 31(6): 1090-1099.

[51] Ashley H, Zortarian G. Piston theory — a new aerodynamic tool for the aeroelastician[J]. Journal of the Aeronautical Sciences, 1956, 23(12): 1109-1118.

[52] Russell R D, Shampine L F. A collocation method for boundary value problems [J]. Numerische Mathematik, 1972, 19(1): 1 - 28.

[53] Urabe M. Galerkin's procedure for nonlinear periodic systems [J]. Archive for Rational Mechanics and Analysis, 1965, 20(2): 120 - 152.

[54] Zienkiewicz O C. The finite element method in engineering science[M]. London: McGraw-Hill, 1971.

[55] Atluri S N. Methods of computer modeling in engineering & the sciences[M]. Palmdale: Tech Science Press, 2005.

[56] Nayfeh A H. Perturbation methods[M]. New York: John Wiley & Sons, 2008.

[57] Stoker J J. Nonlinear vibrations[M]. New York: Interscience, 1950.

[58] Hall K C, Thomas J P, Clark W S. Computation of unsteady nonlinear flows in cascades using a harmonic balance technique[J]. AIAA Journal, 2002, 40(5): 879 - 886.

[59] Liu L, Thomas J P, Dowell E H, et al. A comparison of classical and high dimensional harmonic balance approaches for a duffing oscillator[J]. Journal of Computational Physics, 2006, 215(1): 298 - 320.

[60] Dai H H, Schnoor M, Atluri S N. A simple collocation scheme for obtaining the periodic solutions of the duffing equation, and its equivalence to the high dimensional harmonic balance method: subharmonic oscillations [J]. Computer Modeling in Engineering and Sciences, 2012, 84(5): 459 - 497.

[61] Dai H H, Yue X K, Yuan J P, et al. A time domain collocation method for studying the aeroelasticity of a two dimensional airfoil with a structural nonlinearity [J]. Journal of Computational Physics, 2014, 270: 214 - 237.

[62] 李鹏,杨翊仁,鲁丽.外激励作用下亚音速二维壁板分岔及响应研究[J].力学学报, 2011,43(4): 746 - 754.

[63] 李鹏,杨翊仁,鲁丽.微分求积法分析二维亚音速壁板的失稳问题[J].动力学与控制学报,2012,10(1): 11 - 14.

[64] Dowell E H, Bendiksen O. Panel flutter[J]. Encyclopedia of Aerospace Engineering, 2010: 1 - 13.

[65] Fung Y C. On two-dimensional panel flutter[J]. Journal of the Aerospace Sciences, 1958, 25(3): 145 - 160.

[66] Dowell E H. Nonlinear flutter of curved plates.[J]. AIAA Journal, 1969, 7(3): 424 - 431.

[67] Dowell E H. Nonlinear flutter of curved plates. Ⅱ [J]. AIAA Journal, 1970, 8(2): 259 - 261.

[68] Ye W L, Dowell E H. Limit cycle oscillation of a fluttering cantilever plate[J]. AIAA Journal, 1991, 29(11): 1929 - 1936.

[69] 杨智春,周建,谷迎松.超音速气流中受热曲壁板的非线性颤振特性[J].力学学报, 2012,44(1): 30 - 38.

[70] Mei C. A finite-element approach for nonlinear panel flutter[J]. AIAA Journal, 1977, 15 (8): 1107 - 1110.

[71] Xue D Y, Mei C. Finite element nonlinear flutter and fatigue life of two-dimensional panels

with temperature effects[J]. Journal of Aircraft, 1993, 30(6): 993 - 1000.

[72] Xue D Y, Mei C. Finite element nonlienar planel flutter with arbitrary temperatures in supersonic flow[J]. AIAA Journal, 1993, 31(1): 154 - 162.

[73] Cheng G, Mei C. Finite element modal formulation for hypersonic panel flutter analysis with thermal effects[J]. AIAA Journal, 2004, 42(4): 687 - 695.

[74] Dixon I R, Mei C. Finite element analysis of large-amplitude panel flutter of thin laminates [J]. AIAA Journal, 1993, 31(4): 701 - 707.

[75] 夏巍,杨智春.复合材料壁板热颤振的有限元分析[J].西北工业大学学报,2005,23(2): 180 - 183.

[76] 杨智春,谭光辉,夏巍.铺层方式对复合材料壁板热颤振特性的影响[J].宇航学报, 2008,29(3): 1047 - 1052.

[77] 杨智春,杨飞,张玲凌.动力吸振器用于夹层壁板颤振抑制的研究[J].振动与冲击, 2009,28(2): 25 - 27.

[78] 苑凯华,邱志平.含不确定参数的复合材料壁板热颤振分析[J].航空学报,2010,31(1): 119 - 124.

[79] 窦怡彬,徐敏,蔡天星,等.基于 CFD/CSD 耦合的二维壁板颤振特性研究[J].工程力学, 2011,28(6): 176 - 181.

[80] 徐敏,陈士橹.CFD/CSD 耦合计算研究[J].应用力学学报,2004,21(2): 33 - 36.

[81] 徐敏,安效民,陈士橹.一种 CFD/CSD 耦合计算方法[J].航空学报,2006,27(1): 33 - 37.

[82] 曾宪昂,徐敏,安效民,等.基于 CFD/CSD 耦合算法的机翼颤振分析[J].西北工业大学 学报,2008,26(1): 79 - 82.

[83] 陈刚,李跃明.非定常流场降阶模型及应用研究进展与展望[J].力学进展,2011,41(6): 686 - 701.

[84] 陈刚,徐敏,陈士橹.基于 Volterra 级数的非线性非定常气动力降阶模型[J].宇航学报, 2004,25(5): 492 - 495.

[85] 姚伟刚,徐敏.基于 Volterra 级数降阶模型的气动弹性分析[J].宇航学报,2009,29(6): 1711 - 1716.

[86] 姚伟刚,徐敏,叶茂.基于特征正交分解的非定常气动力建模技术[J].力学学报,2010, 42(4): 637 - 644.

[87] 邱亚松,白俊强,华俊.基于本征正交分解和代理模型的流场预测方法[J].航空学报, 2013,34(6): 1249 - 1260.

[88] Chen G, Sun J, Li Y. Active flutter suppression control law design method based on balanced proper orthogonal decomposition reduced order model[J]. Nonlinear Dynamics, 2012, 70 (1): 1 - 12.

[89] Guo X, Mei C. Using aeroelastic modes for nonlinear panel flutter at arbitrary supersonic yawed angle[J]. AIAA Journal, 2003, 41(2): 272 - 279.

[90] Guo X, Mei C. Application of aeroelastic modes on nonlinear supersonic panel flutter at elevated temperatures[J]. Computers & Structures, 2006, 84(24): 1619 - 1628.

[91] Attar P J, Dowell E H. A reduced order system ID approach to the modelling of nonlinear

structural behavior in aeroelasticity[J]. Journal of Fluids and Structures, 2005, 21(5): 531 – 542.

[92] Hopkins M A. Nonlinear response of a fluttering plate subject to supersonic aerodynamic, thermal, and pressure loads[D]. Durham: Duke University, 1994.

[93] Morino L. A perturbation method for treating nonlinear panel flutter problems[J]. AIAA Journal, 1969, 7(3): 405 – 411.

[94] Kuo C C, Morino L, Dugundji J. Perturbation and harmonic balance methods for nonlinear panel flutter[J]. AIAA Journal, 1972, 10(11): 1479 – 1484.

[95] Lau S, Yuen S. Effects of in-plane load on nonlinear panel flutter by incremental harmonic balance method[J]. AIAA Journal, 1991, 29(9): 1472 – 1479.

[96] Dowell E H, Hall K C. Modeling of fluid-structure interaction[J]. Annual Review of Fluid Mechanics, 2001, 33(1): 445 – 490.

[97] Liang Y C, Lin W Z, Lee H P, et al. Proper orthogonal decomposition and its applications – part II: model reduction for MEMS dynamical analysis[J]. Journal of Sound and Vibration, 2002, 256(3): 515 – 532.

[98] Balima O, Favennec Y, Girault M, et al. Comparison between the modal identification method and the pod-Galerkin method for model reduction in nonlinear diffusive systems[J]. International Journal for Numerical Methods in Engineering, 2006, 67(7): 895 – 915.

[99] Kappagantu R V, Feeny B F. Part 1: dynamical characterization of a frictionally excited beam[J]. Nonlinear Dynamics, 2000, 22(4): 317 – 333.

[100] Kappagantu R V, Feeny B F. Part 2: proper orthogonal modal modeling of a frictionally excited beam[J]. Nonlinear Dynamics, 2000, 23(1): 1 – 11.

[101] Han S, Feeny B F. Application of proper orthogonal decomposition to structural vibration analysis[J]. Mechanical Systems and Signal Processing, 2003, 17(5): 989 – 1001.

[102] Amabili M, Sarkar A, Païdoussis M P. Reduced-order models for nonlinear vibrations of cylindrical shells via the proper orthogonal decomposition method[J]. Journal of Fluids and Structures, 2003, 18(2): 227 – 250.

[103] Amabili M, Sarkar A, Païdoussis M P. Chaotic vibrations of circular cylindrical shells: Galerkin versus reduced-order models via the proper orthogonal decomposition method[J]. Journal of Sound and Vibration, 2006, 290(3): 736 – 762.

[104] Berkooz G, Holmes P, Lumley J L. The proper orthogonal decomposition in the analysis of turbulent flows[J]. Annual Review of Fluid Mechanics, 1993, 25(1): 539 – 575.

[105] Kunisch K, Volkwein S. Galerkin proper orthogonal decomposition methods for a general equation in fluid dynamics [J]. SIAM Journal on Numerical Analysis, 2002, 40(2): 492 – 515.

[106] Lenaerts V, Kerschen G, Golinval J C. Proper orthogonal decomposition for model updating of non-linear mechanical systems[J]. Mechanical Systems and Signal Processing, 2001, 15(1): 31 – 43.

[107] Romanowski M C. Reduced order unsteady aerodynamic and aeroelastic models using Karhunen-Loeve eigenmodes [C]. 6th Symposium on Multidisciplinary Analysis and

Optimization, Bellevue, 1996.

[108] Hall K C, Thomas J P, Dowell E H. Proper orthogonal decomposition technique for transonic unsteady aerodynamic flows[J]. AIAA Journal, 2000, 38(10): 1853 - 1862.

[109] Thomas J P, Hall K C, Dowell E. Reduced order aeroelastic modeling using proper orthogonal decompositions [C]. Presented at the CEAS/AIAA/ICASE/NASA Langley International Forum of Aeroelasticity and Structural Dynamics, Williamsburg, 1999.

[110] Lucia D J, Beran P S, King P I. Reduced-order modeling of an elastic panel in transonic flow[J]. Journal of Aircraft, 2003, 40(2): 338 - 347.

[111] Dowell E H, Thomas J P, Hall K C. Transonic limit cycle oscillation analysis using reduced order aerodynamic models[J]. Journal of Fluids and Structures, 2004, 19(1): 17 - 27.

[112] Lieu T, Lesoinne M. Parameter adaptation of reduced order models for three dimensional flutter analysis [C]. Proceedings of the 42nd AIAA Aerospace Sciences Meeting and Exhibit, Reno, 2004.

[113] Epureanu B I, Tang L S, Païdoussis M P. Coherent structures and their influence on the dynamics of aeroelastic panels[J]. International Journal of Non-Linear Mechanics, 2004, 39(6): 977 - 991.

[114] Epureanu B I, Tang L S, Païdoussis M P. Exploiting chaotic dynamics for detecting parametric variations in aeroelastic systems[J]. AIAA Journal, 2004, 42(4): 728 - 735.

[115] Vetrano F, Garrec C L, Mortchelewicz G D, et al. Assessment of strategies for interpolating pod based reduced order models and application to aeroelasticity [J]. Journal of Aeroelasticity and Structural Dynamics, 2012, 2(2): 85 - 104.

[116] Beran P S, Pettit C L. Reduced-order modeling for flutter prediction[C]. Proceedings of the 41st AIAA/ASME/ASCE/AHS/ASC Structures, Structural Dynamics and Materials Conference and Exihibit, Atlanta, 2000.

[117] Mortara S A, Slater J, Beran P. Analysis of nonlinear aeroelastic panel response using proper orthogonal decomposition[J]. Journal of Vibration and Acoustics, 2004, 126(3): 416 - 421.

第2章

壁板非线性颤振求解方法

本章旨在介绍壁板非线性颤振分析中涉及的基础理论及求解方法,为后面章节提供理论支撑。主要内容有:① 建立运动方程:包括结构几何非线性的描述、基于哈密尔顿(Hamilton)能量原理的拉格朗日方程、经典的准定常气动力计算活塞理论,及 von Karman 板运动方程;② 介绍两种经典半解析法对运动方程进行空间离散,即伽辽金法和瑞利-里茨法;③ 介绍经典的模型降阶技术,即POD;④ 介绍非线性动力学行为的多种描述工具以及混沌响应的判断方法,包括庞加莱映射图(Poincare map)、频谱分析(FFT)及李雅普诺夫指数(Lyapunov exponent)。

2.1 建立运动方程

2.1.1 结构几何非线性

薄板是指厚度远远小于其他维度尺寸的一种薄壁结构,薄板加工简单、质量轻便、能承受较大载荷,因此薄板结构在工程中受到了广泛应用,如建筑楼板、地基板、钢梁腹板、水下闸门、飞机机翼等。本书研究的薄板是飞机机翼的蒙皮结构。在本小节,我们通过薄板弯曲时的应力、应变及位移之间的关系来建立薄板的微分方程。

给出薄板弯曲时的基本假设:① 变形前位于中面法线上的各点,变形后仍位于弹性曲面的同一法线上,且法线上各点间的距离保持不变;② 与其他应力分量相比,认为 σ_z 是可以忽略的。薄板中面内的任一点 (x, y) 沿 x、y、z 三个方向的位移分别为 $u(x, y)$、$v(x, y)$、$w(x, y)$,其中 $w(x, y)$ 是横向位移,一般远远大于面内位移 $v(x, y)$、$v(x, y)$,且对于本章研究的考虑几何非线性的壁板,其横向位移与厚度达到了同量级。考虑到结构的几何非线性,得到的应变、位移之间的关系式如下[1]。

中面内任一点的应变分量为

$$\varepsilon_x^0 = \frac{\partial u}{\partial x} + \frac{1}{2}\left(\frac{\partial w}{\partial x}\right)^2$$

$$\varepsilon_y^0 = \frac{\partial v}{\partial y} + \frac{1}{2}\left(\frac{\partial w}{\partial y}\right)^2 \qquad (2.1)$$

$$\gamma_{xy}^0 = \frac{\partial v}{\partial x} + \frac{\partial u}{\partial y} + \frac{\partial w}{\partial x}\frac{\partial w}{\partial y}$$

其余三个应变分量 ε_z^0、γ_{xz}^0 和 γ_{yz}^0 均已忽略。基于中面内的应变分量,得到薄板内任意一点的应变:

$$\varepsilon_x^z = \frac{\partial u}{\partial x} + \frac{1}{2}\left(\frac{\partial w}{\partial x}\right)^2 - z\frac{\partial^2 w}{\partial x^2}$$

$$\varepsilon_y^z = \frac{\partial v}{\partial y} + \frac{1}{2}\left(\frac{\partial w}{\partial y}\right)^2 - z\frac{\partial^2 w}{\partial y^2} \qquad (2.2)$$

$$\gamma_{xy}^z = \frac{\partial v}{\partial x} + \frac{\partial u}{\partial y} + \frac{\partial w}{\partial x}\frac{\partial w}{\partial y} - 2z\frac{\partial^2 w}{\partial x \partial y}$$

根据胡克定律,得到中面内任一点的应力:

$$\sigma_x^0 = \frac{E}{1-\nu^2}(\varepsilon_x^0 + \nu\varepsilon_y^0)$$

$$\sigma_y^0 = \frac{E}{1-\nu^2}(\varepsilon_y^0 + \nu\varepsilon_x^0) \qquad (2.3)$$

$$\tau_{xy}^0 = \frac{E}{2(1+\nu)}\gamma_{xy}^0$$

及薄板内任一点的应力:

$$\sigma_x^z = \frac{E}{1-\nu^2}(\varepsilon_x^z + \nu\varepsilon_y^z) = \sigma_x^0 - \frac{Ez}{1-\nu^2}\left(\frac{\partial^2 w}{\partial x^2} + \nu\frac{\partial^2 w}{\partial y^2}\right)$$

$$\sigma_y^z = \frac{E}{1-\nu^2}(\varepsilon_y^z + \nu\varepsilon_x^z) = \sigma_y^0 - \frac{Ez}{1-\nu^2}\left(\frac{\partial^2 w}{\partial y^2} + \nu\frac{\partial^2 w}{\partial x^2}\right) \qquad (2.4)$$

$$\tau_{xy}^z = \frac{E}{2(1+\nu)}\gamma_{xy}^z = \tau_{xy}^0 - \frac{Ez}{1+\nu}\frac{\partial^2 w}{\partial x \partial y}$$

其中,与 z 无关的应力分量称为薄膜应力,与 z 成正比的应力分量称为弯曲应力。

2.1.2 拉格朗日方程

运用牛顿运动定律及其推论建立系统动力学运动方程是一种熟知且被广泛运用的方法,但是,该方法常常需要引入一些不必要的约束反力,因此本小节从能量角度出发,基于哈密尔顿原理建立系统的动能 T、势能 U 及外力做的功 W 之间的标量关系,进而建立系统的拉格朗日方程。

哈密尔顿原理是分析力学中一个基本的变分原理,从虚功原理出发,假设系统的广义坐标 $(q_1, q_2, \cdots, q_n)$ 随自变量 t 而变化,即 $q_i = q_i(t) (i = 1, 2, \cdots, n)$。哈密尔顿原理的数学表达式为[1]

$$\delta \int_{t_1}^{t_2} (T - U) \mathrm{d}t + \int_{t_1}^{t_2} \delta W \mathrm{d}t = 0 \tag{2.5}$$

其中,动能 T 是广义坐标及广义速度的函数;势能 U 仅是广义坐标的函数;非保守力的虚功 δW 是非保守力在虚位移上做的功,它们的具体表达式分别为

$$
\begin{aligned}
T &= T(q_1, \cdots, q_n; \dot{q}_1, \cdots, \dot{q}_n) \\
U &= U(q_1, \cdots, q_n) \\
\delta W &= \sum_{i=1}^{n} Q_i \delta q_i
\end{aligned}
\tag{2.6}
$$

那么由广义坐标 q_i 或广义速度 $\dot{q}_i$ 的微小改变 δq_i、$\delta \dot{q}_i$ 而引起的动能及势能的变分分别为

$$
\begin{aligned}
\delta T &= \sum_{i=1}^{n} \left(\frac{\partial T}{\partial q_i} \delta q_i + \frac{\partial T}{\partial \dot{q}_i} \delta \dot{q}_i \right) \\
\delta U &= \sum_{i=1}^{n} \frac{\partial U}{\partial q_i} \delta q_i
\end{aligned}
\tag{2.7}
$$

代入哈密尔顿原理数学表达式(2.5),得

$$\sum_{i=1}^{n} \int_{t_1}^{t_2} \left(\frac{\partial T}{\partial q_i} \delta q_i + \frac{\partial T}{\partial \dot{q}_i} \delta \dot{q}_i - \frac{\partial U}{\partial q_i} \delta q_i + Q_i \delta q_i \right) \mathrm{d}t = 0 \tag{2.8}$$

对 $\int_{t_1}^{t_2} \frac{\partial T}{\partial \dot{q}_i} \delta \dot{q}_i$ 进行分部积分:

$$\int_{t_1}^{t_2} \frac{\partial T}{\partial \dot{q}_i} \delta \dot{q}_i \mathrm{d}t = \left[\frac{\partial T}{\partial \dot{q}_i} \delta q_i \right]_{t_1}^{t_2} - \int_{t_1}^{t_2} \frac{\mathrm{d}}{\mathrm{d}t} \left(\frac{\partial T}{\partial \dot{q}_i} \right) \delta q_i \mathrm{d}t \qquad (2.9)$$

由于在端点上的变分为零,即 $\delta q_i(t_1) = \delta q_i(t_2) = 0$, 因此有

$$\int_{t_1}^{t_2} \frac{\partial T}{\partial \dot{q}_i} \delta \dot{q}_i \mathrm{d}t = - \int_{t_1}^{t_2} \frac{\mathrm{d}}{\mathrm{d}t} \left(\frac{\partial T}{\partial \dot{q}_i} \right) \delta q_i \mathrm{d}t \qquad (2.10)$$

代入式(2.10),得

$$\sum_{i=1}^{n} \int_{t_1}^{t_2} \left[- \frac{\mathrm{d}}{\mathrm{d}t} \left(\frac{\partial T}{\partial \dot{q}_i} \right) + \frac{\partial T}{\partial q_i} - \frac{\partial U}{\partial q_i} + Q_i \right] \delta q_i \mathrm{d}t \qquad (2.11)$$

由于式(2.11)对任意的变分 δq_i 都成立,每一项变分的系数恒等于零:

$$- \frac{\mathrm{d}}{\mathrm{d}t} \left(\frac{\partial T}{\partial \dot{q}_i} \right) + \frac{\partial T}{\partial \dot{q}_i} - \frac{\partial U}{\partial \dot{q}_i} + Q_i = 0 \qquad (2.12)$$

这就是著名的拉格朗日方程,它基于哈密尔顿能量原理得到了动能、势能、外力做功之间的标量关系式,经常用于建立连续弹性系统或多自由度系统的运动微分方程。

2.1.3　超声速活塞理论

活塞理论认为,当 $Ma \gg 1$ 时,机翼产生的扰动只传播到机翼附近很小的区域内。对于有限翼展的薄翼,其上、下表面近似平面,除翼梢以外,机翼上、下表面产生的扰动近似地沿机翼表面法线方向传播,机翼表面各点之间的相互影响很小,可以忽略,即 $V = V_\infty + w$,其中 w 是沿着机翼表面法线方向传播的扰动速度。因此超声速气流流过机翼表面的这种运动可以看作气缸中的活塞运动。

根据动量守恒原理及等熵原理,得到活塞表面的气动压力为[2]

$$p - p_\infty = \rho_\infty a_\infty^2 \left[\frac{w}{a_\infty} + \frac{\kappa+1}{4} \left(\frac{w}{a_\infty} \right)^2 + \frac{\kappa+1}{12} \left(\frac{w}{a_\infty} \right)^3 + \cdots \right] \qquad (2.13)$$

其中, w 以活塞表面外法线方向为正。

保留式(2.13)中的第一项、前两项、前三项,分别得到一阶(线性)、二阶、三阶活塞理论。当运用活塞理论计算超声速气流气动力时,机翼表面法洗速度以离开机翼表面为正,其对应的气动压力表达式为

$$p - p_\infty = \frac{2q}{\beta} \left[\frac{1}{V} \frac{\partial w}{\partial t} + \frac{\partial w}{\partial x} + \frac{\kappa+1}{4} Ma \left(\frac{1}{V} \frac{\partial w}{\partial t} + \frac{\partial w}{\partial x} \right)^2 \right.$$

$$+ \frac{\kappa + 1}{12} Ma^2 \left(\frac{1}{V} \frac{\partial w}{\partial t} + \frac{\partial w}{\partial x} \right)^3 + \cdots \Bigg] \tag{2.14}$$

本书在研究超声速气流中壁板的非线性颤振问题中,分别运用了线性一阶活塞理论及非线性三阶活塞理论,其气动压力表达式分别为

$$p - p_\infty = \frac{2q}{\beta} \left(\frac{1}{V} \frac{\partial w}{\partial t} + \frac{\partial w}{\partial x} \right) \tag{2.15}$$

$$p - p_\infty = \frac{2q}{\beta} \Bigg[\left(\frac{1}{V} \frac{\partial w}{\partial t} + \frac{\partial w}{\partial x} \right) + \frac{\gamma + 1}{4} Ma \left(C_{2t} \frac{1}{U} \frac{\partial w}{\partial t} + C_{2x} \frac{\partial w}{\partial x} \right)^2$$
$$+ \frac{\gamma + 1}{12} Ma^2 \left(C_{3t} \frac{1}{U} \frac{\partial w}{\partial t} + C_{3x} \frac{\partial w}{\partial x} \right)^3 \Bigg] \tag{2.16}$$

其中,C_{it}、$C_{ix}(i = 2, 3)$ 取值为 0 或 1,下标 t、x 分别代表 $\frac{\partial w}{\partial t}$、$\frac{\partial w}{\partial x}$ 的系数,用于评估每个非线性气动力项产生的影响。

2.1.4   von Karman 板运动方程

根据薄板弯曲的平衡方程及中面的变形协调方程,省略其具体推导过程,直接给出薄板弯曲的基本微分方程[3],即 von Karman 运动方程如下:

$$D \left(\frac{\partial^4 w}{\partial x^4} + 2 \frac{\partial^4 w}{\partial x^2 \partial y^2} + \frac{\partial^4 w}{\partial y^4} \right) = q + h \left(\frac{\partial^2 \Phi}{\partial y^2} \frac{\partial^2 w}{\partial x^2} + \frac{\partial^2 \Phi}{\partial x^2} \frac{\partial^2 w}{\partial y^2} - 2 \frac{\partial^2 \Phi}{\partial x \partial y} \frac{\partial^2 w}{\partial x \partial y} \right)$$
$$\tag{2.17}$$

$$\frac{\partial^4 \Phi}{\partial x^4} + 2 \frac{\partial^4 \Phi}{\partial x^2 \partial y^2} + \frac{\partial^4 \Phi}{\partial y^4} = E \left[\left(\frac{\partial^2 w}{\partial x \partial y} \right)^2 - \frac{\partial^2 w}{\partial y^2} \frac{\partial^2 w}{\partial y^2} \right] \tag{2.18}$$

那么,薄板弯曲问题就是在给定的边界条件下,求解以上方程组得到位移函数 $w(x, y)$ 及应力函数 $\Phi(x, y)$。

2.2   经典半解析法空间离散

2.2.1   伽辽金方法

以大挠度薄板的能量变分方程为基础 $\iint X \delta w \mathrm{d}x \mathrm{d}y$,运用伽辽金方法对其进

行近似求解。待求量是位移函数 w，因此假设位移函数展开式为

$$w = \sum_{i=1}^{n} a_i \eta_i \tag{2.19}$$

其中，$a_i (i = 1, 2, \cdots, n)$ 为待定系数；$\eta_i = \eta_i(x, y)$ 为假设的模态函数，要求同时满足薄板的几何边界及静力边界条件。那么，虚位移 δw 可以表示为

$$\delta w = \sum_{i=1}^{n} \delta a_i \eta_i(x, y) \tag{2.20}$$

将虚位移代入能量变分方程，得

$$\delta a_1 \iint X \eta_1 \mathrm{d}x\mathrm{d}y + \delta a_2 \iint X \eta_2 \mathrm{d}x\mathrm{d}y + \cdots = 0 \tag{2.21}$$

由于 δa_1，δa_2，$\cdots$，δa_n 满足任意性，根据变分方程的性质，式（2.21）中每一项都等于零，即

$$\iint X \eta_i \mathrm{d}x\mathrm{d}y = 0 \ (i = 1, 2, \cdots, n) \tag{2.22}$$

将已知模态函数 η_i 代入式（2.22）进行积分，最终得到 n 个关于待定系数 a_i 的常微分方程组，运用数值积分进行求解，再将 a_i 代入位移展开式（2.19），即可得到位移 w 的近似解。

2.2.2 瑞利-里茨方法

瑞利-里茨方法基于能量变分原理建立薄板弯曲的运动微分方程。首先分别给出薄板的变形能 U、动能 T 及外载荷做的功 W 的表达式。对于大挠度弯曲薄板，其变形能 U 包括弯曲形变势能 U_B 和薄膜应力引起的中面拉伸应变能 U_S，具体表达式为

$$U = \frac{1}{2} \iiint (\sigma_x^z \varepsilon_x^z + \sigma_y^z \varepsilon_y^z + \tau_{xy}^z \gamma_{xy}^z) \mathrm{d}x\mathrm{d}y\mathrm{d}z \tag{2.23}$$

动能及分布压力做的功分别为

$$T = \frac{1}{2} \iint \rho_m h \left(\frac{\partial w}{\partial t} \right)^2 \mathrm{d}x\mathrm{d}y, \ W = \iint \Delta p w \mathrm{d}x\mathrm{d}y \tag{2.24}$$

其中，σ、ε 用挠度 w 表示：

$$\sigma_x^z = \sigma_x^0 - \frac{Ez}{1-\nu^2}\left(\frac{\partial^2 w}{\partial x^2} + \nu \frac{\partial^2 w}{\partial y^2}\right) \; , \; \varepsilon_x^z = \varepsilon_x^0 - z\frac{\partial^2 w}{\partial x^2}$$

$$\sigma_y^z = -\frac{Ez}{1-\nu^2}\left(\frac{\partial^2 w}{\partial y^2} + \nu \frac{\partial^2 w}{\partial x^2}\right) \; , \; \varepsilon_y^z = \varepsilon_y^0 - z\frac{\partial^2 w}{\partial y^2}$$

$$\tau_{xy}^z = \tau_{xy}^0 - \frac{Ez}{1+\nu}\frac{\partial^2 w}{\partial x \partial y}, \; \gamma_{xy} = \gamma_{xy}^0 - 2z\frac{\partial^2 w}{\partial x \partial y} \tag{2.25}$$

将以上应力应变分量代入式(2.23),并沿 z 向进行积分,整理后得

$$U = \frac{h}{2}\iint (\sigma_x^0 \varepsilon_x^0 + \sigma_y^0 \varepsilon_y^0 + \tau_{xy}^0 \gamma_{xy}^0) \, \mathrm{d}x\mathrm{d}y$$

$$+ \frac{D}{2}\iint \left[\left(\frac{\partial^2 w}{\partial x^2}\right)^2 + \left(\frac{\partial^2 w}{\partial y^2}\right)^2 + 2\nu\frac{\partial^2 w}{\partial x^2}\frac{\partial^2 w}{\partial y^2} + 2(1-\nu)\left(\frac{\partial^2 w}{\partial x \partial y}\right)^2\right] \mathrm{d}x\mathrm{d}y$$

$$\tag{2.26}$$

式(2.26)中第一个积分只包含薄膜应力与应变,因此代表了薄膜应力引起的中面拉伸应变能 U_S。第二个积分中含有中面变形后的曲率及扭率,因此代表了弯曲引起的变形能 U_B。具体地, U_S 是中面面内位移 u、v 产生的应变势能,因此中面内应力 σ 及应变 ε 不随 z 变化,那么,

$$U_S = \frac{h}{2}\iint (\sigma_x \varepsilon_x + \sigma_y \varepsilon_y + \tau_{xy} \gamma_{xy}) \, \mathrm{d}x\mathrm{d}y = \frac{1}{2}\iint (N_x \varepsilon_x + N_y \varepsilon_y + N_{xy} \gamma_{xy}) \, \mathrm{d}x\mathrm{d}y$$

由物理方程求解中面内力 N_x、N_y、N_{xy}:

$$N_x = \frac{Eh}{1-\nu^2}(\varepsilon_x + \nu\varepsilon_y)$$

$$N_y = \frac{Eh}{1-\nu^2}(\varepsilon_y + \nu\varepsilon_x) \tag{2.27}$$

$$N_{xy} = \frac{Eh}{2(1+\nu)}\gamma_{xy}$$

因此有

$$U_S = \frac{Eh}{2(1-\nu^2)}\iint \left(\varepsilon_x^2 + \varepsilon_y^2 + 2\nu\varepsilon_x\varepsilon_y + \frac{1-\nu}{2}\gamma_{xy}^2\right) \mathrm{d}x\mathrm{d}y \tag{2.28}$$

运用非线性应变-位移关系式:

$$\varepsilon_x = \frac{\partial u}{\partial x} + \frac{1}{2}\left(\frac{\partial w}{\partial x}\right)^2$$

$$\varepsilon_y = \frac{\partial v}{\partial y} + \frac{1}{2}\left(\frac{\partial w}{\partial y}\right)^2$$

$$\gamma_{xy} = \frac{\partial v}{\partial x} + \frac{\partial u}{\partial y} + \frac{\partial w}{\partial x}\frac{\partial w}{\partial y} \tag{2.29}$$

将其代入式(2.27),并进行整理得

$$U_S = \frac{Eh}{2(1-\nu^2)}\iint \left\{ \begin{aligned} &\left(\frac{\partial u}{\partial x}\right)^2 + \left(\frac{\partial v}{\partial y}\right)^2 + \frac{\partial u}{\partial x}\left(\frac{\partial w}{\partial x}\right)^2 + \frac{\partial v}{\partial y}\left(\frac{\partial w}{\partial y}\right)^2 \\ &+ \frac{1}{4}\left[\left(\frac{\partial w}{\partial x}\right)^2 + \left(\frac{\partial w}{\partial y}\right)^2\right]^2 \\ &+ \nu\left[\frac{\partial u}{\partial x}\left(\frac{\partial w}{\partial y}\right)^2 + \frac{\partial v}{\partial y}\left(\frac{\partial w}{\partial x}\right)^2 + 2\frac{\partial u}{\partial x}\frac{\partial v}{\partial y}\right] \\ &+ (1-\nu)\left[\frac{1}{2}\left(\frac{\partial v}{\partial x}\right)^2 + \frac{1}{2}\left(\frac{\partial u}{\partial y}\right)^2\right. \\ &+ \left.\frac{\partial v}{\partial x}\frac{\partial u}{\partial y} + \left(\frac{\partial v}{\partial x} + \frac{\partial u}{\partial y}\right)\frac{\partial w}{\partial x}\frac{\partial w}{\partial y}\right] \end{aligned} \right\} \mathrm{d}x\mathrm{d}y \tag{2.30}$$

令 $\Pi = U_B + U_S + T - W$,根据最小势能原理,薄板的真实位移应使 Π 最小,因此,能量的一阶变分等于零,即 $\delta\Pi \equiv 0$。由于薄板为无限自由度系统,运用瑞利-里茨方法进行空间离散,将其转化为有限自由度系统。假设中面内任一点位移的模态展开式为

$$u = \sum_m A_m u_m, \ v = \sum_n B_n v_n, \ w = \sum_k C_k w_k \tag{2.31}$$

其中,模态函数 u_m、v_n、w_k 满足薄板的几何边界条件,并满足静力边界条件;A_m、B_n、C_k 为待定模态坐标,且互相独立,因此有

$$\min\Pi \Leftrightarrow \begin{cases} \dfrac{\partial\Pi}{\partial A_m} = 0 \Rightarrow \dfrac{\partial U}{\partial A_m} = 0 \\[3mm] \dfrac{\partial\Pi}{\partial B_n} = 0 \Rightarrow \dfrac{\partial U}{\partial B_n} = 0 \\[3mm] \dfrac{\partial\Pi}{\partial C_k} = 0 \Rightarrow \dfrac{\partial(U+T)}{\partial C_k} - \dfrac{\partial W}{\partial C_k} = 0 \end{cases} \tag{2.32}$$

其中，$U = U_B + U_S$，U_B 与 A_m、B_n 无关，因此进一步简化式(2.32)得到

$$\begin{cases} \dfrac{\partial U_S}{\partial A_m} = 0 \\[2mm] \dfrac{\partial U_S}{\partial B_n} = 0 \\[2mm] \dfrac{\partial U_B}{\partial C_k} + \dfrac{\partial U_S}{\partial C_k} + \dfrac{\partial T}{\partial C_k} - \dfrac{\partial W}{\partial C_k} = 0 \end{cases} \tag{2.33}$$

2.3   POD 模型降阶方法

2.3.1   POD 数学描述

POD 是数学上的一种多变量统计方法，其基本思想在于：基于一个多变量的庞大系统，寻找一组新的基向量，使新的基向量张成的新系统与原系统误差最小，且系统维度大幅度降低。POD 方法的主要目的有两个：① 将原来的高维系统投影到新的低维系统，降低系统的维度；② POD 基向量具有系统本征模态的特性，能够揭示系统中一些隐藏的物理特性（大量数据无法反映出的特性）。

假设求解的偏微分方程组得到的解是 $Y = \{y_1, \cdots, y_P\}$，其中，$y_i = y_i(x, t_i)$ 是列向量，x 是计算域内的任意空间点，t_i 是计算周期内的一个特定时刻点，当 x 取不同的空间离散点时，Y 为解矩阵。将这个解矩阵作为快照数据（snapshot），来寻找一组特征正交基向量 $\boldsymbol{\Psi} = \{\boldsymbol{\psi}_1, \cdots, \boldsymbol{\psi}_P\}$，将原系统向这组正交基向量投影，使投影后的系统与原系统误差最小，其数学表达式为[4]

$$\begin{cases} \displaystyle\sum_{i=1}^{P} \left\| y_i - \sum_{j=1}^{P} (y_i, \boldsymbol{\psi}_j)\boldsymbol{\psi}_j \right\|^2 \to \min \\[2mm] \boldsymbol{\Psi}^{\mathrm{T}} \boldsymbol{\Psi} = \boldsymbol{I} \end{cases} \tag{2.34}$$

其中，$\displaystyle\sum_{j=1}^{P} (y_i, \boldsymbol{\psi}_j)\boldsymbol{\psi}_j$ 代表了原系统在 POD 基向量下投影后的近似系统。因此，式(2.34)的最小值问题也等价于原系统在 POD 基向量下的投影最大，即得到最大值问题：

$$\sum_{i=1}^{P} (y_i, \boldsymbol{\Psi})^2 \to \max \tag{2.35}$$

引入拉格朗日乘子 λ 求解最优化问题：

$$J(\boldsymbol{\Psi}) = \sum_{i=1}^{P} (\boldsymbol{y}_i,\ \boldsymbol{\Psi})^2 - \lambda(\|\boldsymbol{\Psi}\|^2 - 1) \tag{2.36}$$

现在的问题就等价于求式(2.36)的极大值问题，方程(2.36)两边对 $\boldsymbol{\Psi}$ 求一阶偏导数，并令其等于零，得

$$\frac{\partial J(\boldsymbol{\Psi})}{\partial \boldsymbol{\Psi}} = 2Y^{\mathrm{T}}Y\boldsymbol{\Psi}^{\mathrm{T}} - 2\lambda\boldsymbol{\Psi}^{\mathrm{T}} = 0 \tag{2.37}$$

简化式(2.37)即可得到以下特征值问题：

$$(Y^{\mathrm{T}}Y - \lambda I)\boldsymbol{\Psi}^{\mathrm{T}} = 0 \tag{2.38}$$

其中，$Y^{\mathrm{T}}Y$ 是相关矩阵，求解其特征值及特征向量即得到 POD 特征值 λ_j^p 及特征向量 $\boldsymbol{v}_j^p(j=1,\cdots,P)$。

特征值的大小反映了该特征值对应的 POD 基向量包含的系统特征的多少，因此可以通过它们包含的广义能量对 POD 基向量进行模态截取，形成降阶的子空间。首先将特征值按降序进行排列，$\lambda_1^p \geqslant \lambda_2^p \geqslant \cdots \geqslant \lambda_P^p$，那么对应的 POD 基向量包含的广义能量的定义为

$$E(L) = \frac{\sum_{i=1}^{L} \lambda_i^p}{\sum_{j=1}^{P} \lambda_j^p} \tag{2.39}$$

当满足 $E(L) > \epsilon$ 时，令 $\epsilon = 99.9\%$，得到 POD 基向量的最优数目 L。那么将截断后对应的 L 个特征向量记为 $V = \{\boldsymbol{v}_1,\ \boldsymbol{v}_2,\cdots,\ \boldsymbol{v}_L\}$，根据特征向量对快照数据 Y 进行线性叠加即可得到 POD 基向量：

$$\boldsymbol{\Psi}^P = YV \tag{2.40}$$

一般地，POD 特征值会呈快速下降的趋势，因此一般取前面几个 POD 基向量即可满足能量标准。

2.3.2 POD 降阶流程

POD 方法能够从一组快照数据中提取出最优的空间信息来描述一个动力学系统的空间-时间复杂性和固有维度。其中，快照数据可以来自实验数据、文

献数据或者数值计算。在本书中,快照数据来自伽辽金法及瑞利-里茨法计算得到的系统位移时间响应解。

以伽辽金法计算得到的空间离散点的位移时间响应解为例,将快照数据整理成矩阵形式:

$$\overline{\boldsymbol{Q}} = \begin{pmatrix} W(\xi_1, \tau_1) & W(\xi_1, \tau_2) & \cdots & W(\xi_1, \tau_J) \\ W(\xi_2, \tau_1) & W(\xi_2, \tau_2) & \cdots & W(\xi_2, \tau_J) \\ \vdots & \vdots & \ddots & \vdots \\ W(\xi_N, \tau_1) & W(\xi_N, \tau_2) & \cdots & W(\xi_N, \tau_J) \end{pmatrix} \tag{2.41}$$

其中,$W(\xi_i, \tau_j)$ 表示壁板 x 方向上(弦向)的第 i 个点在第 j 时刻的无量纲 z 向位移($i = 1, 2, \cdots, N; j = 1, 2, \cdots, J$)。注意:总的时刻点数为 J,总的自由度数为 $N(J \ll N)$。基于快照矩阵构建相关函数矩阵:

$$\boldsymbol{\Phi} = \overline{\boldsymbol{Q}}^{\mathrm{T}} \overline{\boldsymbol{Q}} \tag{2.42}$$

因此得到下面的特征值问题:

$$\boldsymbol{\Phi} \boldsymbol{v}_j = \lambda_j^p \boldsymbol{v}_j \tag{2.43}$$

其中,λ_j^p,$\boldsymbol{v}_j (j = 1, 2, \cdots, J)$ 分别是矩阵 $\boldsymbol{\Phi}$ 的特征值和特征向量。将特征值按照降序排列,同时对特征向量 $\boldsymbol{v}_j$ 进行相应的排列:

$$\lambda_1^p \geqslant \lambda_2^p \geqslant \cdots \geqslant \lambda_J^p$$

这里提出一个通用的标准,即能量标准,用于选择最优的 POD 模态数目 L。对于一个给定的能量百分比 $\epsilon > 0$,往往令 $\epsilon = 99.9\%$,那么 L 可以由以下不等式确定:

$$F(L) = \frac{\sum_{k=1}^{L} \lambda_k^p}{\sum_{j=1}^{J} \lambda_j^p} \geqslant 0.999$$

一般情况下,L 远远小于伽辽金法/瑞利-里茨法位移表达式中的 POD 模态数目 M。

绘制 POD 特征值 λ_j^p 及其累积能量百分比 F 随 POD 模态数目 L 的变化曲线,如图 2.1 所示[5]。显然,特征值随模态数目呈快速下降趋势,其中前几阶模态吸收了几乎所有的能量。因此在 POD 降阶模型中,仅取前几阶主模态就足够了。相应地,特征向量也截断为前 L 个 $V = [\boldsymbol{v}_1, \boldsymbol{v}_2, \cdots, \boldsymbol{v}_L]$,最后运用特征向量对快照数据进行线性叠加,得到维度较小的 POD 模态 $\psi_i(i=1, 2, \cdots, L)$,并写成矩阵形式:

$$\boldsymbol{\Psi} = \bar{\boldsymbol{Q}} V \qquad (2.44)$$

那么,矩阵 $\boldsymbol{\Psi}$ 的每一列称为 POD 模态。将壁板的横向位移展开为 POD 模态的线性叠加形式,便可用于描述壁板的真实物理形变。

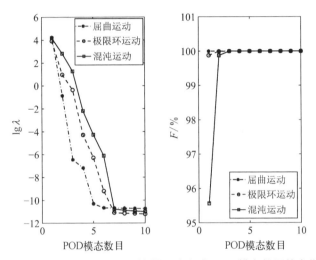

图 2.1　POD 特征值及累积能量百分比随 POD 模态数目的变化

2.4　非线性动力学响应分析

壁板发生非线性颤振现象,往往呈现出多种复杂动力学行为,如屈曲运动、极限环振动(limit cycle oscillation, LCO)、非简谐周期振动、准周期振动、混沌运动等。而用于准确判断不同响应形式的途径有很多种,最常用的是时程图及相平面图,但是随着运动形式的复杂化,本书主要运用庞加莱映射、李雅普诺夫指数及频谱分析等方法来判断复杂响应。其中,庞加莱映射为定性方法,李雅普诺夫指数及频谱分析为定量方法。

2.4.1　庞加莱映射

当系统做混沌运动时,其相平面图比较复杂,没有明显的规律,一般会充满整个相空间。对于非混沌的复杂运动,其相平面图与混沌运动是相似的,因此不便于进行准确判断。这个时候,应该借助庞加莱映射图,它指定某一个选择条件,对相平面内的点进行选择记录,这个过程相当于用某一个截面去截取原相平面空间,得到的结果就是庞加莱映射。从这个意义上来讲,庞加莱映射是相平面图降维后的结果,因此更为简单、直观。庞加莱映射可能出现的结果大致分为三种:① 有限多个散点,以 K 个点为例,那么它对应的就是 K 倍周期运动;② 一条任意形态的封闭曲线,则系统做准周期运动;③ 以某种形态分布的一团散点,代表的则是混沌运动。在绘制庞加莱映射时,需要设定一个选择条件,也就是选择一个合适的截面,而这个条件(截面)不是唯一的,针对不同的求解系统,或者个人喜好,可以做合适的选择。

2.4.2 李雅普诺夫指数

李雅普诺夫指数用于表示相空间中两条相邻轨迹随时间按指数律分离的程度,是一个统计平均量。对于一个 n 维系统,它有 n 个李雅普诺夫指数,且为实数。一般将这些指数从大到小进行降序排列,称为李雅普诺夫谱,它的大小反映出相空间中两条相邻轨迹在不同方向上的分离程度。而最大李雅普诺夫指数(largest Lyapunov exponents, LLE)是最常用的一个量,因为它可以定量地判断一个复杂运动是否是混沌运动。如果 LLE 大于零,那么系统做混沌运动,且该值越大,混沌运动的非线性越强。如果 LLE 小于等于零,那么系统做常规运动,如静稳定、屈曲、周期运动等。更多关于李雅普诺夫谱的计算,读者可以查阅文献[6]。本书运用 LLE 来判断系统是否做混沌运动,后续章节将会给出 LLE 的具体计算步骤。

2.4.3 频谱分析

频谱分析是将系统的一组时间序列解进行快速傅里叶变换(fast Fourier transform, FFT),得到幅值随频率的变化关系,再通过频率幅值谱的分布形态来判断系统的运动形式。若频谱仅以有限个孤立的峰值分布,有两种可能的结果:① 如果峰值对应的频率成整数倍关系,那么系统做周期运动;② 如果峰值对应的频率不成整数倍关系,那么系统做准周期运动。如果频谱同时包含有限个峰值及较宽的连续分布段,那么系统可能做混沌运动。这里,不能确定地说一定是混沌运动,因为连续分布段与孤立分布的峰值之间有一个主次的判断。如果以连续分布段为主,那么基本上可以判断是混沌运动。但是,这种判断相对主观,所以,有时候也会将近似的混沌运动误判为混沌运动,后续章节的算例分析中会给出具体算例。因此,在判断复杂运动时,建议将频谱分析与庞加莱映射或李雅普诺夫指数结合使用。

2.5　本章小结

本章主要介绍了壁板非线性颤振的建模及求解方法。包括 von Karman 板大变形理论、拉格朗日(Lagrange)方程、经典活塞理论、半解析空间离散的伽辽金方法、瑞利里茨方法、POD 模型降阶技术及非线性动响应分析方法,如庞加莱映射、频谱分析及李雅普诺夫(Lyapunov)指数等。

参考文献

[1] 刘鸿文,林建兴,曹曼玲.板壳理论[M].杭州:浙江大学出版社,1987.

[2] 杨智春,赵令诚.飞行器气动弹性力学[M].西安:西北工业大学出版社,2008.

[3] Dowell E H. Aeroelasticity of plates and shells[M]. Berlin: Springer, 1975.

[4] 姚伟刚,徐敏,叶茂.基于特征正交分解的非定常气动力建模技术[J].力学学报,2010, 42(4): 637 - 644.

[5] Xie D, Xu M, Dowell E H. Proper orthogonal decomposition reduced-order model for nonlinear aeroelastic oscillations[J]. AIAA Journal, 2014, 52(2): 1 - 13.

[6] Wolf A, Swift J B, Swinney H L, et al. Determining Lyapunov exponents from a time series [J]. Physica D: Nonlinear Phenomena, 1985, 16(3): 285 - 317.

第 3 章

简支壁板的非线性颤振分析

已经有大量文献运用伽辽金方法对二维及三维壁板的非线性颤振特性进行了研究。伽辽金方法是半解析法,准确性高,但是当非线性很强的时候,更多的模态往往导致计算量比较大。本章运用 POD 方法建立降阶模型,以更少的模态来描述强非线性壁板颤振系统的复杂动力学特性。基于 von Karman 板大变形理论及一阶活塞理论建立二维及三维四边简支矩形壁板的非线性颤振方程。运用伽辽金方法及 POD 方法对其进行空间离散,将偏微分运动方程转换成常微分运动方程,最后用数值积分 RK4 求解。通过 POD 方法与伽辽金方法的对比,验证了 POD 降阶模型的准确性及高效性。

壁板颤振是壁板在惯性力、弹性力及气动力耦合作用下产生的一种自激振动[1]。当马赫数较高时,气动加热产生的热载荷也是不可忽略的,其产生的面内热应力,使壁板的抗弯刚度减弱,从而降低壁板的颤振边界。同时,热载荷会导致壁板出现复杂的动力学响应,包括静稳定、动稳定屈曲、极限环、准周期、瞬态混沌及混沌运动。本章将 POD 方法用于超声速气流中受热简支壁板的非线性颤振分析。考虑均匀受热的简支壁板,采用 von Karman 板大变形理论、一阶活塞理论及准定常热应力理论建立壁板的热气动弹性方程,确定其稳定域,探究极限环、准周期、瞬态混沌、混沌等运动的非线性颤振现象。

本章主要内容有:3.1 节建立二维及三维壁板的非线性颤振运动方程。3.2 节运用伽辽金方法对运动微分方程进行离散,得到常微分方程组,并运用数值积分 RK4 法进行求解。3.3 节建立 POD 降阶模型并进行模型验证。3.4 节给出数值算例,分析 POD 模态的物理属性,对比伽辽金方法与 POD 方法的准确性。3.5 节基于 POD 降阶模型对三维简支壁板进行非线性颤振分析,并评估 POD 降阶模型的准确性、收敛性及高效性。同时,探究壁板长宽比效应及壁板稳定性边界。

3.1　非线性气动弹性方程

3.1.1　二维壁板运动方程

如图 3.1 所示,考虑到面内外力 $N_x^{(a)}$、非线性薄膜力、惯性力、气动力及空腔内静态压力分布 Δp,当 $y \to \infty$ 时,y 向的弯曲可以忽略,四边简支矩形板可以近似看作二维简支壁板($a/b \to 0$),在超声速流中其运动方程如下[2]:

$$D \frac{\partial^4 w}{\partial x^4} - \left[N_x + N_x^{(a)} \right] \frac{\partial^2 w}{\partial x^2} + \rho_m h \frac{\partial^2 w}{\partial t^2}$$
$$+ (p - p_\infty) = \Delta p \qquad (3.1)$$

其中,几何变形引起的非线性薄膜力为

$$N_x = \frac{Eh}{2a \int_0^a \left(\frac{\partial w}{\partial x} \right)^2 \mathrm{d}x} \qquad (3.2)$$

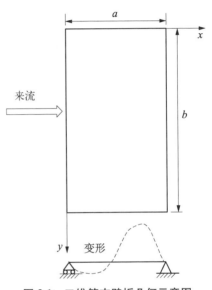

图 3.1　二维简支壁板几何示意图

运用一阶活塞理论近似计算准定常气动力:

$$p - p_\infty = \frac{2q}{\beta} \left[\frac{\partial w}{\partial x} + \left(\frac{Ma^2 - 2}{Ma^2 - 1} \right) \frac{1}{U} \frac{\partial w}{\partial t} \right] \qquad (3.3)$$

将方程(3.2)和方程(3.3)代入方程(3.1),同时进行无量纲化[2]:

$$\xi \equiv \frac{x}{a}, \ \eta \equiv \frac{y}{b}, \ W \equiv \frac{w}{h}$$

$$\lambda \equiv \frac{2qa^3}{\beta D}, \ P \equiv \frac{\Delta p a^4}{Dh}$$

$$\mu \equiv \frac{\rho a}{\rho_m h}, \ \tau \equiv t \left(\frac{D}{\rho_m h a^4} \right)^{1/2} \qquad (3.4)$$

$$R_{x(y)} \equiv \frac{N_x(y)^{(a)} a^2}{D}$$

那么得到无量纲的壁板运动方程:

$$\frac{\partial^4 W}{\partial \xi^4} - 6(1 - \nu^2)\left[\int_0^1 \left(\frac{\partial W}{\partial \xi}\right)^2 \mathrm{d}\xi\right]\frac{\partial^2 W}{\partial \xi^2} - R_x \frac{\partial^2 W}{\partial \xi^2} + \frac{\partial^2 W}{\partial \tau^2}$$

$$+ \lambda\left[\frac{\partial W}{\partial \xi} + \left(\frac{Ma^2 - 2}{Ma^2 - 1}\right)\left(\frac{\mu}{Ma\lambda}\right)^{1/2}\frac{\partial W}{\partial \tau}\right] = P \tag{3.5}$$

显然,横向位移 W 是唯一的待求未知量。得到了壁板的形变位移,则应力的表达式为

$$\sigma_x = \frac{E}{1 - \nu^2}\left(-z\frac{\partial^2 w}{\partial x^2}\right) + \frac{N_x}{h} + \frac{N_x^{(a)}}{h}$$

$$= E\left[\frac{-z}{1 - \nu^2}\frac{\partial^2 w}{\partial x^2} + \frac{1}{2a}\int_0^a \left(\frac{\partial w}{\partial x}\right)^2 \mathrm{d}x + \frac{N_x^{(a)}}{Eh}\right] \tag{3.6}$$

对其进行无量纲化得

$$\bar{\sigma}_x = \frac{\sigma_x(1 - \nu^2)}{E(h/a)^2} \tag{3.7}$$

3.1.2　三维壁板运动方程

当壁板为有限展长时,展向弯曲不能再忽略,此时壁板是三维的,如图 3.2
所示。

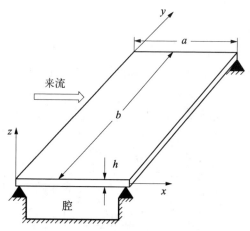

图 3.2　三维简支壁板几何示意图

基于上述二维壁板运动方程的建立,类似地可得到三维壁板的运动方程[2]

$$D\left(\frac{\partial^4 w}{\partial x^4} + 2\frac{\partial^4 w}{\partial x^2 \partial y^2} + \frac{\partial^4 w}{\partial y^4}\right) = \frac{\partial^2 \varPhi}{\partial y^2}\frac{\partial^2 w}{\partial x^2} + \frac{\partial^2 \varPhi}{\partial x^2}\frac{\partial^2 w}{\partial y^2} - 2\frac{\partial^2 \varPhi}{\partial x \partial y}\frac{\partial^2 w}{\partial x \partial y}$$

$$+ N_x^{(a)}\frac{\partial^2 w}{\partial x^2} + N_y^{(a)}\frac{\partial^2 w}{\partial y^2} + (p - p_\infty) \qquad (3.8)$$

$$+ \Delta p - \rho_m h\left(\frac{\partial^2 w}{\partial t^2}\right)$$

$$\frac{1}{Eh}\left(\frac{\partial^4 \varPhi}{\partial x^4} + 2\frac{\partial^4 \varPhi}{\partial x^2 \partial y^2} + \frac{\partial^4 \varPhi}{\partial y^4}\right) = \left(\frac{\partial^2 w}{\partial x \partial y}\right)^2 - \frac{\partial^2 w}{\partial x^2}\frac{\partial^2 w}{\partial y^2} \qquad (3.9)$$

其中,方程(3.8)是运动微分方程,方程(3.9)是变形协调方程。与二维壁板的方程相比,位移 w 和艾瑞应力函数 $\varPhi$ 均为未知量,并耦合在两个方程中,求解更加复杂。

3.2　伽辽金方法离散

伽辽金方法运用一组假设的基础函数 φ_i 将方程的解展开为线性叠加形式,近似地将非线性偏微分运动方程组转化为一组有限的耦合的常微分方程组。气动弹性系统是一个连续的无限维系统,伽辽金方法可以将其减缩为一个有限维的空间。对于一个四边简支的矩形壁板,伽辽金方法取正弦函数为基础函数将横向位移展开,位移边界条件和力边界条件自动满足。

3.2.1　伽辽金方法离散二维壁板运动方程

对于一个二维的简支壁板,假设其位移函数为

$$W(\xi, \tau) = \sum_{m=1}^{M} a_m(\tau)\sin(m\pi\xi) \qquad (3.10)$$

其中, M 是假设的模态函数总数目。在这里,选取正弦函数为模态函数,其正交性使计算更为简单。

运用伽辽金法,可以得到一组关于模态坐标 $a_m(\tau)$ 耦合的 M 维二阶常微分方程组,通过给方程(3.5)乘以方程(3.10)中的每一个 $\sin(r\pi\xi)(r = 1, 2, \cdots, M)$ 并沿板的长度积分,得到常微分方程组如下:

$$a_r \frac{(r\pi)^4}{2} + 6(1-\nu^2)\left[\sum_m a_m^2 \frac{(m\pi)^2}{2}\right] a_r \frac{(m\pi)^2}{2} + R_x a_r \frac{(m\pi)^2}{2} + \frac{1}{2}\frac{\mathrm{d}^2 a_r}{\mathrm{d}\tau^2}$$

$$+ \lambda\left\{\sum_m^{m\neq r} \frac{rm}{r^2-m^2}\left[1-(-1)^{r+m}\right]a_m + \frac{1}{2}\left(\frac{\mu}{Ma\lambda}\right)^{1/2}\frac{\mathrm{d}a_r}{\mathrm{d}\tau}\right\}$$

$$= P\frac{1-(-1)^r}{r\pi}(r=1,2,\cdots,M) \tag{3.11}$$

最后,运用数值积分 RK4 方法求解方程(3.11)。无量纲最大、最小应力发生在 $z = \pm h/2$、$y = b/2$ 处,其取值为

$$\bar{\sigma}_x = \frac{\sigma_x(1-\nu^2)}{E(h/a)^2} = \left[\pm\frac{1}{2}\sum a_m(m\pi)^2\sin(m\pi\xi) + \frac{1-\nu^2}{4}\sum a_m^2(m\pi)^2\right] + \frac{R_x}{12}$$

$$\tag{3.12}$$

3.2.2   伽辽金方法离散三维壁板运动方程

对于三维的简支矩形板,为了自动满足简支的边界条件,取双正弦函数为基础函数,将横向位移展开为

$$W(\xi,\eta,\tau) = \sum_{m=1}^M \sum_{n=1}^N a_{mn}(\tau)\sin(m\pi\xi)\sin(n\pi\eta)$$

根据经验[2],这里仅保留第一阶 y 向模态,即 $n=1$。位移展开式简化为

$$W(\xi,\eta,\tau) = \sum_{m=1}^M a_m(\tau)\sin(m\pi\xi)\sin(\pi\eta) \tag{3.13}$$

基于方程(3.13),结合边界条件,可以得到艾瑞应力 Φ 的通解和特解[2]。有了应力 Φ,方程(3.8)乘以基础函数 $\sin(r\pi\xi)$,$\sin(\pi\eta)(r=1,2,\cdots,M)$,并沿板的弦向及展向积分,便得到一组 M 维耦合的关于未知模态坐标 $a_m(\tau)$ 的常微分方程组。为了简洁,这里直接给出无量纲常微分方程组:

$$\frac{\mathrm{d}^2 a_n}{\mathrm{d}\tau^2} = -a_n\pi^4\left[n^2+(a/b)^2\right]^2 - \lambda\left\{\sum_r^M \frac{2nr}{n^2-r^2}\left[1-(-1)^{n+r}\right]a_r + \left(\frac{\mu}{Ma\lambda}\right)^{1/2}\frac{\mathrm{d}a_n}{\mathrm{d}\tau}\right\}$$

$$-3\pi^4(1-\nu^2)\left\{\frac{a_n}{2}\left[n^2 A + (a/b)^2 B\right] + (a/b)^4\left(C + D + \frac{E}{4} - \frac{F}{2}\right)\right\}$$

$$-R_x\pi^2 n^2 a_n - R_y(a/b)^2\pi^2 a_n + \frac{8P}{\pi^2}\frac{\left[1-(-1)^n\right]}{n}(n=1,2,\cdots,M)$$

$$\tag{3.14}$$

系数 $A \sim F$ 的具体形式见附录 B。最后通过数值积分 RK4 方法求解方程 (3.14)。除了板的横向位移，弦向的应力也是我们关心的：

$$\sigma_x = \frac{E}{1 - \nu^2}\left[-z\left(\frac{\partial^2 w}{\partial x^2} + \nu\frac{\partial^2 w}{\partial y^2} \right) \right] + \frac{N_x}{h} + \frac{N_x^{(a)}}{h}$$

最大、最小应力发生在 $z = \pm h/2$、$y = b/2$ 处。为了避免重复[2]，这里省去了代数推导过程，直接给出无量纲的应力极值：

$$\bar{\sigma}_x \equiv \frac{\sigma_x(1 - \nu^2)}{E(h/a)^2}$$

$$= \pm\frac{\pi^2}{2}\sum_m^M a_m[m^2 + \nu(a/b)^2]\sin(m\pi\xi) + \frac{\pi^2}{8}\sum_m^M a_m^2[m^2 + \nu(a/b)^2]$$

$$+ \pi^2(1 - \nu^2)(a/b)^4\left\{ \sum_m^M\sum_s^M \frac{a_m a_s m(s - m)\cos(s + m)\pi\xi}{[(s + m)^2 + 4(a/b)^2]^2} \right.$$

$$\left. + \sum_m^M\sum_s^M \frac{a_m a_s m(s + m)\cos(s - m)\pi\xi}{[(s - m)^2 + 4(a/b)^2]^2} \right\} + \frac{R_x}{12} \qquad (3.15)$$

3.3　POD 方法离散

POD 方法能够从一组快照数据中提取出最优的空间信息来描述一个动力学系统的空间-时间复杂性和固有维度。在本章中，快照数据来自伽辽金方法得到的壁板位移时间响应解。具体流程见 2.3 节内容。

3.3.1　POD 方法离散二维壁板运动方程

首先将方程(3.5)写成另外一种形式：

$$W'''' - 6(1 - \nu^2)\left[\int_0^1 (W')^2 d\xi \right]W'' - R_x W'' + \frac{\partial^2 W}{\partial\tau^2}$$

$$+ \lambda\left\{ W' + \left(\frac{Ma^2 - 2}{Ma^2 - 1} \right)\left(\frac{\mu}{Ma\lambda} \right)^{\frac{1}{2}}\frac{\partial W}{\partial\tau} \right\} = P \qquad (3.16)$$

然后将无量纲横向位移 $W(\xi, \tau)$ 展开为 POD 模态的叠加形式：

$$W(\xi, \tau) = \sum_{i=1}^L b_i(\tau)\psi_i(\xi) \qquad (3.17)$$

将式(3.17)代入式(3.16)，得到一组 L 维关于模态幅值 $b_i(\tau)$ 的二阶常微分方程组：

$$\sum_{i=1}^{L} b_i \psi_i'''' - 6(1-\nu^2) \sum_{j=1}^{N-1} \Big[\sum_{i=1}^{L} b_i \psi_i'(\xi_j) \Big]^2 \mathrm{d}\xi \sum_{i=1}^{L} b_i \psi_i'' - R_x \sum_{i=1}^{L} b_i \psi_i'' + \sum_{i=1}^{L} \ddot{b}_i \psi_i$$

$$+ \lambda \Big[\sum_{i=1}^{L} b_i \psi_i' + \Big(\frac{Ma^2-2}{Ma^2-1} \Big) \Big(\frac{\mu}{Ma\lambda} \Big)^{1/2} \sum_{i=1}^{L} \dot{b}_i \psi_i \Big] = P \tag{3.18}$$

首先需要计算 POD 模态的各阶导数 ψ'、ψ''、ψ'''、ψ''''，然后才能求解方程 (3.18) 得到模态坐标 b_i。由于这里得到的 POD 模态是一组离散数据，其导数的解析解是不可得的。通常，将 POD 模态向解析的伽辽金模态进行投影，得到 POD 模态的半解析表达式，来求解其各阶导数。然而，模态投影过程往往需要复杂的数学推导，并需要大量的计算耗时。因此，直接运用代数差分近似求解 POD 模态的各阶导数：

$$\psi'(\xi) = \frac{\mathrm{d}\psi}{\partial\xi} = \frac{\psi(\xi+\mathrm{d}\xi) - \psi(\xi-\mathrm{d}\xi)}{2\mathrm{d}\xi}$$

$$\psi''(\xi) = \frac{\mathrm{d}^2\psi}{\partial\xi^2} = \frac{\psi'(\xi+\mathrm{d}\xi) - \psi'(\xi-\mathrm{d}\xi)}{2\mathrm{d}\xi}$$

$$\psi'''(\xi) = \frac{\mathrm{d}^3\psi}{\partial\xi^3} = \frac{\psi''(\xi+\mathrm{d}\xi) - \psi''(\xi-\mathrm{d}\xi)}{2\mathrm{d}\xi}$$

$$\psi''''(\xi) = \frac{\mathrm{d}^4\psi}{\partial\xi^4} = \frac{\psi'''(\xi+\mathrm{d}\xi) - \psi'''(\xi-\mathrm{d}\xi)}{2\mathrm{d}\xi}$$

将各阶导数代入式 (3.18)，并运用 POD 模态的正交性 $\psi_i^{\mathrm{T}}\psi_j = \lambda_i^p \delta_{ij}$，便可得到一组 $2L$ 维关于未知模态坐标 $b_i(\tau)$ 的一阶常微分方程组：

$$
\begin{cases}
\dot{b}_1 = b_{L+1} \\
\dot{b}_2 = b_{L+2} \\
\quad \vdots \\
\dot{b}_L = b_{L+L} \\
\quad \vdots \\
\dot{b}_{L+i} = \ddot{b}_i = \dfrac{1}{\lambda_i^p} \Big\{ \psi_i^{\mathrm{T}} \Big[- \sum_{i=1}^{L} b_i \psi_i'''' \\
\qquad + 6(1-\nu^2) \sum_{j=1}^{N-1} \Big(\sum_{i=1}^{L} b_i \psi_i'(\xi_j) \Big)^2 \mathrm{d}\xi \sum_{i=1}^{L} b_i \psi_i'' + R_x \sum_{i=1}^{L} b_i \psi_i'' \Big] \\
\qquad - \lambda \psi_i^{\mathrm{T}} \sum_{i=1}^{L} b_i \psi_i' - \lambda_i^p \lambda \Big(\dfrac{Ma^2-2}{Ma^2-1} \Big) \Big(\dfrac{\mu}{\beta\lambda} \Big)^{1/2} \sum_{i=1}^{L} b_{L+i} \psi_i + \psi_i^{\mathrm{T}} P \Big\} \\
\qquad (i = 1, 2, \cdots, L)
\end{cases}
$$

$$\tag{3.19}$$

方程(3.19)可以由 RK4 数值积分求解得到模态坐标 $b_i(\tau)$，代入方程(3.17)计算出壁板的横向位移，同时计算弦向应力，其中无量纲最大、最小应力分别为

$$\bar{\sigma}_x = \pm \frac{1}{2} \sum_{i=1}^{L} b_i \psi_i'' + \frac{1-\nu^2}{2} \sum_{j=1}^{N-1} \Big[\sum_{i=1}^{L} b_i \psi_i'(\xi_j) \Big]^2 \mathrm{d}\xi + \frac{R_x}{12} \qquad (3.20)$$

3.3.2　POD 方法离散三维壁板运动方程

得到 POD 模态后，类似于上述的二维壁板，无量纲横向位移 $W(\xi, \eta, \tau)$ 可以展开为弦向 POD 模态及展向第一阶正弦函数的线性叠加形式：

$$W(\xi, \eta, \tau) = \sum_{i=1}^{L} b_i(\tau) \psi_i(\xi) \sin(\pi\eta) \qquad (3.21)$$

从方程(3.8)及方程(3.9)可知，对于三维壁板，横向位移 W 和艾瑞应力 $\varPhi$ 是两个耦合的未知变量。另外，不同于伽辽金方法中模态为解析的正弦函数，POD 模态是快照数据提取出的离散向量。为了解耦并求解 W 和 $\varPhi$，提出了下面的投影法则：

$$\boldsymbol{\varPsi} = \boldsymbol{ST} \qquad (3.22)$$

其中，$\boldsymbol{\varPsi}$ 是 POD 模态矩阵；$\boldsymbol{S}$ 是伽辽金方法中的简谐基函数；$\boldsymbol{T}$ 是它们之间的转换矩阵，它们分别具有如下形式：

$$\boldsymbol{\varPsi} = \begin{pmatrix} \psi_1(\xi_1) & \psi_2(\xi_1) & \cdots & \psi_L(\xi_1) \\ \psi_1(\xi_2) & \psi_2(\xi_2) & \cdots & \psi_L(\xi_2) \\ \vdots & \vdots & \ddots & \vdots \\ \psi_1(\xi_N) & \psi_2(\xi_N) & \cdots & \psi_L(\xi_N) \end{pmatrix}_{N \times L}$$

$$\boldsymbol{S} = \begin{pmatrix} \sin(\pi\xi_1) & \sin(2\pi\xi_1) & \cdots & \sin(M\pi\xi_1) \\ \sin(\pi\xi_2) & \sin(2\pi\xi_2) & \cdots & \sin(M\pi\xi_2) \\ \vdots & \vdots & \ddots & \vdots \\ \sin(\pi\xi_N) & \sin(2\pi\xi_N) & \cdots & \sin(M\pi\xi_N) \end{pmatrix}_{N \times M}$$

$$\boldsymbol{T} = \begin{pmatrix} T_{1,1} & T_{2,1} & \cdots & T_{L,1} \\ T_{1,2} & T_{2,2} & \cdots & T_{L,2} \\ \vdots & \vdots & \ddots & \vdots \\ T_{1,M} & T_{2,M} & \cdots & T_{L,M} \end{pmatrix}_{M \times L}$$

注意：$T_{i,j}$ 表示转换矩阵 $\boldsymbol{T}$ 的第 i 列第 j 行。

基于伽辽金投影法则，方程(3.21)的位移展开式可以写成：

$$W(\xi,\eta,\tau) = \sum_i^L b_i(\tau) \sum_j^M T_{i,j}\sin(j\pi\xi)\sin(\pi\eta) \tag{3.23}$$

依据文献[2]~文献[4]，艾瑞应力函数由两项组成：

$$\boldsymbol{\Phi} = \boldsymbol{\Phi}_h + \boldsymbol{\Phi}_p \tag{3.24}$$

其中，$\boldsymbol{\Phi}_h$ 是通解项，基于艾瑞应力函数的定义，可以假设 $\boldsymbol{\Phi}_h$ 具有以下形式：

$$\boldsymbol{\Phi}_h = \frac{1}{2}(\bar{N}_x y^2 + \bar{N}_y x^2 - 2\bar{N}_{xy}xy) \tag{3.25}$$

这个假设使 $\boldsymbol{\Phi}_h$ 自动满足了方程(3.9)右边为零的情形。从数学意义上讲，$\bar{N}_x$、$\bar{N}_y$、$\bar{N}_{xy}$ 是整数常量，可以由艾瑞应力函数的边界条件确定；从物理意义上讲，它们是 $\boldsymbol{\Phi}_h$ 产生的相关应力分量。$\boldsymbol{\Phi}$ 的相关边界条件限制壁板的所有边缘不会产生面内拉伸，从平均意义上讲，可以得到

$$\int_0^b\int_0^a \frac{\partial u}{\partial x}\mathrm{d}x\mathrm{d}y = 0$$
$$\int_0^b\int_0^a \frac{\partial u}{\partial y}\mathrm{d}x\mathrm{d}y = 0 \tag{3.26}$$

但是 $\boldsymbol{\Phi}$ 的相关边界条件对面内剪切没有限制，因此有 $N_{xy}^{\text{ave}}=0$。其中 u、v 是面内位移，可以由 $\boldsymbol{\Phi}$ 表示为

$$\frac{\partial u}{\partial x} = \frac{1}{Eh}(N_x - \nu N_y) - \frac{1}{2}\left(\frac{\partial w}{\partial x}\right)^2$$
$$\frac{\partial u}{\partial y} = \frac{1}{Eh}(N_y - \nu N_x) - \frac{1}{2}\left(\frac{\partial w}{\partial y}\right)^2 \tag{3.27}$$

其中，

$$\begin{cases} N_x = \dfrac{\partial^2 \boldsymbol{\Phi}}{\partial y^2} \\ N_y = \dfrac{\partial^2 \boldsymbol{\Phi}}{\partial x^2} \\ N_{xy} = -\dfrac{\partial^2 \boldsymbol{\Phi}}{\partial x\partial y} \end{cases} \tag{3.28}$$

式(3.28)是艾瑞应力函数的定义。这里需要强调的是, N_x、N_y、N_{xy} 不包含面内外载荷。

式(3.25)~式(3.28)中的 $\bar{N}_x$、$\bar{N}_y$ 可写为

$$\begin{cases} \bar{N}_x = \dfrac{Eh^3\pi^2}{8a^2(1-\nu^2)} \sum_i^L \sum_j^L b_i b_j \sum_r^M T_{i,r} T_{j,r} [r^2 + \nu(a/b)^2] \\[4mm] \bar{N}_y = \dfrac{Eh^3\pi^2}{8a^2(1-\nu^2)} \sum_i^L \sum_j^L b_i b_j \sum_r^M T_{i,r} T_{j,r} [\nu r^2 + (a/b)^2] \end{cases} \tag{3.29}$$

另外,显然有 $\bar{N}_{xy} = 0$。

将式(3.29)代入式(3.25),得

$$\begin{aligned} \Phi_h = \frac{Eh^3\pi^2}{16(1-\nu^2)} \Big\{ &\sum_i^L \sum_j^L b_i b_j \sum_r^M T_{i,r} T_{j,r} [\nu r^2 + (a/b)^2] \xi^2 \\ &+ \sum_i^L \sum_j^L b_i b_j \sum_r^M T_{i,r} T_{j,r} [r^2 + \nu(a/b)^2] \eta^2/(a/b)^2 \Big\} \end{aligned} \tag{3.30}$$

除了艾瑞应力函数的通解,Φ_p 是 Φ 的一个特解,它满足方程(3.9)。将投影后的 POD 模态位移展开式(3.23)代入方程(3.9)的右端,可以得

$$\begin{aligned} & \frac{1}{Eh} \Big(\frac{1}{a^4} \frac{\partial^4 \Phi}{\partial \xi^4} + \frac{2}{a^2 b^2} \frac{\partial^4 \Phi}{\partial \xi^2 \partial \eta^2} + \frac{1}{b^4} \frac{\partial^4 \Phi}{\partial \eta^4} \Big) \\[2mm] & = \frac{\pi^4 h^2}{4a^2 b^2} \times \Big[\sum_i^L \sum_j^L b_i b_j \sum_r^M \sum_s^M T_{i,r} T_{j,s} (rs + r^2) \cos(r+s)\pi\xi \\ & \quad + \sum_i^L \sum_j^L b_i b_j \sum_r^M \sum_s^M T_{i,r} T_{j,s} (rs - r^2) \cos(r-s)\pi\xi \\ & \quad + \sum_i^L \sum_j^L b_i b_j \sum_r^M \sum_s^M T_{i,r} T_{j,s} (rs - r^2) \cos(r+s)\pi\xi \cos 2\pi\eta \\ & \quad + \sum_i^L \sum_j^L b_i b_j \sum_r^M \sum_s^M T_{i,r} T_{j,s} (rs + r^2) \cos(r-s)\pi\xi \cos 2\pi\eta \Big] \end{aligned} \tag{3.31}$$

基于式(3.31)右端的表达式,特解 Φ_p 可以假设为以下形式[3,4]:

$$\Phi_p = \sum_r^M \sum_s^M \left[B_1 \cos(r+s)\pi\xi + B_2 \cos(r-s)\pi\xi + B_3 \cos(r+s)\pi\xi\cos 2\pi\eta \right.$$

$$\left. + B_4 \cos(r-s)\pi\xi\cos 2\pi\eta \right] \tag{3.32}$$

这个假设形式与方程(3.31)的右端具有相似的表达式。将式(3.32)代入方程(3.31),可以得到 Φ_p 的系数 B_i 的具体形式:

$$B_1 = \frac{Eh^3}{4}\left(\frac{a}{b}\right)^2 \sum_i^L \sum_j^L b_i b_j T_{i,r} T_{j,s} \frac{rs+r^2}{(r+s)^4}$$

$$B_2 = \frac{Eh^3}{4}\left(\frac{a}{b}\right)^2 \sum_i^L \sum_j^L b_i b_j T_{i,r} T_{j,s} \frac{rs-r^2}{(r-s)^4}(r \neq s)$$

$$B_3 = \frac{Eh^3}{4}\left(\frac{a}{b}\right)^2 \sum_i^L \sum_j^L b_i b_j T_{i,r} T_{j,s} \frac{rs-r^2}{[(r+s)^2+4(a/b)^2]^2} \tag{3.33}$$

$$B_4 = \frac{Eh^3}{4}\left(\frac{a}{b}\right)^2 \sum_i^L \sum_j^L b_i b_j T_{i,r} T_{j,s} \frac{rs+r^2}{[(r-s)^2+4(a/b)^2]^2}$$

最后,将式(3.33)代入式(3.32),得到艾瑞应力函数的一个特解如下:

$$\Phi_p = \frac{Eh^3}{4}\left(\frac{a}{b}\right)^2 \left\{ \sum_i^L \sum_j^L b_i b_j \sum_r^M \sum_s^M T_{i,r} T_{j,s} \frac{rs+r^2}{(r+s)^4}\cos(r+s)\pi\xi \right.$$

$$+ \sum_i^L \sum_j^L b_i b_j \sum_r^M \sum_s^M T_{i,r} T_{j,s} \frac{rs-r^2}{(r-s)^4}\cos(r-s)\pi\xi$$

$$+ \sum_i^L \sum_j^L b_i b_j \sum_r^M \sum_s^M T_{i,r} T_{j,s} \frac{rs-r^2}{[(r+s)^2+4(a/b)^2]^2}\cos(r+s)\pi\xi\cos 2\pi\eta$$

$$\left. + \sum_i^L \sum_j^L b_i b_j \sum_r^M \sum_s^M T_{i,r} T_{j,s} \frac{rs+r^2}{[(r-s)^2+4(a/b)^2]^2}\cos(r-s)\pi\xi\cos 2\pi\eta \right\} \tag{3.34}$$

将式(3.23)、式(3.30)、式(3.34)代入方程(3.8),结合转换矩阵 T 的正交性,运用伽辽金方法的加权平均思想,对偏微分气动弹性方程进行离散。具体地,方程(3.8)乘以每一个简谐基函数 $\sin(n\pi\xi)$、$\sin(\pi\eta)$ 及转换矩阵向量 $T_{l,n}(n=1,\cdots,N; l=1,\cdots,L)$,并沿整个壁板面内积分。这个过程可以表示为 $\sum_n^M$ 方程$(3.8) \times T_{l,n} \int_0^1 \sin(n\pi\xi)\mathrm{d}\xi \int_0^1 \sin(\pi\eta)\mathrm{d}\eta$。因此得到一组 L 维耦合的关于未知 POD 模态坐标 $b_l(\tau)$ 的二阶常微分方程,其具体形式如下:

$$\frac{\mathrm{d}^2 b_l}{\mathrm{d}\tau^2} = -\frac{f^*}{\lambda_l^p}\Big\{\pi^4 \sum_i^L b_i \sum_n^M \boldsymbol{T}_{i,n}\boldsymbol{T}_{l,n}\big[n^2+(a/b)^2\big]^2\Big\}$$

$$-\lambda\Big\{\frac{f^*}{\lambda_l^p}\sum_i^L b_i \sum_r^M \sum_n^M \boldsymbol{T}_{i,r}\boldsymbol{T}_{l,n}\frac{2nr}{n^2-r^2}\big[1-(-1)^{n+r}\big]$$

$$+\Big(\frac{\mu}{Ma\lambda}\Big)^{1/2}\frac{\mathrm{d}b_l}{\mathrm{d}\tau}\Big\} - 3\pi^4(1-\nu^2)\Big\{\frac{1}{2}\Big[\frac{f^*}{\lambda_l^p}A^* + (a/b)^2 b_l B^*\Big]$$

$$+\frac{f^*}{\lambda_l^p}(a/b)^4\Big[C^* + D^* + \frac{E^*}{4} - \frac{F^*}{2}\Big]\Big\}$$

$$-\frac{f^*}{\lambda_l^p}R_x\pi^2 \sum_i^L b_i \sum_n^M \boldsymbol{T}_{i,n}\boldsymbol{T}_{l,n}n^2 - R_y\pi^2(a/b)^2 b_l$$

$$+\frac{f^*}{\lambda_l^p}\frac{8P}{\pi^2}\sum_n^M \boldsymbol{T}_{l,n}\frac{\big[1-(-1)^n\big]}{n}\quad (l=1,2,\cdots,L)\qquad (3.35)$$

其中，$f^* = 1/2\mathrm{d}\xi$，$\mathrm{d}\xi = 0.01$，系数 $A^* \sim F^*$ 的表达式见附录 B。可以将二阶常微分方程组转化为一阶形式，运用 RK4 数值积分求得模态坐标 $b_l(\tau)$。那么，便可得到横向位移及弦向应力，这里直接给出应力的表达式：

$$\bar{\sigma}_x = \pm\frac{\pi^2}{2}\Big\{\sum_i^L b_i \sum_r^M \boldsymbol{T}_{i,r}\big[r^2+\nu(a/b)^2\big]\sin(r\pi\xi)\Big\}$$

$$+\frac{\pi^2}{8}\sum_i^L \sum_j^L b_i b_j \sum_r^M \boldsymbol{T}_{i,r}\boldsymbol{T}_{j,r}\big[r^2+\nu(a/b)^2\big]$$

$$+\pi^2(1-\nu^2)(a/b)^4\Big\{\sum_i^L \sum_j^L b_i b_j \sum_r^M \sum_s^M \boldsymbol{T}_{i,r}\boldsymbol{T}_{j,s}\frac{r(s-r)}{\big[(r+s)^2+4(a/b)^2\big]^2}\cos(r$$

$$+s)\pi\xi + \sum_i^L \sum_j^L b_i b_j \sum_r^M \sum_s^M \boldsymbol{T}_{i,r}\boldsymbol{T}_{j,s}\frac{r(s+r)}{\big[(r-s)^2+4(a/b)^2\big]^2}\cos(r-s)\pi\xi\Big\} + \frac{R_x}{12}$$

$$(3.36)$$

3.3.3　极限状态 $a/b = 0$

若考虑一种极限状态：相比于弦长 a，展长无限长（$b \to \infty$），即 $a/b = 0$。那么方程(3.35)可以简化为

$$\frac{\mathrm{d}^2 b_l}{\mathrm{d}\tau^2} = -\frac{f^*}{\lambda_l^p} \left(\pi^4 \sum_i^L b_i \sum_n^M \boldsymbol{T}_{i,n} \boldsymbol{T}_{l,n} n^4 \right)$$

$$- \lambda \left\{ \frac{f^*}{\lambda_l^p} \sum_i^L b_i \sum_r^M \sum_n^M \boldsymbol{T}_{i,r} \boldsymbol{T}_{l,n} \frac{2nr}{n^2 - r^2} [1 - (-1)^{n+r}] + \left(\frac{\mu}{Ma\lambda} \right)^{1/2} \frac{\mathrm{d}b_l}{\mathrm{d}\tau} \right\}$$

$$- 3\pi^4(1 - \nu^2) \left(\frac{1}{2} \frac{f^*}{\lambda_l^p} A^+ + \frac{f^*}{\lambda_l^p} C^+ \right) - \frac{f^*}{\lambda_l^p} R_x \pi^2 \sum_i^L b_i \sum_n^M \boldsymbol{T}_{i,n} \boldsymbol{T}_{l,n} n^2$$

$$+ \frac{f^*}{\lambda_l^p} \frac{8P}{\pi^2} \sum_n^M \boldsymbol{T}_{l,n} \frac{[1 - (-1)^n]}{n} \quad (l = 1, 2, \cdots, L) \tag{3.37}$$

其中, 系数 A^+, C^+ 的表达式见附录 B。

应力表达式 (3.36) 变为

$$\bar{\sigma}_x = \pm \frac{\pi^2}{2} \sum_i^L b_i \sum_r^M \boldsymbol{T}_{i,r} r^2 \sin(r\pi\xi) + \frac{\pi^2}{8}(2 - \nu^2) \sum_i^L \sum_j^L b_i b_j \sum_r^M \boldsymbol{T}_{i,r} \boldsymbol{T}_{j,r} r^2 + \frac{R_x}{12}$$

$$\tag{3.38}$$

比较极限状态与二维壁板的应力表达式, 发现它们极为相似, 仅少数项有细微差别, 原因在于假设三维壁板的展向模态为一个半正弦函数 $\sin(\pi\eta)$, 而对于二维壁板, 认为其展向变形是均匀不变的, 实际上, 由此产生的分析结果的差异是很小的, 可以忽略不计。3.5.4 节会给出具体算例。

3.4 二维壁板算例分析

将本章研究的二维四边简支矩形板的几何尺寸及材料属性设为: $a = 1$ m, $h = a/200$, $E = 7.17 \times 10^{10}$ Pa, $\nu = 0.33$。

3.4.1 POD 模态物理特性

POD 模态是一组最优的模态, 能够以最少的数目来描述壁板的真实运动形态, 而且, 对于不同的动力学响应, POD 模态具有普适性, 其内在原因可以由 POD 模态的物理属性来解释。取三个算例: 屈曲响应、极限环响应及混沌响应。分别以这三种响应的结果作为快照数据, 计算 POD 特征值。为了简单起见, 表3.1 仅给出了按降序排列的前十阶 POD 特征值; 显然, 它们随 POD 模态数很快地下降,而且前三阶是三种响应得到的主模态。从这个意义上讲,POD 模态能够以较少的数目来描述系统的动力学响应特性,因此模型的阶数降低了。

表 3.1　三种响应形式下得到按降序排列的前十阶 POD 特征值

λ^P	屈曲($\times 10^4$)	极限环($\times 10^3$)	混沌($\times 10^3$)
λ_1^P	2.081 201 786 256 980	4.998 005 373 311 598	9.438 495 023 031 926
λ_2^P	0.000 006 296 329 819	0.005 710 978 296 343	0.487 699 359 764 489
λ_3^P	0.000 000 000 015 726	0.000 258 594 757 087	0.019 660 255 489 314
λ_4^P	0.000 000 000 000 300	0.000 000 046 915 919	0.000 004 885 742 612
λ_5^P	0.000 000 000 000 004	0.000 000 002 113 003	0.000 000 045 487 996
λ_6^P	0.000 000 000 000 004	0.000 000 000 015 824	0.000 000 000 538 761
λ_7^P	0.000 000 000 000 003	0.000 000 000 000 005	0.000 000 000 000 008
λ_8^P	0.000 000 000 000 003	0.000 000 000 000 005	0.000 000 000 000 008
λ_9^P	0.000 000 000 000 003	0.000 000 000 000 005	0.000 000 000 000 008
λ_{10}^P	0.000 000 000 000 003	0.000 000 000 000 004	0.000 000 000 000 007

另外,为了能够更好地理解 POD 模态的物理特性,以极限环响应为例,取 $\lambda = 500$, $R_x = 0$, $P = 0$,将壁板沿弦向的物理形变与 POD 模态的形状进行对比,如图 3.3 所示。结果发现放大 17 倍后的物理形变与第一阶 POD 模态的形状几乎完全重合,这表明第一阶 POD 模态足以描述壁板的极限环响应。因此可以得出结论: POD 模态能够反映壁板的真实形变,从物理意义上讲,POD 模态实质

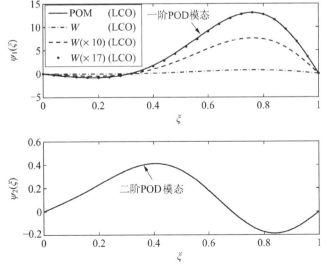

图 3.3　以极限环响应为例,POD 模态与壁板真实形变的对比

上就是壁板的非线性气动弹性模态,因此能够以最低维度建立降阶模型以重构全阶系统。

3.4.2 准确性分析

为了验证 POD 降阶模型能够准确描述壁板的非线性颤振特性,将 POD 方法与传统的伽辽金方法进行对比。首先,分析极限环响应。壁板沿弦向的物理形变及沿弦向的应力分布如图 3.4 所示,图 3.4 中计算了多个动压,可以看出 POD 方法和伽辽金法均吻合良好。此外,横向位移及弦向应力的幅值随动压的变化曲线如图 3.5 所示,两种方法得到的结果几乎重合。

另外,考虑三种响应状态: 屈曲、极限环及混沌响应。将伽辽金方法得到的时间

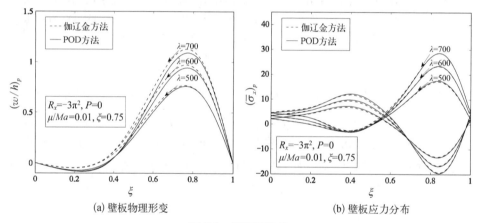

(a) 壁板物理形变　　　　　　　　　(b) 壁板应力分布

图 3.4　极限环响应

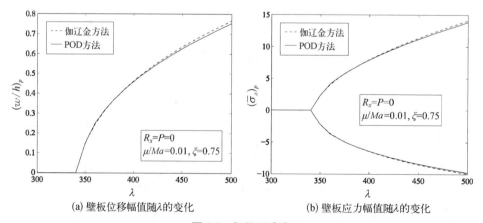

(a) 壁板位移幅值随λ的变化　　　　(b) 壁板应力幅值随λ的变化

图 3.5　极限环响应

响应解作为快照数据提取 POD 模态。这三种状态下得到的 POD 模态如图 3.6 所示。屈曲响应仅有一个主模态,极限环响应有两个,而混沌响应有三个 POD 主模态。

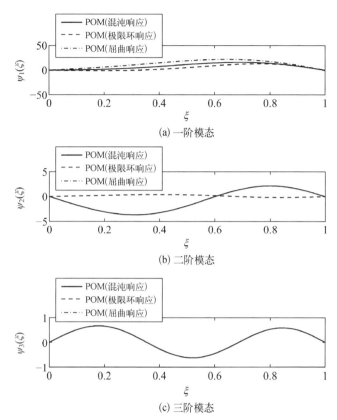

(a) 一阶模态

(b) 二阶模态

(c) 三阶模态

图 3.6　混沌响应、极限环响应、屈曲响应三种响应形式下得到的 POD 模态

运用极限环响应得到的两个 POD 主模态建立 POD 降阶模型,来分析极限环响应。如图 3.7(a) 所示,伽辽金方法与 POD 方法得到的位移时间响应吻合良好。图 3.7(b) 给出了 POD 模态坐标的时间响应,它们代表了每一阶 POD 模态对位移响应的贡献,可以看出它们与壁板的位移时间响应有着类似的规律。

对于屈曲响应,由于只有一个主模态,为了保证精确度,运用混沌响应得到的三个主模态建立降阶模型。结果与伽辽金方法完全吻合,见图 3.8(a)。图 3.8(b) 给出了 POD 模态坐标的时间响应曲线,结果发现第三阶 POD 模态坐标的量级为 10^{-3},远远小于第一阶和第二阶。因此可以得出结论,第三阶 POD 模态对屈曲响应几乎没有影响。

最后,图 3.9(a) 给出了混沌响应的位移时间响应,两种方法吻合良好。图

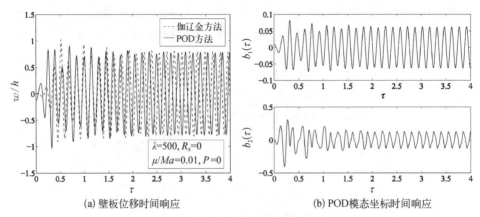

(a) 壁板位移时间响应　　　　　　　　　(b) POD模态坐标时间响应

图 3.7　极限环响应

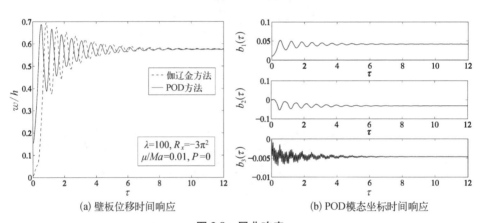

(a) 壁板位移时间响应　　　　　　　　　(b) POD模态坐标时间响应

图 3.8　屈曲响应

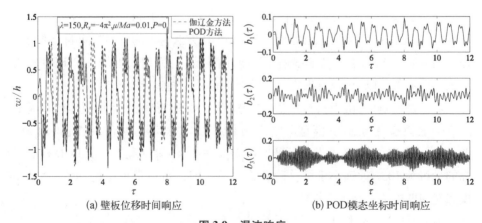

(a) 壁板位移时间响应　　　　　　　　　(b) POD模态坐标时间响应

图 3.9　混沌响应

3.9(b)给出了 POD 模态坐标的时间响应曲线,可以看出前三阶模态对位移响应都做出了很大的贡献。因此可以说混沌响应具有更复杂的动力学特性,提取出的 POD 模态具有更丰富的模态信息,这与文献[5]提出的结论"最好的快照数据应该从混沌响应中得到"是吻合的。因此,在本章中如果没有特殊说明,关于 POD 降阶模型的计算都是基于混沌响应得到的 POD 模态。

3.4.3 全局性 POD 模态

本节分析 POD 降阶模型对于变化的系统参数的鲁棒性。从 POD 模态定义出发,随着结构/气流参数的变化,如动压、面内载荷、空腔压力分布等,在某个飞行条件下的 POD 模态将不同于另一个飞行条件下的 POD 模态。但是,如果能够找到一组包含系统最丰富的模态信息,用于计算不同系统参数下的运动状态的 POD 模态,这样的 POD 模态称作全局性 POD 模态。在本章,用于提取全局性 POD 模态的快照数据从混沌响应($R_x = -4\pi^2$, $P = 0$, $\lambda = 150$)中得到。下面运用全局性 POD 模态建立 POD 降阶模型,记作 POD(全局性),并通过与伽辽金方法进行对比验证其鲁棒性。

首先,运用 POD 降阶模型及伽辽金方法分析屈曲响应。壁板的弦向物理形变及弦向应力分布如图 3.10 所示,对比结果表明,全局性 POD 模态能够得到准确的结果。另外,考虑壁板受到随时间简谐形式变化的空腔压力分布 $P = \bar{P}\sin(2\pi ft)$,其中 $f = 6.6\,\text{Hz}$。运用 POD 降阶模型及伽辽金方法计算动态的极限环响应幅值随静压幅值的变化。图 3.11 表明全局性 POD 模态可以得到与伽辽金法极为接近的结果。

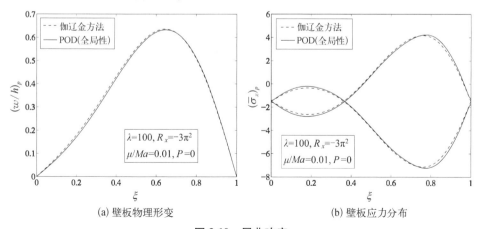

(a) 壁板物理形变   (b) 壁板应力分布

图 3.10 屈曲响应

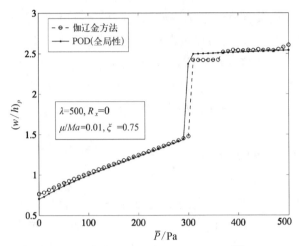

图 3.11 极限环响应动态幅值随静压幅值 $\bar{P}$ 的变化

综上所述,基于混沌响应提取的 POD 模态作为全局性 POD 模态建立降阶模型,能够用于分析不同系统参数下的动力学响应。在实际应用中,全局性 POD 模态只需要计算一次,就可以适用于不同的参数状态,因此可以节省大量的计算时间,便于进一步开展基于 POD 降阶模型进行壁板颤振的系统性基础研究。

3.5   三维壁板算例分析

3.5.1   准确性分析

为了验证 POD 降阶模型在三维壁板颤振特性分析中的准确性及鲁棒性,运用伽辽金方法及 POD 方法对比分析了典型响应状态,如极限环、屈曲及准周期响应。各典型算例相同的计算参数为 $\mu/Ma = 0.1$, $a/b = 1$, $P = 0$,其他的不同参数见表3.2。

表 3.2   三种状态下的计算参数

响 应 形 式	$R_x = R_y$	λ
极限环	0	600,650,700
屈曲	$-4\pi^2$	100
	$-5\pi^2$	150
	$-6\pi^2$	200
准周期	$-5\pi^2$	210

首先,基于伽辽金方法得到的三种状态的解提取 POD 模态,如图 3.12 所示。结果发现基于极限环响应、屈曲响应及准周期响应得到的 POD 主模态数目分别为 2、1 和 3,与前面二维壁板的结果是吻合的。分别基于这三组 POD 主模态建立 POD 降阶模型并分析对应的响应形式,然后与伽辽金方法进行结果对比。

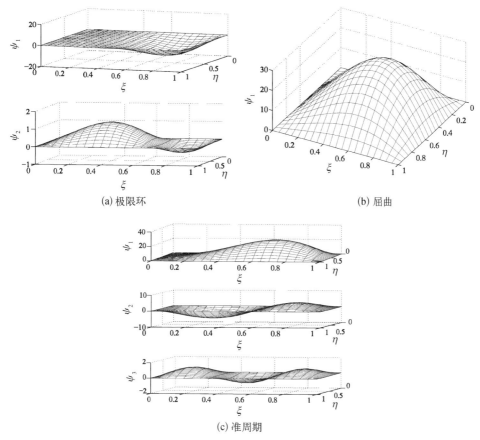

(a) 极限环

(b) 屈曲

(c) 准周期

图 3.12   三种响应形式下得到的 POD 主模态

图 3.13 给出了通过伽辽金方法及 POD 方法得到的极限环、屈曲及准周期响应解的对比结果。图 3.13(a) 和图 3.13(b) 中,给出了在三个动压下极限环响应的弦向物理形变及弦向应力分布,结果表明,两种方法得到的结果吻合良好。对于屈曲响应,见图 3.13(c) 和图 3.13(d),实线表示的 POD 结果与虚线表示的伽辽金结果完全重合。图 3.13(e) 和图 3.13(f) 中,两种方法得到的准周期响应的位移时间响应及相平面图十分吻合。而相比之下,伽辽金方法至少需要 6 个

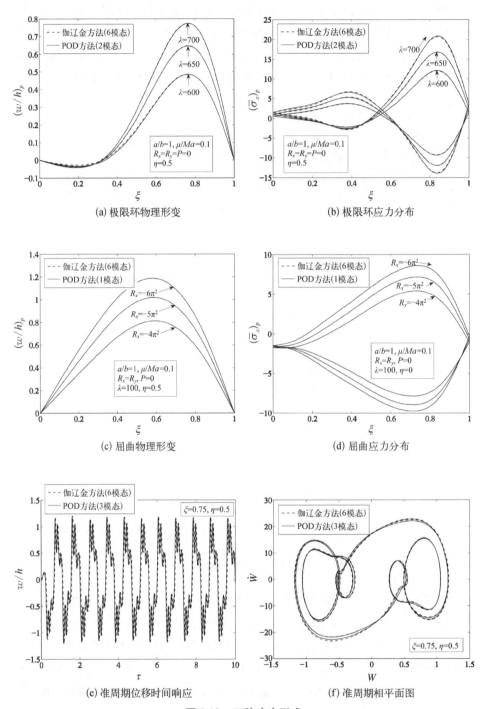

(a) 极限环物理形变

(b) 极限环应力分布

(c) 屈曲物理形变

(d) 屈曲应力分布

(e) 准周期位移时间响应

(f) 准周期相平面图

图 3.13   三种响应形式

模态。基于对这些算例的对比分析,可以得出结论,POD 降阶模型可以用更少的模态准确地求解不同的动力学响应,得到与伽辽金方法较为吻合的结果。

3.5.2　收敛性分析

本小节对比分析了伽辽金方法及 POD 方法的收敛性。图 3.14 中,m 是伽辽金方法所需的模态数目。图 3.14(a)表明对于方形壁板 $a/b=1$,伽辽金方法中 6 个模态的解比较接近 4 个模态的解,而 2 个模态的结果差得比较远,因此认为至少需要 6 个伽辽金模态才能得到收敛的解。类似地,图 3.14(b)表明对于矩形壁板 $a/b=2$,至少需要 8 个伽辽金模态。而对于壁板 $a/b=4$,图 3.14(c)显示多

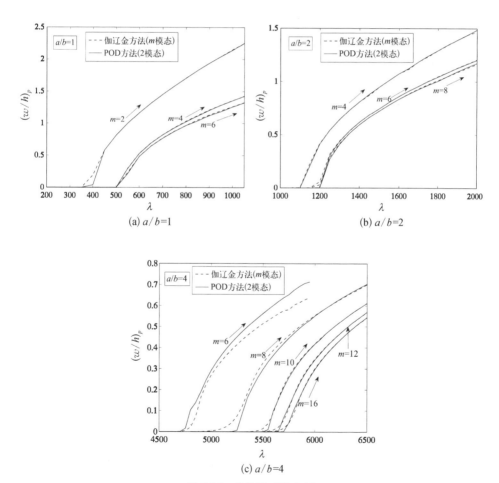

(a) a/b=1　　　　　　　　　(b) a/b=2

(c) a/b=4

图 3.14　收敛性对比分析

达 16 个伽辽金模态才能使结果趋于收敛。相比之下,对于不同长宽比的壁板,POD 方法仅需要 2 个 POD 模态。以上结果表明,随着壁板长宽比的增加,伽辽金方法需要更多的模态才能达到精度要求,POD 方法相对于伽辽金方法收敛得更快,而且需要的模态数目少于伽辽金方法。原因在于 POD 降阶技术中关联矩阵的前几个特征值对后面的特征值有压倒性的优势。

3.5.3   效率分析

运用 POD 方法的目的在于减少求解方程的数目,那么从定量分析的角度考虑,求解更少数目的方程能够节省多少计算时间是我们最终关心的问题。在本节,通过与伽辽金方法进行对比,对 POD 方法的计算效率进行了评估。基于 3.5.2 节收敛性分析的结果,分别选取长宽比为 $a/b = 0$、1、2、4 的壁板,采用足够数目的模态进行空间离散建立降阶模型,并选取适当的时间步长进行基于 RK4 法的数值积分求解。表 3.3 给出了两种方法具体的对比数据,包括计算动压 λ、最优模态数目、RK4 时间步长、消耗的 CPU 计算时间(Intel Corei7 – 2720QM at 2.20GHz)以及两种方法之间位移响应幅值的相对误差 $\left(\dfrac{W_{\text{POD方法}} - W_{\text{伽辽金方法}}}{W_{\text{伽辽金方法}}} \times 100\% \right)$。

表 3.3   伽辽金方法与 POD 方法的效率对比

a/b	λ	方　法	模态数目/个	时间步长	总耗时/s	$(w/h)_p$	相对误差
0	500	伽辽金方法	6	0.005	0.413	0.798 8	0.949%
		POD 方法	2	0.020	0.544	0.791 2	
1	800	伽辽金方法	6	0.005	4.943	0.973 4	0.599%
		POD 方法	2	0.010	0.721	0.968 0	
2	3 000	伽辽金方法	8	0.002	32.536	1.771	0.046%
		POD 方法	2	0.002	1.534	1.770	
4	6 000	伽辽金方法	16	0.001	892.524	0.300 76	0.002%
		POD 方法	2	0.002	2.633	0.300 75	

表 3.3 中的数据显示,随着长宽比的增加,积分时间步长减小,总耗时增加,伽辽金方法中的模态数目也增加。较少的 POD 模态离散化得到的常微分方程数目较少,因此数值积分求解的时间步长比伽辽金法大一些。为了更直观地对比两种方法的效率,图 3.15 绘制了模态数目及计算耗时随壁板长宽比的变化曲

线。可以看出两种方法的计算耗时随长宽比的增加都在增长,但是伽辽金方法增长的速度更快,尤其是当长宽比为 $a/b = 4$ 时,伽辽金方法需要 16 个模态,耗时约 900 s,相比之下,POD 方法仅需要 2 个模态,耗时 3 s 左右。以上结果证明 POD 方法在保证足够精度的前提下,很大程度地降低了系统维度,将计算效率提高了 1~2 个数量级。

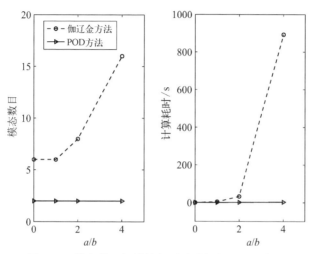

图 3.15　模态数目与计算耗时随壁板长宽比的变化

3.5.4　长宽比效应

当长宽比为有限值时,展向的弯曲变形不可忽略,展向的位移对壁板的运动特性也会产生一定的影响。基于前面对收敛性的分析,取不同长宽比的壁板,包括二维壁板(在图中标为 2d)及三维壁板 $a/b = 0$、1、2、4,其中 $a/b = 0$ 是无限展长的极限状态。绘制其位移幅值及最大、最小应力幅值随动压的变化情况,如图 3.16 所示。结果发现,二维壁板的解与极限状态 $a/b = 0$ 的解非常接近,仅存在微小差别,验证了 3.3.3 节的理论分析。而不同长宽比的结果相差较大,因此研究三维壁板的颤振特性是非常必要的。然而,所有长宽比的结果特性是相似的,随着动压的增大,位移幅值也在增加,而在相同动压下,随着长宽比的增大,位移幅值减小,说明增加壁板的长度可以限制振动幅值,有利于壁板稳定。另外,POD 方法与伽辽金方法吻合得非常好,再一次证明了 POD 方法的准确性。

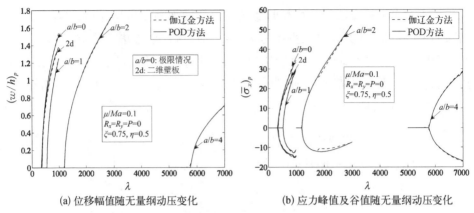

(a) 位移幅值随无量纲动压变化　　　　(b) 应力峰值及谷值随无量纲动压变化

图 3.16　长宽比的影响

3.5.5　壁板稳定性边界

在壁板非线性颤振特性分析中，面内外载荷 R_x、R_y 及来流动压 λ 是两个重要参数。因此本节研究在不同 R_x、R_y 和 λ 作用下壁板的复杂动力学响应。通过施加不同的面内外载荷 R_x、R_y，同时改变动压 λ，结果表明，壁板可呈现五种非线性运动形式：静稳定、屈曲、极限环、非简谐周期及混沌运动。以矩形壁板为例，假设对 x，y 向施加相等的面内外载荷，即 $R_x = R_y$。固定 $R_x = R_y = -6\pi^2$ 不变，取多个动压 λ，图 3.17 给出了壁板的位移时程图及相平面图。图 3.17(a) 中

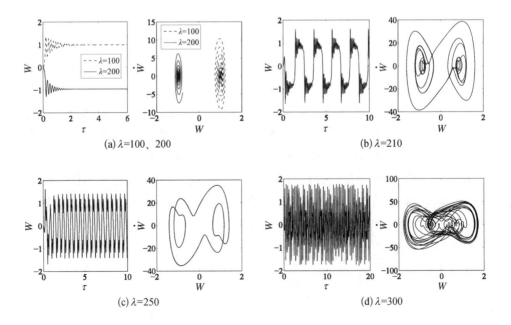

(a) λ=100、200　　　　　　　　　　　　　(b) λ=210

(c) λ=250　　　　　　　　　　　　　(d) λ=300

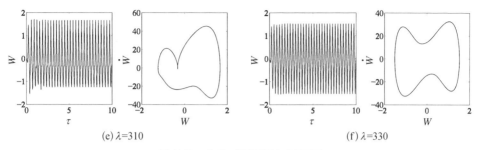

(e) $\lambda = 310$ (f) $\lambda = 330$

图 3.17　位移时程图及相平面图

$\lambda = 100、200$，壁板发生了屈曲运动。增加动压至 $\lambda = 210、250$，图 3.17（b）、图 3.17（c）反映了两种非简谐周期运动。动压增加至 $\lambda = 300$，壁板进入混沌运动，见图 3.17（d）。继续增加动压至 $\lambda = 310、330$，壁板则做极限环运动。图 3.18 描述了壁板做混沌运动时每隔 $\Delta\tau = 0.1$ 个时间单位，在 10 个不同时刻沿弦向的物理形变，显然没有出现周期性。

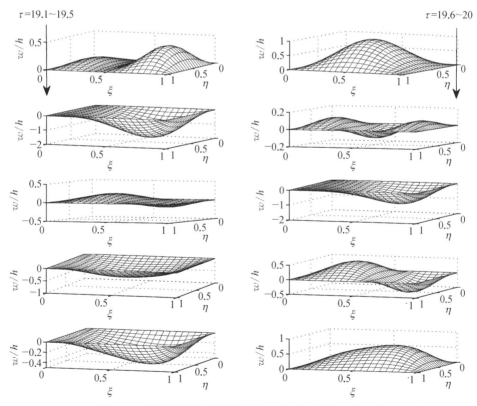

图 3.18　壁板在混沌响应的任意 10 个时刻点的运动形态
（$R_x = R_y = -6\pi^2$，$\lambda = 300$）

因此可以得出结论,面内外载荷与动压的不同组合代表了气动压力与面内力的耦合作用,不同的耦合会导致壁板呈现出不同形式的运动形态。取更多的面内外载荷 $R_x = R_y$,以相同的方式对动压进行扫描,分析各种运动状态的临界点,最终可以绘制出 R_x 与 λ 参数平面内壁板的稳定性边界,如图 3.19 所示。结果表明,在面内外载荷及来流动压参数平面内,壁板呈现出复杂的动力学特性。包括静稳定(stable)、动态稳定的屈曲运动(buckled)、极限环运动(LCO)、非简谐周期运动(periodic)和混沌运动(chaotic)。这个稳定性边界图与 Dowell[2] 运用伽辽金方法得到的结果是一致的,而这里还增加了对混沌运动的描述。

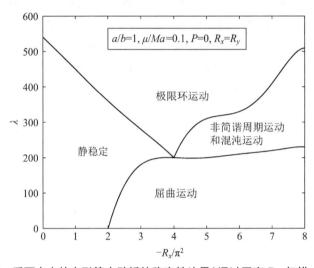

图 3.19   受面内力的方形简支壁板的稳定性边界(通过固定 R_x,扫描 λ 得到)

3.6   本章小结

基于 POD 方法建立降阶模型来研究超声速气流中二维及三维简支壁板的非线性颤振特性,与传统的伽辽金方法相比,POD 降阶模型具有更多的优势。通过本章的研究,主要得到以下结论。

(1) POD 模态是基于整个非线性系统的解经过简单数据处理得到的,可以捕获整个系统的非线性特征,反映非线性系统的物理本质。我们首次证明了壁板非线性颤振系统提取的 POD 模态实质上就是壁板的非线性气动弹性模态,因此,POD 模态较其他的模态叠加方法可以实现以最低维数的模态重构全阶系统。

（2）通过分析几种典型的动力学响应,如屈曲响应、极限环响应及混沌响应,POD 方法能够以 1、2 或 3 个模态得到与运用 6 个模态的伽辽金方法吻合较好的结果。因此,POD 降阶模型能够在保证与伽辽金方法同样精度的前提下明显降低系统维度,计算量减小数个量级。

（3）以伽辽金方法得到的混沌响应解作为快照数据提取的 POD 模态,具有最丰富的系统信息,并作为全局模态用于求解不同系统参数下的动力学响应。结果表明,全局 POD 模态具有良好的鲁棒性。在实际应用中,全局模态只需要求解一次,就可以用于不同的系统参数,因此使用方便,节省计算耗时。

（4）通过对长宽比参数的研究,证明了研究有限展长的三维壁板颤振特性是很有必要的,结果表明,可以通过增加壁板的长度来限制振动幅值,提高壁板的稳定性。而 POD 降阶模型对长宽比更大的壁板有更显著的降阶效果。以长宽比为 $a/b = 4$ 为例,POD 降阶模型仅需要 2 个模态,耗时 3 s,相比之下,伽辽金方法需要 16 个模态,900 s 的计算耗时。

（5）通过 POD/ROM 的建立过程可以看出,POD 方法需要的输入信息仅是一组仿真或者实验数据,对壁板的形状及支撑条件没有限制,因此 POD 方法也可以用于其他形状及边界条件的壁板颤振特性分析。

参考文献

[1] Dowell E H. Aeroelasticity of plates and shells[M]. Berlin: Springer, 1975.

[2] Dowell E H. Nonlinear oscillations of a fluttering plate[J]. AIAA Journal, 1966, 4(7): 1267 – 1275.

[3] Dai H H, Paik J K, Atluri S N. The global nonlinear Galerkin method for the analysis of elastic large deflections of plates under combined loads: a scalar homotopy method for the direct solution of nonlinear algebraic equations [J]. Computers Materials and Continua, 2011, 23(1): 69 – 99.

[4] Dai H H, Paik J K, Atluri S N. The global nonlinear Galerkin method for the solution of von Karman nonlinear plate equations: an optimal & faster iterative method for the direct solution of nonlinear algebraic equations $f(x) = 0$, $x = \lambda[\alpha f + (1 - \alpha)b^{\mathrm{T}}b]$ [J]. Computers Materials and Continua, 2011, 23(2): 155 – 185.

[5] Amabili M, Sarkar A, Païdoussis M P. Chaotic vibrations of circular cylindrical shells: Galerkin versus reduced-order models via the proper orthogonal decomposition method[J]. Journal of Sound and Vibration, 2006, 290(3): 736 – 762.

第4章

三维受热简支壁板的复杂响应分析

本章将 POD 方法用于超声速气流中受热简支壁板的复杂响应分析。4.1 节考虑均匀受热的简支壁板,采用 von Karman 板大变形理论、一阶活塞理论及准定常热应力理论建立壁板的热气动弹性方程。4.2 节以伽辽金混沌响应解作为快照数据提取最优 POD 模态,并对壁板的热气动弹性方程进行 POD 空间离散,建立 POD 降阶模型。4.3 节讨论受热壁板的多种典型动力学响应形式,其中包含了混沌运动及到达混沌运动路径的内容。分别采用时程图、相平面图、庞加莱映射、分岔图及李雅普诺夫指数判断混沌等复杂响应,并将 POD 方法与伽辽金方法进行对比分析。

4.1 非线性热气动弹性方程

如图 4.1 所示的三维简支矩形壁板,气流从上表面流过,下表面是密闭的空腔,除了惯性力、气动压力、几何大变形引起的非线性薄膜力,还考虑了气动加热引起的面内热载荷 N_x^T、N_y^T 及 N_{xy}^T。 那么 von Karman 板的运动方程如下[1]:

$$D\left(\frac{\partial^4 w}{\partial x^4} + 2\frac{\partial^4 w}{\partial x^2 \partial y^2} + \frac{\partial^4 w}{\partial y^4}\right) = \left(\frac{\partial^2 \Phi}{\partial y^2} + N_x^T\right)\frac{\partial^2 w}{\partial x^2} + \left(\frac{\partial^2 \Phi}{\partial x^2} + N_y^T\right)\frac{\partial^2 w}{\partial y^2}$$

$$- 2\left(\frac{\partial^2 \Phi}{\partial x \partial y} + N_{xy}^T\right)\frac{\partial^2 w}{\partial x \partial y} - (p - p_\infty) - \rho_m h\frac{\partial^2 w}{\partial t^2}$$

$$(4.1)$$

$$\frac{1}{Eh}\left(\frac{\partial^4 \Phi}{\partial x^4} + 2\frac{\partial^4 \Phi}{\partial x^2 \partial y^2} + \frac{\partial^4 \Phi}{\partial y^4}\right) = \left(\frac{\partial^2 w}{\partial x \partial y}\right)^2 - \frac{\partial^2 w}{\partial x^2}\frac{\partial^2 w}{\partial y^2} + \alpha\,\nabla^2 T \qquad (4.2)$$

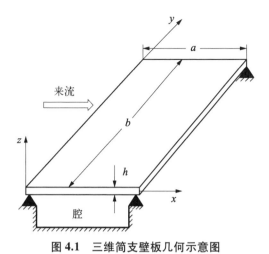

图 4.1　三维简支壁板几何示意图

采用准定常热应力理论:

$$N_x^T = N_y^T = -\frac{Eh\alpha T}{(1-\nu)},\ N_{xy}^T = 0 \tag{4.3}$$

这里,假设温度沿壁板的厚度是均匀变化的,即 T = 常数,因此有 $\alpha\nabla^2 T \equiv 0$。采用一阶活塞理论近似壁板上表面的气动压力分布:

$$p - p_\infty = \frac{2q}{\beta}\left[\frac{\partial w}{\partial x} + \left(\frac{Ma^2 - 2}{Ma^2 - 1}\right)\frac{1}{U}\frac{\partial w}{\partial t}\right] \tag{4.4}$$

将式(4.3)及式(4.4)代入方程(4.1)及方程(4.2),并进行以下无量纲化[1]:

$$\xi \equiv \frac{x}{a},\ \eta \equiv \frac{y}{b},\ W \equiv \frac{w}{h}$$

$$\lambda \equiv \frac{2qa^3}{\beta D}$$

$$\mu \equiv \frac{\rho a}{\rho_m h},\ \tau \equiv t\left(\frac{D}{\rho_m h a^4}\right)^{1/2} \tag{4.5}$$

$$R_{x(y)}^T = \frac{N_x^T a^2}{D} = \frac{N_y^T a^2}{D} \equiv -12(1+\nu)\left(\frac{a}{h}\right)^2 \alpha T$$

即可得到无量纲的壁板运动方程:

$$\frac{\partial^4 W}{\partial \xi^4} + \frac{2a^2}{b^2}\frac{\partial^4 W}{\partial \xi^2 \partial \eta^2} + \frac{a^4}{b^4}\frac{\partial^4 W}{\partial \eta^4} = \left(\frac{a^2}{Db^2}\frac{\partial^2 \Phi}{\partial \eta^2} + R_x^T\right)\frac{\partial^2 W}{\partial \xi^2} + \left(\frac{a^2}{Db^2}\frac{\partial^2 \Phi}{\partial \xi^2} + \frac{a^4}{b^4}R_y^T\right)\frac{\partial^2 W}{\partial \eta^2}$$

$$- \frac{2a^2}{Db^2}\frac{\partial^2 \Phi}{\partial \xi \partial \eta}\frac{\partial^2 W}{\partial \xi \partial \eta}$$

$$- \lambda\left[\frac{\partial W}{\partial \xi} + \left(\frac{Ma^2 - 2}{Ma^2 - 1}\right)\left(\frac{\mu}{\beta\lambda}\right)^{\frac{1}{2}}\frac{\partial W}{\partial \tau}\right] - \frac{\partial^2 W}{\partial \tau^2} \quad (4.6)$$

$$\frac{\partial^4 \Phi}{\partial \xi^4} + \frac{2a^2}{b^2}\frac{\partial \Phi}{\partial \xi^2 \partial \eta^2} + \frac{a^4}{b^4}\frac{\partial^4 \Phi}{\partial \eta^4} = \frac{Eh^3 a^2}{b^2}\left[\left(\frac{\partial^2 W}{\partial \xi \partial \eta}\right)^2 - \frac{\partial^2 W}{\partial \xi^2}\frac{\partial^2 W}{\partial \eta^2}\right] \quad (4.7)$$

4.2　POD 降阶模型

4.2.1　全局性 POD 模态

基于前面几章的研究,计算混沌时间响应解是建立 POD 降阶模型的首要任务。因此,首先运用伽辽金方法计算混沌响应解作为快照数据,将其写成矩阵形式:

$$\bar{Q} = \begin{pmatrix} W(\xi_1, \tau_1) & W(\xi_1, \tau_2) & \cdots & W(\xi_1, \tau_J) \\ W(\xi_2, \tau_1) & W(\xi_2, \tau_2) & \cdots & W(\xi_2, \tau_J) \\ \vdots & \vdots & \ddots & \vdots \\ W(\xi_N, \tau_1) & W(\xi_N, \tau_2) & \cdots & W(\xi_N, \tau_J) \end{pmatrix} \quad (4.8)$$

其中, $W(\xi_i, \tau_j)$ 是 x 方向上的第 i 个点在第 j 个时刻点的混沌响应解 ($i = 1$, $2, \cdots, N; j = 1, 2, \cdots, J$), J 是总的时刻点数目, N 是结构空间离散后的自由度数目 ($N \gg J$)。因此有相关矩阵:

$$\Phi = \bar{Q}^T\bar{Q} \quad (4.9)$$

从而得到一个特征值问题:

$$\Phi v_j = \lambda_j^p v_j \quad (4.10)$$

其中, λ_j^p, $v_j(j = 1, 2, \cdots, J)$ 分别是 POD 特征值及特征向量。将 POD 特征值进行降序排列:

$$\lambda_1^p \geqslant \lambda_2^p \geqslant \cdots \geqslant \lambda_J^p$$

对应的特征向量 $\boldsymbol{v}_j$ 也进行相应的排列。运用一个通用的能量标准对 POD 模态进行截断：

$$F(K) = \frac{\sum\limits_{k=1}^{K} \lambda_k^p}{\sum\limits_{j=1}^{J} \lambda_j^p} \geqslant 0.999 \to K$$

得到截断后的 POD 特征向量 $\boldsymbol{V} = [\,\boldsymbol{v}_1, \boldsymbol{v}_2, \cdots, \boldsymbol{v}_K\,]$，再将快照数据向量进行线性叠加得到 POD 模态向量 $\boldsymbol{\psi}_k(k=1,2,\cdots,K)$，以矩阵形式表示：

$$\boldsymbol{\Psi} = \bar{\boldsymbol{Q}}\boldsymbol{V} \tag{4.11}$$

POD 模态向量是数值向量，传统的做法是将 POD 模态向伽辽金方法假设的简谐模态函数进行投影：

$$\boldsymbol{\Psi} = \boldsymbol{S}\boldsymbol{T} \tag{4.12}$$

其中，$\boldsymbol{\Psi}$ 是 POD 模态矩阵；$\boldsymbol{S}$ 是伽辽金简谐模态函数矩阵；$\boldsymbol{T}$ 是 $\boldsymbol{\Psi}$ 与 $\boldsymbol{S}$ 之间的转换矩阵。其具体形式分别如下：

$$\boldsymbol{\Psi} = \begin{pmatrix} \psi_1(\xi_1) & \psi_2(\xi_1) & \cdots & \psi_K(\xi_1) \\ \psi_1(\xi_2) & \psi_2(\xi_2) & \cdots & \psi_K(\xi_2) \\ \vdots & \vdots & \ddots & \vdots \\ \psi_1(\xi_N) & \psi_2(\xi_N) & \cdots & \psi_K(\xi_N) \end{pmatrix}_{N \times K}$$

$$\boldsymbol{S} = \begin{pmatrix} \sin(\pi\xi_1) & \sin(2\pi\xi_1) & \cdots & \sin(M\pi\xi_1) \\ \sin(\pi\xi_2) & \sin(2\pi\xi_2) & \cdots & \sin(M\pi\xi_2) \\ \vdots & \vdots & \ddots & \vdots \\ \sin(\pi\xi_N) & \sin(2\pi\xi_N) & \cdots & \sin(M\pi\xi_N) \end{pmatrix}_{N \times M}$$

$$\boldsymbol{T} = \begin{pmatrix} T_{1,1} & T_{2,1} & \cdots & T_{K,1} \\ T_{1,2} & T_{2,2} & \cdots & T_{K,2} \\ \vdots & \vdots & \ddots & \vdots \\ T_{1,M} & T_{2,M} & \cdots & T_{K,M} \end{pmatrix}_{M \times K}$$

注意：$T_{k,j}$ 是转换矩阵 $\boldsymbol{T}$ 的第 k 列、第 j 行。对于每一个 POD 模态向量，其转换关系为

$$\psi_k(\xi) = \sum_m^M T_{k,m} \sin(m\pi\xi) \tag{4.13}$$

4.2.2 建立 POD 降阶模型

将无量纲的横向位移 $W(\xi, \eta, \tau)$ 展开为 POD 模态的叠加形式：

$$W(\xi, \eta, \tau) = \sum_{i=1}^K b_k(\tau)\psi_k(\xi)\sin(\pi\eta) \tag{4.14}$$

结合 POD 模态向伽辽金模态转化的关系式(4.13)，模态展开式(4.14)变为

$$W(\xi, \eta, \tau) = \sum_k^K b_k(\tau) \sum_m^M T_{k,m}\sin(m\pi\xi)\sin(\pi\eta) \tag{4.15}$$

由 von Karman 板的运动方程(4.6)及方程(4.7)可知，横向位移 W 和艾瑞应力函数 Φ 是耦合的未知变量。首先，计算艾瑞应力 Φ，它由两部分组成：通解 Φ_h 和特解 Φ_p，即

$$\Phi = \Phi_h + \Phi_p \tag{4.16}$$

读者可以参考文献[2]和文献[3]，查阅艾瑞应力函数的具体推导过程。为了避免重复，这里直接给出其最终表达式：

$$
\begin{aligned}
\Phi_h = \frac{Eh^3\pi^2}{16(1-\nu^2)} \Big\{ & \sum_j^K \sum_k^K b_j b_k \sum_r^M T_{j,r} T_{k,r} [\nu r^2 + (a/b)^2]\xi^2 \\
& + \sum_j^K \sum_k^K b_j b_k \sum_r^M T_{j,r} T_{k,r} [r^2 + \nu(a/b)^2]\eta^2/(a/b)^2 \Big\}
\end{aligned} \tag{4.17}
$$

$$
\begin{aligned}
\Phi_p = \frac{Eh^3}{4}\Big(\frac{a}{b}\Big)^2 \Big\{ & \sum_j^K \sum_k^K b_j b_k \sum_r^M \sum_s^M T_{j,r} T_{k,s} \frac{rs+r^2}{(r+s)^4}\cos(r+s)\pi\xi \\
& + \sum_j^K \sum_k^K b_j b_k \sum_r^M \sum_s^M T_{j,r} T_{k,s} \frac{rs-r^2}{(r-s)^4}\cos(r-s)\pi\xi \\
& + \sum_j^K \sum_k^K b_j b_k \sum_r^M \sum_s^M T_{j,r} T_{k,s} \frac{rs-r^2}{[(r+s)^2+4(a/b)^2]^2}\cos(r+s)\pi\xi\cos 2\pi\eta \\
& + \sum_j^K \sum_k^K b_j b_k \sum_r^M \sum_s^M T_{j,r} T_{k,s} \frac{rs+r^2}{[(r-s)^2+4(a/b)^2]^2}\cos(r-s)\pi\xi\cos 2\pi\eta \Big\}
\end{aligned} \tag{4.18}
$$

将式(4.15)、式(4.17)及式(4.18)代入方程(4.6)，然后方程(4.6)两边同乘

以每一个简谐基函数 $\sin(n\pi\xi)$、$\sin(\pi\eta)$ 及每一个模态转换向量 $T_{l,n}(n = 1,$ $2, \cdots, M; l = 1, 2, \cdots, K)$，最后沿整个板积分。这个过程可以表示为：$\sum_{n}^{M}$ 方程$(4.6) \times T_{l,n} \int_0^1 \sin(n\pi\xi)\mathrm{d}\xi \int_0^1 \sin(\pi\eta)\mathrm{d}\eta$。积分后，得到一个关于 POD 模态坐标 $b_l(\tau)$ 的 K 维二阶常微分方程组，具体形式如下：

$$\frac{\mathrm{d}^2 b_l}{\mathrm{d}\tau^2} = -\frac{f^*}{\lambda_l^p}\Big\{\pi^4 \sum_j^K b_j \sum_n^M T_{j,n} T_{l,n}\big[n^2 + (a/b)^2\big]^2\Big\}$$

$$-\lambda\Big\{\frac{f^*}{\lambda_l^p}\sum_j^K b_j \sum_r^M \sum_n^M T_{j,r} T_{l,n}\frac{2nr}{n^2 - r^2}\big[1 - (-1)^{n+r}\big] + \Big(\frac{\mu}{\lambda Ma}\Big)^{1/2}\frac{\mathrm{d}b_l}{\mathrm{d}\tau}\Big\}$$

$$-3\pi^4(1 - \nu^2)\left\{\begin{array}{l}\dfrac{1}{2}\Big[\dfrac{f^*}{\lambda_l^p}A^* + (a/b)^2 b_l B^*\Big] \\[2mm] +\dfrac{f^*}{\lambda_l^p}(a/b)^4\Big(C^* + D^* + \dfrac{E^*}{4} - \dfrac{F^*}{2}\Big)\end{array}\right\}$$

$$-\frac{f^*}{\lambda_l^p}R_x^T \pi^2 \sum_j^K b_j \sum_n^M T_{j,n} T_{l,n} n^2 - R_y^T \pi^2 (a/b)^2 b_l \quad (l = 1, 2, \cdots, K)$$

$$(4.19)$$

其中，令 $f^* = 1/2\mathrm{d}\xi$，取 $\mathrm{d}\xi = 0.01$。系数 $A^* \sim F^*$ 与第 3 章相同，见附录 B。为了求解以上常微分方程组，首先将二阶常微分方程组转化为状态空间中的一阶常微分方程组，再运用数值积分 RK4 法进行求解。将得到的 POD 模态坐标的时间响应解 $b_l(\tau)$ 代入式(4.14)即可得到壁板横向位移的时间响应。

4.3　壁板热颤振特性分析

图 4.1 中所示的受热简支矩形壁板，其上表面来流参数为 $\rho = 0.413\ \mathrm{kg/m^3}$，$Ma = 4.5$；壁板的材料常数及几何尺寸为：$E = 71\ \mathrm{GPa}$，$\nu = 0.3$，$\alpha = 2.34 \times 10^{-6}\mathrm{°C}^{-1}$，$\rho_m = 2\,750\ \mathrm{kg/m^3}$，$a = 1\ \mathrm{m}$，$h/a = 1/300$。考虑四个长宽比的壁板 $a/b = 0.5$、1、2、4。所有的曲线都是特征点（$\xi = 0.75$，$\eta = 0.5$）的计算结果。为了对温度变化进行无量纲化，定义临界温度 $T_{cr} = \pi^2 h^2/\big[12(1 + \nu)\alpha a^2\big]$。

4.3.1 庞加莱映射及李雅普诺夫指数

本小节简单介绍如何运用庞加莱映射图及 LLE 来判断混沌响应。绘制庞加莱映射图,需要选择一个辨识状态作为选择条件,对大量数据进行选择性的记录。本章的选择条件是:当辨识点 ($\xi = 0.5$, $\eta = 0.5$) 达到零位移正速度时,记录下特征点 ($\xi = 0.75$, $\eta = 0.5$) 的位移及速度,并将其绘制在相平面内,即庞加莱映射。在庞加莱映射图中,一组有限个散点代表的是周期运动,如 K 个固定散点预示着一个 K 倍周期运动;如果两个或更多的周期不成有理数倍数的周期运动同时出现,则为准周期运动,其庞加莱映射为一条任意形状的封闭曲线;而复杂的就是混沌运动,它对应的庞加莱映射是一组以某种形态分布的近似无限多的散点。

李雅普诺夫指数代表了系统对初始条件变化的敏感度,已有研究表明[4],李雅普诺夫指数是判断混沌系统的最有效工具。其基本思想是,沿着同一系统中两个极为相近的轨迹计算它们分离程度随时间的变化率。若任意系统至少含有一个正的李雅普诺夫指数,便是混沌系统。其中李雅普诺夫指数的幅值代表了系统不可预测的程度,即混沌运动的复杂程度。因此只需要通过计算 LLE 来判断一个任意系统是否是混沌系统。它能够判断两个邻近轨迹长时间后在平均意义上是发散 ($\Lambda > 0$) 还是收敛 ($\Lambda < 0$),其中 Λ 是 LLE 的数学符号。因此,一个常用的判断混沌运动的标准就是 LLE。具体做法是,从两个邻近轨迹 $\boldsymbol{a}_0$ 和 $\boldsymbol{b}_0$ 出发,其距为 $d_0 = |\boldsymbol{a}_0 - \boldsymbol{b}_0|$。为了判断它们的分离程度,必须在每条轨迹上取多个点,再取其平均分离率。因此给出 LLE 的定义表达式如下[5]:

$$\Lambda = \frac{1}{\tau_N - \tau_0} \sum_{n=1}^{N} \ln \frac{d_n}{d_{n-1}} \tag{4.20}$$

具体地,LLE 的计算步骤如下[6]。

(1) 从轨迹 $\boldsymbol{a}_0$ 开始积分一个时间段 τ_0,以保证出发的轨迹位于系统运动的吸引子上。取 $\tau_0 = 100$ 为缺省值。

(2) 选择另一个相邻轨迹 $\boldsymbol{b}_0$,使其满足 $|\boldsymbol{b}_0 - \boldsymbol{a}_0| = d_0$,且 $d_0 = 10^{-8}$。更简单的做法是令 $\boldsymbol{b}_0(1) = \boldsymbol{a}_0(1) + d_0$,$\boldsymbol{b}_0(2:\text{end}) = \boldsymbol{a}_0(2:\text{end})$。

(3) 沿两条轨迹积分多个时间步长 N_1,如 $N_1 = 10$,得到下一个观测点 $\boldsymbol{a}_1$ 和 $\boldsymbol{b}_1$,然后计算两条轨迹新的距离 $d_1 = |\boldsymbol{b}_1 - \boldsymbol{a}_1|$。

(4) 计算 LLE,$\Lambda_1 = \ln \left| \dfrac{d_1}{d_0} \right| \dfrac{1}{N_1 \mathrm{d}\tau}$。

(5) 调整第二条轨迹,使其与第一条轨迹的距离幅值仍然为 $|d_0|$,保持 d_1

的方向不变。具体做法是：令 $\boldsymbol{a}_0 = \boldsymbol{a}_1$；$\boldsymbol{b}_0 = \boldsymbol{a}_1 + \dfrac{d_0}{d_1}(\boldsymbol{b}_1 - \boldsymbol{a}_1)$。

（6）重复步骤（3）~（5），然后计算步骤（4）结果的平均值，即得到我们需要的 LLE。那么判断混沌运动的标准为[5]

$$\begin{cases} \varLambda > 0 & \text{混沌运动} \\ \varLambda \leqslant 0 & \text{常规运动} \end{cases}$$

4.3.2　POD 模态提取

已有研究主要将 POD 方法用于分析极限环运动。Epureanu 等[7] 运用一组 POD 模态建立了二维简支壁板的降阶模型。Amabili 等[8,9] 运用 POD 方法分析了注水圆柱壳的非线性颤振问题。但是，他们认为 POD 方法不能用于混沌响应的研究[7]。第 5 章基于 POD 建立的降阶模型研究了悬臂板的非线性颤振特性，不仅分析了极限环运动，还探究了混沌等复杂响应，但是其稳定性还有待提高。因此，本章力求寻找最优的 POD 模态以用于混沌响应的研究，并提高其稳定性。

基于经验及前面章节的内容，伽辽金混沌响应解是提取 POD 模态最优的快照数据。具体地，对于壁板 $a/b = 0.5$ 及 $a/b = 1$，取 $T/T_{\mathrm{cr}} = 6$，$\lambda = 300$，对于壁板 $a/b = 2$ 及 $a/b = 4$，分别取 $T/T_{\mathrm{cr}} = 9$，$\lambda = 500$ 及 $T/T_{\mathrm{cr}} = 25$，$\lambda = 3\,200$。积分时间长度为 $\tau = 0 \sim 500$，以上四个壁板分别用 6、6、8 及 16 个伽辽金模态计算系统的混沌响应解。为了忽略瞬态响应过程对 POD 模态的影响，去掉前 100 个时间单位，取最后 400 个时间单位的时间响应解作为快照数据来提取 POD 模态。有兴趣复现本章结果的读者，建议积分时间长度不少于 500 个时间单位。

基于能量贡献标准进行模态截断，四个壁板 $a/b = 0.5$、1、2、4 分别需要至少 4、4、4 及 8 个 POD 主模态。以方形板为例分析 POD 模态的物理特性，图 4.2 及图 4.3 分别显示了前四阶 POD 主模态的形状及三个动压下壁板的极限环物理形变。对比结果发现，壁板的极限环物理形变与第一阶 POD 主模态具有极为相似的物理形态。又一次证明了 POD 模态是颤振壁板气动弹性模态的固有属性，因此能够以更少的数目描述壁板的真实形变。那么，这里得到的 POD 模态将作为本章的普适性（全局性）POD 模态，用于后面不同参数下系统的状态计算。

首先基于普适性 POD 模态分析前面提到的混沌响应（快照数据），并与伽辽金方法进行对比。图 4.4 给出了四个不同长宽比壁板的混沌响应的庞加莱映射及 LLE 的对比结果。计算 LLE 时，积分时间长度为 3\,000 个时间单位，取 $\tau_0 =$

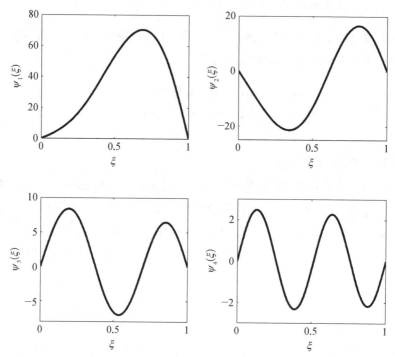

图 4.2 方形板基于混沌响应解（$T/T_{cr} = 6$，$\lambda = 300$）得到的 POD 主模态

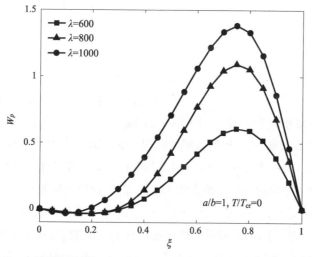

图 4.3 方形板在动压 $\lambda = 600$、800、$1\,000$ 下的极限环运动物理形变

100 作为初始积分段,以消除瞬态响应过程对 LLE 计算结果的影响。图 4.4(c)、图 4.4(f)、图 4.4(i)及图 4.4(l)得到的 LLE 都是正值,与混沌运动的判断法则($\Lambda > 0$)吻合,而且两种方法得到的 LLE 值吻合较好。计算 LLE 时,伽辽金方法运用了 6~16 个模态,相比之下,POD 方法以 4~8 个 POD 模态将计算效率提高了 3.5~28 倍。庞加莱映射图 4.4(a)、图 4.4(b)、图 4.4(d)、图 4.4(e)、

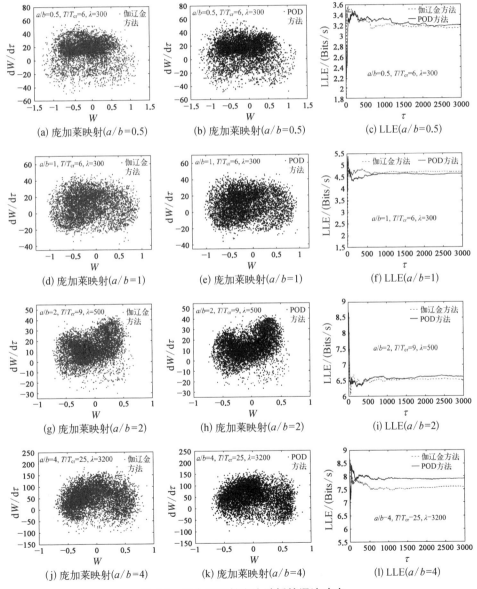

图 4.4　四个不同长宽比壁板的混沌响应

图 4.4(g)、图 4.4(h)、图 4.4(j) 及图 4.4(k),都包含了一组以某种形态分布的无限多散点,不同壁板对应的形态不同,而相同壁板用两种方法得到的分布形态是极其相似的。再次证明系统做混沌运动,而且 POD 方法与伽辽金方法是吻合的。因此,POD 方法被成功用于混沌响应分析。

4.3.3 壁板稳定性边界

面内热应力及来流动压是影响壁板非线性动力学响应的两个最重要的参数。因此,以壁板 $a/b = 0.5$ 为例,基于 4.3.2 节得到的 4 个 POD 模态建立降阶模型,分析在不同温度 T/T_{cr} 及动压 λ 下壁板的动力学响应。具体地,考虑几个特征动压,对无量纲温度进行扫描,取值范围为 $T/T_{cr} = 10 \sim 0$,步长为 $\Delta T/T_{cr} = -0.1$。为了使结果收敛到稳态解,取积分时间长度为 $\tau = 0 \sim 100$。为了忽略瞬态响应的影响,取最后的 30 个时间单位,记录横向位移的局部峰值及谷值,绘制关于温度的分岔图,如图 4.5 所示。当 $\lambda = 100$ 时,图 4.5(a) 在 $T/T_{cr} = 1.8$ 处从静态稳定分岔为屈曲运动。当 $\lambda = 136$ 时,图 4.5(b) 在 $T/T_{cr} = 3.3$ 处从静态稳定分岔为混沌运动,最终稳定到屈曲状态。当 $\lambda = 150$ 时,图 4.5(c) 发生了三次分岔:在 $T/T_{cr} = 3$ 处从静态稳定分岔到极限环运动;在 $T/T_{cr} = 3.8$ 处从极限环运动分岔到混沌运动;最终,在 $T/T_{cr} = 6.2$ 处从混沌运动稳定到屈曲状态。类似地,在图 4.5(d)~图 4.5(i)中,能够观察到更多的分岔点。

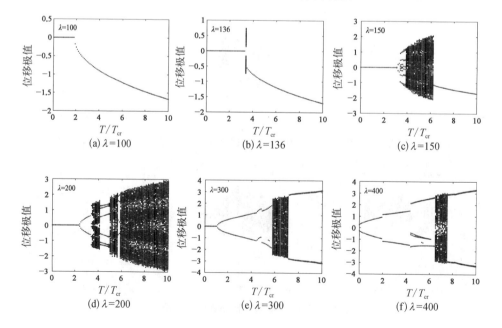

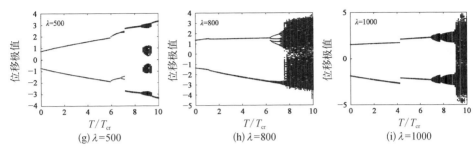

图 4.5　多个动压下位移极值关于温度的分岔图（$a/b = 0.5$）

基于以上的分岔图可以得到矩形板 $a/b = 0.5$ 在不同动力学行为之间的稳定性边界。以相同的方式，分析壁板 $a/b = 1$ 和 $a/b = 2$。最终得到了由温度及动压张成的参数平面内壁板的稳定性边界，如图 4.6 所示。其典型的运动形式包括静态稳定、动稳定屈曲及颤振。注意，颤振又包括极限环运动、准周期运动及混沌运动等。图 4.6 显示伽辽金方法及 POD 方法得到的稳定性边界吻合得非常好。

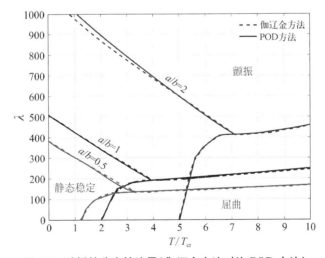

图 4.6　壁板的稳定性边界（伽辽金方法对比 POD 方法）

图 4.6 显示，在较低动压及较低温度下，壁板是静稳定的，随着温度载荷的增加，壁板发生分岔，从静稳定到屈曲状态。那么这个分岔点即壁板的屈曲临界载荷，对于壁板 $a/b = 0.5$、1 和 2，其屈曲临界载荷分别为 $T/T_{cr} = 1.25$、2 和 5。在较低动压及较高温度下，壁板呈动稳定屈曲状态，随着动压的增加，壁板发生分岔，开始颤振。那么这个分岔点是壁板从屈曲到颤振的临界动压，

对于壁板 $a/b = 0.5$、1 和 2，其颤振临界动压分别为 $\lambda = 135$、200、420。当壁板发生颤振以后，在非线性理论中，会以有限幅值运动，不会造成发散破坏，但是可能会存在潜在的疲劳破坏。因此，疲劳寿命的预测至关重要。当壁板以屈曲、极限环、准周期及混沌状态运动时，其疲劳寿命的计算法则是不同的，因此对这些不同形式复杂运动的准确判断为预测壁板疲劳寿命提供了重要依据。

4.3.4 热载荷效应

首先，研究热载荷对矩形板 $a/b = 0.5$ 的影响。图 4.7 给出了在 $T/T_{cr} = 0$、1、2、3、3.3 下，壁板横向位移幅值随动压的变化情况。结果表明，对于较大的动压，壁板做极限环运动，而且较高的温度载荷会降低颤振动压。对于较低的动压，在不同的温度载荷下，壁板呈现静稳定或屈曲状态。对于 $T/T_{cr} = 0$ 和 1，壁板是静稳定的。随着温度的升高，对于 $T/T_{cr} = 2$、3、3.3，壁板分别在动压 $\lambda = 91$、126、128 处呈现出屈曲状态。我们知道，对于矩形板 $a/b = 0.5$，发生屈曲的临界载荷为 $R_x^T = R_y^T = -1.25\pi^2$，即 $T/T_{cr} = 1.25$。因此，在温度载荷为 $T/T_{cr} = 2$、3、3.3 的状态下，壁板会出现动稳定屈曲，而对于低于临界屈曲载荷的温度状态 $T/T_{cr} = 0$ 或 1，壁板均不会发生动稳定屈曲。

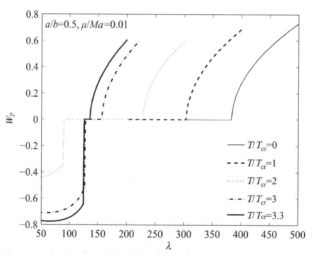

图 4.7 不同温度下壁板位移幅值随动压的变化

当温度高于 $T/T_{cr} = 3.3$ 时，壁板可能呈现出更复杂的运动状态。图 4.8 给出了在 $T/T_{cr} = 3.5$、4、5、6、8、10 下壁板位移峰值及谷值随动压的分岔图。分岔图表明，随着温度的升高，分岔图变得复杂，但是它们具有一个共同点：在较低

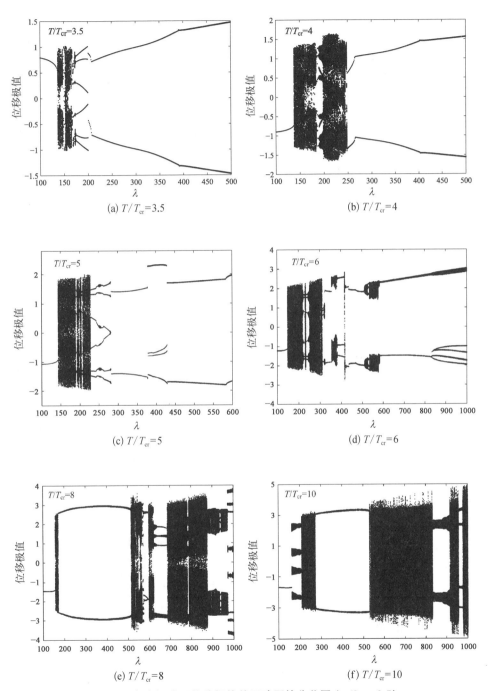

图 4.8　多个温度下位移极值关于动压的分岔图 ($a/b = 0.5$)

动压下做屈曲运动,然后分岔为混沌运动。它们的分岔点分别为 $\lambda = 136$、137、143、148、158、162。结果表明,随着温度的升高,从屈曲运动到混沌运动的分岔动压缓慢增加。另外,对于较低温度状态 $T/T_{cr} = 3.5$、4、5,存在二次分岔,即再从混沌运动分岔到极限环运动。在分岔图的末尾分别当 $\lambda = 500$、500、600时,壁板做极限环运动。对于较高温度状态,$T/T_{cr} = 6$、8、10,在二次分岔之后,还存在更多的分岔点,从极限环运动分岔到混沌或准周期运动。在分岔图末尾当 $\lambda = 1\,000$ 时,对于温度载荷 $T/T_{cr} = 6$、8、10,壁板分别做多谐波周期、准周期及混沌运动。

　　接下来,研究温度载荷对矩形板 $a/b = 2$ 的影响。图 4.9 给出了在温度 $T/T_{cr} = 7$、8、9、10 状态下,位移峰值与谷值随动压的分岔图。对于温度 $T/T_{cr} = 7$,如图 4.9(a) 所示,当 $\lambda = 410$ 时发生第一次分岔,壁板由屈曲状态分岔到静稳定状态。

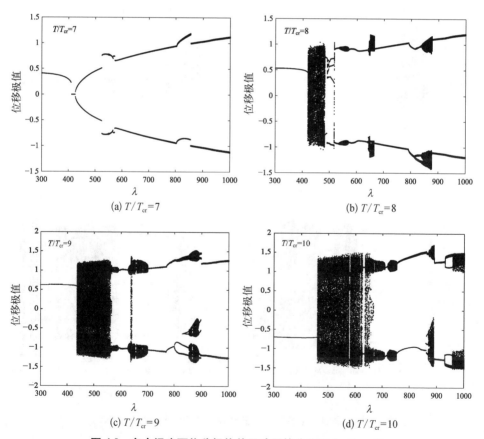

(a) $T/T_{cr} = 7$　　　　　　　　(b) $T/T_{cr} = 8$

(c) $T/T_{cr} = 9$　　　　　　　　(d) $T/T_{cr} = 10$

图 4.9　多个温度下位移极值关于动压的分岔图 ($a/b = 2$)

当 λ = 425 时,发生二次分岔,从静稳定状态到极限环运动。随着动压的继续增加,始终没有出现混沌运动。而对于 T/T_{cr} = 8、9、10, 分别如图 4.9(b) ~图 4.9(d)所示,当 λ = 419、436、459 时发生第一次分岔,从屈曲状态分岔到混沌运动,随着动压的继续增加,极限环运动与混沌运动交替出现。因此,基于以上对两个矩形板 a/b = 0.5 和 2 的分析,可以得出结论:较高的温度载荷会降低壁板的颤振动压,但是会升高从屈曲状态进入混沌运动的分岔动压,同时会使壁板呈现出更复杂的动力学响应过程。

为了再次验证 POD 方法分析壁板复杂动力学行为的准确性,对比了 POD 方法与伽辽金方法得到的壁板 a/b = 0.5 在温度 T/T_{cr} = 5 下的位移极值随动压的分岔图(图 4.10)。显然,两种方法吻合得很好。具体地,图 4.11 给出了壁板在几个特征动压下的位移时程图及相平面图。从图 4.11 中可以看出,壁板分别做屈曲、混沌、多谐波周期、准周期及极限环等形式的运动。对于不同的运动状态,POD 方法与伽辽金方法均吻合得非常好。类似地,图 4.12 及图 4.13 分别给

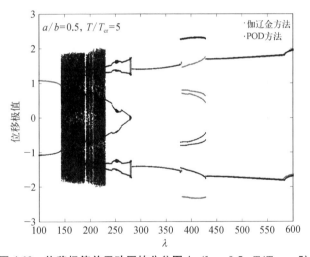

图 4.10　位移极值关于动压的分岔图 (a/b = 0.5, T/T_{cr} = 5)

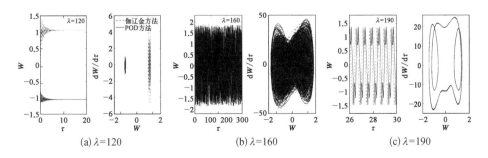

(a) λ=120　　　　　　(b) λ=160　　　　　　(c) λ=190

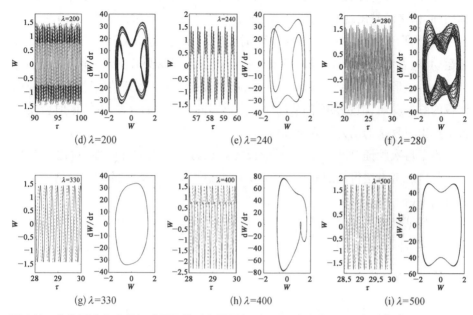

图 4.11　分岔图中多个特征动压下的时程图及相平面图(分图中,左: 时程图;右: 相平面图)

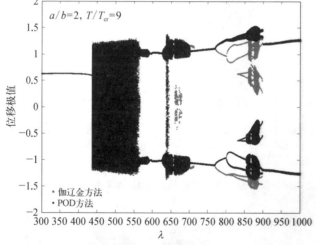

图 4.12　位移极值关于动压的分岔图 (a/b = 2, T/T_{cr} = 9)

出了壁板 a/b = 2 在 T/T_{cr} = 9 下的位移极值关于动压的分岔图及多个特征动压下的时程图和相平面图。对比结果再次证明了 POD 方法能够准确地分析壁板的各种复杂动力学行为。

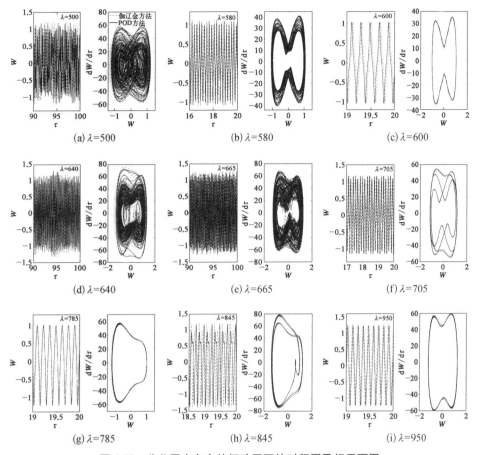

图 4.13　分岔图中多个特征动压下的时程图及相平面图

4.3.5　瞬态混沌现象

当系统参数变化时,持续发生的混沌运动在较长一段时间后又稳定到周期运动或准周期运动,这种现象称作瞬态混沌。作者及合作者首次在二元机翼气动弹性模型[10]中发现了瞬态混沌现象,另外也有学者在其他动力学系统中观察到了瞬态混沌现象[11,12]。那么超声速气流中受热简支壁板的非线性颤振系统是否也会有类似的瞬态混沌现象发生呢?本节就此问题展开讨论。

考虑方形板 $a/b = 1$,当动压 $\lambda = 300$ 时,绘制其位移极值随温度变化的分岔图,如图 4.14 所示。POD 方法与伽辽金方法的对比结果表明,相对于前面分析的矩形板 $a/b = 0.5$(图 4.10)或 $a/b = 2$(图 4.12),图 4.14 中两种方法吻合得不够好。当温度为 $8.25 < T/T_{cr} < 9.55$ 或 $9.9 < T/T_{cr} < 10$ 时,POD 方法得到的是极限环运动,而伽辽金方法得到的是混沌运动。那么为什么会出现这样的差异?

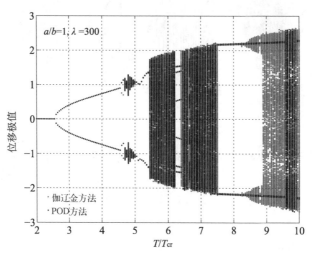

图 4.14　位移极值关于温度的分岔图 ($a/b = 1$, $\lambda = 300$)

以 $T/T_{cr} = 10$ 为例,进一步计算两种方法得到的响应解对应的 LLE,对比结果如图 4.15(a)所示。计算 LLE 时,为了使计算起点在系统运动的吸引子上,选择初始时间 $\tau_0 = 100$。很显然,伽辽金方法得到的 LLE 值随时间不断下降,相比之下,POD 方法得到的 LLE 值随时间很快衰减到零。基于第 2 章通过 LLE 判断系统动力学响应形式的讨论,我们知道,一个正的 LLE 值代表了混沌运动,而零或者负的 LLE 值代表了常规运动[5]。因此,POD 方法得到的 LLE 值与分岔图 4.14 中 POD 得到的极限环运动是吻合的。但是,伽辽金方法得到的一直下降的 LLE

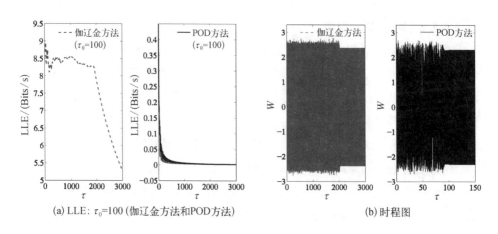

(a) LLE: $\tau_0 = 100$(伽辽金方法和POD方法)　　　　　　(b) 时程图

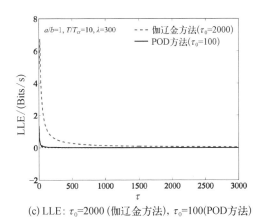

(c) LLE：$\tau_0=2000$（伽辽金方法），$\tau_0=100$（POD方法）

图 4.15　LLE 和时程图（$a/b=1$，$T/T_{cr}=10$，$\lambda=300$）

没有稳定到一个正值，与分岔图 4.14 中伽辽金方法得到的混沌运动是不符的。那么，再来看两种方法得到的时程图，如图 4.15（b）所示。结果表明，伽辽金方法得到的时间响应首先呈现出混沌运动状态，直到 $\tau=2\,000$ 时稳定到极限环运动；相比之下，POD 方法的解在较短时间内是混沌运动，在 $\tau=80$ 以后就稳定到了极限环运动。因此，在图 4.15（c）中，调整伽辽金方法中计算 LLE 的初始时间为 $\tau_0=2\,000$，结果发现 LLE 最终稳定到了零，与 POD 方法的结果一致。

图 4.16 给出了另外一个算例。基于伽辽金解，LLE 在 $\tau=800$ 后从混沌运动稳定到了极限环运动；而基于 POD 解，在 $\tau=50$ 后从混沌运动稳定

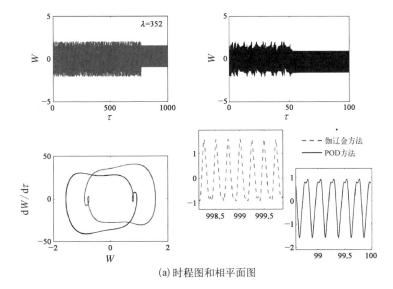

(a) 时程图和相平面图

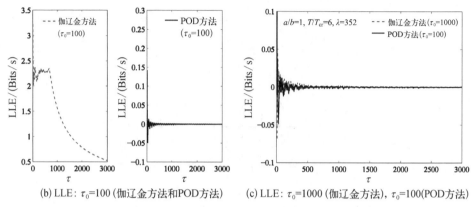

(b) LLE: τ_0=100（伽辽金方法和POD方法）　　(c) LLE: τ_0=1000（伽辽金方法）, τ_0=100(POD方法)

图 4.16　时程图、相平面图及 LLE（$a/b = 1$，$T/T_{cr} = 6$，$\lambda = 352$）

到了极限环运动。在伽辽金方法中，初始计算时间 $\tau_0 = 100$ 会导致一个随
时间不断下降的 LLE 值，而较大的初始计算时间 $\tau_0 = 1\,000$ 会使 LLE 收敛到零
附近，与 POD 方法的结果一致。从 4.3.1 节可知，初始计算时间 τ_0 是为了使
计算轨迹从运动本身的吸引子开始。对于大多数系统，计算短短的几百个
时间单位就可以保证结果是安全可靠的。但是，$\tau_0 = 100$ 显然不足以保证
伽辽金解落在吸引子上面。因此，出现了随时间不断下降的 LLE 值。那么
以上结果表明，随时间不断下降的 LLE 值是瞬态混沌现象的一种象征。对
于没有经验的读者，很容易从分岔图上将瞬态混沌运动误判为混沌运动，而
要达到最后的收敛解，需要的计算时间太长。POD 方法比伽辽金方法收敛
得快得多，因此，便于对瞬态混沌运动做出正确、快速的判断。

4.3.6　壁板 $a/b = 4$ 的复杂响应

前面的算例分析表明，POD 方法可以准确地分析壁板的复杂动力学行为。
随着壁板长宽比的增加，伽辽金方法需要的模态数目会更多，计算时间也会大幅
增加。因此，本节仅运用 POD 方法来分析壁板 $a/b = 4$ 的复杂响应过程。当温
度为 $T/T_{cr} = 25$ 时，绘制壁板的位移极值关于动压的分岔图，如图 4.17 所示。与
前面的结果类似，首先在 $\lambda = 2\,261$ 处发生第一次分岔，从屈曲状态直接进入混
沌运动。随着动压的增加，当 $2\,261 < \lambda < 3\,097$ 时，运动过程变得尤为复杂，在
周期、准周期与混沌运动之间发生多次分岔，最终当 $\lambda = 3\,097$ 时，又从极限环运
动进入混沌运动。

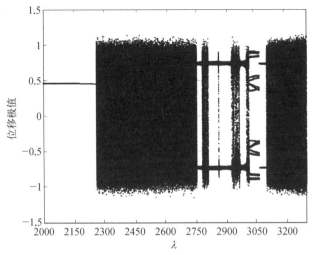

图 4.17　位移极值关于动压的分岔图 ($a/b = 4$, $T/T_{cr} = 25$)

为了更直观地描述不同的运动状态,图 4.18 给出了多个特征动压下壁板的动力学响应。图 4.18(a)表明当 $\lambda = 2\,000$ 时,壁板出现动稳定屈曲,图 4.18(b)表明当 $\lambda = 2\,500$ 时,壁板做混沌运动。图 4.18(c)及图 4.18(d)中的庞加莱映射显示为封闭曲线,说明当 $\lambda = 2\,830$、$2\,985$ 时,壁板做准周期运动。图 4.18(e)及图 4.18(f)表明当 $\lambda = 3\,020$、$3\,060$ 时,壁板分别做 6 倍周期及 1 倍周期运动。综上所述,基于现有的 POD 模态(基于伽辽金方法得到的混沌响应解作为快照数据)可知,POD 方法可以准确、高效地分析非线性颤振壁板的复杂动力学响应。

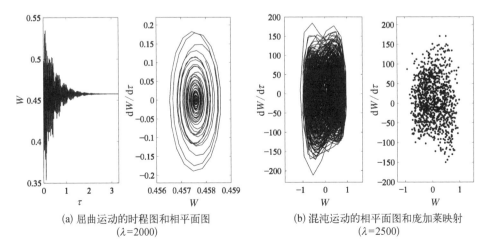

(a) 屈曲运动的时程图和相平面图
($\lambda=2000$)

(b) 混沌运动的相平面图和庞加莱映射
($\lambda=2500$)

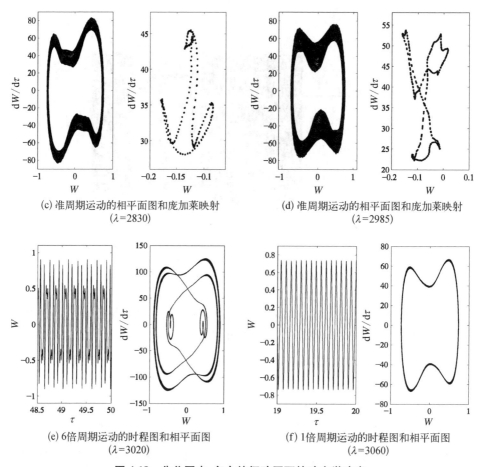

(c) 准周期运动的相平面图和庞加莱映射
(λ=2830)

(d) 准周期运动的相平面图和庞加莱映射
(λ=2985)

(e) 6倍周期运动的时程图和相平面图
(λ=3020)

(f) 1倍周期运动的时程图和相平面图
(λ=3060)

图 4.18   分岔图中,多个特征动压下的动力学响应

4.3.7   鲁棒性分析

前面章节已经多次证明了基于混沌响应解作为快照数据提取的 POD 模态
具有较好的鲁棒性,可以用于分析不同参数下的系统状态。如图 4.6 所示,稳定
性边界中的最大动压及最高温度分别为 $\lambda = 1\,000$、$T/T_{cr} = 10$。以方形板 $a/b =$
1 为例,快照数据取自当 $\lambda = 300$、$T/T_{cr} = 6$ 时运用伽辽金方法得到的混沌响应
解。算例分析已证明基于得到的 POD 模态分析稳定性边界内更大动压或更高
温度载荷下壁板的动力学响应,6 个伽辽金模态与 4 个 POD 模态得到的结果吻
合得非常好(图 4.10~图 4.13)。那么,这些 POD 模态能否适用于更大动压或更
高温度载荷,即动压 $\lambda > 1\,000$ 或 $T/T_{cr} > 10$ 的情况,本节对此展开讨论。

首先,分析 POD 模态在较高动压下的鲁棒性。图 4.19 给出了在三个温度状态 T/T_{cr} = 0、2、4 下壁板极限环振动幅值随动压的变化曲线(动压高至 λ = 2 000)。结果表明,伽辽金方法与 POD 方法在动压 λ < 1 000 时吻合较好。但是,随着动压的增加,两种方法得到的结果差异愈为显著。应该注意的是,伽辽金方法的模态是假设的正弦函数,是不随动压变化的,但是 POD 模态的提取过程与动压相关,因此结果表明,在 λ = 300 处提取的 POD 模态不再适用于高动压(λ > 1 000)下系统的动力学分析。那么,为了分析较高动压下的系统动力学响应,有两种选择:第一,依然采用较低动压下提取的 POD 模态,但是需要增加 POD 模态的数目;第二,若要求保持 4 个 POD 模态数目不变,那么需要在较高动压下提取新的 POD 模态。

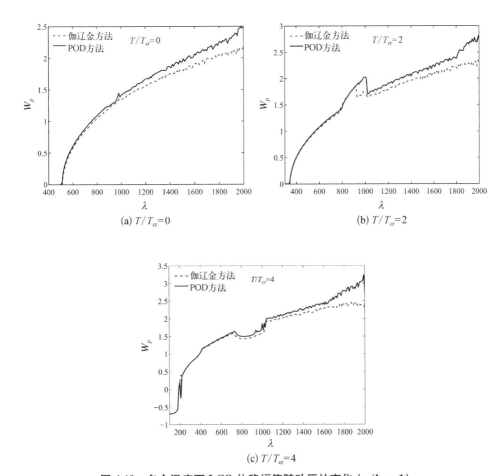

(a) T/T_{cr}=0

(b) T/T_{cr}=2

(c) T/T_{cr}=4

图 4.19　多个温度下 LCO 位移幅值随动压的变化 (a/b = 1)

然后,分析 POD 模态在较高温度载荷下的鲁棒性。图 4.20 给出了在动压 λ = 50、150 下壁板发生屈曲,其位移幅值随温度的变化曲线(温度高至 T/T_{cr} = 30)。结果表明,随着温度载荷的增加,POD 方法与伽辽金方法得到的结果完全吻合,即较低温度载荷下提取的 POD 模态可以用于较高温度载荷下系统的动力学分析。

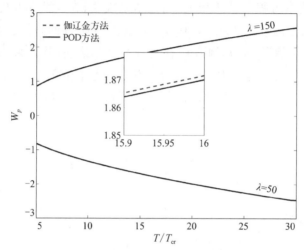

图 4.20   两个动压下做屈曲运动的壁板的位移幅值随温度的变化
(a/b = 1, λ = 50, 150)

然而,在较高温度载荷下,若壁板发生屈曲以外的运动,是否还会得到同样的结论? 图 4.21 给出了当动压 λ = 500 时,壁板在不同温度载荷下的动力学响应。图 4.19 显示,对于较低温度载荷 T/T_{cr} = 0、2、4,两种方法吻合较好。那么在较高的温度状态 T/T_{cr} = 5、10、15 下,两种方法的对比结果分别如图 4.21(a)、图 4.21(b)及图 4.21(c)所示。当 T/T_{cr} = 5 时,壁板做极限环运动,当 T/T_{cr} = 10, T/T_{cr} = 15 时,壁板做混沌运动。而且,在这三个温度状态下,两种方法得到的结果都吻合较好。然而,当 T/T_{cr} = 20 时,图 4.21(d)显示两种方法出现了差异。伽辽金方法得到一个混沌运动,而 POD 方法得到一个极限环运动。需要注意的是,图 4.21(d)中的无量纲位移幅值 W_p 已经超过了 5,即超出了 von Karman 板大变形理论的适用范围(横向位移不超过板厚度的 5 倍)。因此,通过对这些参数状态的计算可知,伽辽金方法与 POD 方法得到的壁板运动的性质是有所不同的。然而有趣的是,尽管这些参数状态超出了 von Karman 板大变形理论的适用范围,两种方法得到的位移幅值 W_p 仍然是吻合的,甚至其最大速度 $\mathrm{d}W/\mathrm{d}\tau$

也是相对接近的。基于本节对 POD 模态鲁棒性的分析,可以得出结论:当系统参数变化范围较大时,POD 模态与动压相关,而与温度载荷几乎无关。

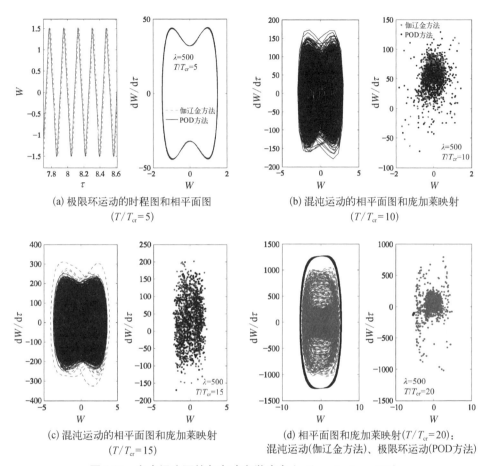

(a) 极限环运动的时程图和相平面图
$(T/T_{cr}=5)$

(b) 混沌运动的相平面图和庞加莱映射
$(T/T_{cr}=10)$

(c) 混沌运动的相平面图和庞加莱映射
$(T/T_{cr}=15)$

(d) 相平面图和庞加莱映射$(T/T_{cr}=20)$:
混沌运动(伽辽金方法)、极限环运动(POD方法)

图 4.21　多个温度下的复杂动力学响应 ($a/b = 1$, $\lambda = 500$)

4.4　本章小结

　　本章基于 POD 方法研究了超声速气流中受热简支壁板的非线性颤振特性。考虑四个长宽比的壁板 $a/b = 0.5$、1、2、4,对于每个壁板,基于伽辽金方法得到的混沌响应解提取 POD 模态。这些 POD 模态数目较少,因此能够在保证精度的前提下节省计算耗时。在不同动压及热载荷作用下,壁板呈现出复杂的动力学行为,包括静稳定、动稳定屈曲、极限环、准周期及混沌运动。在较低动压及温度载荷下提取的 POD 模态,被用于分析较大动压及较高温度载荷下系统的动力学响应,以评估 POD 模态的鲁棒性。时程图、相平面图、庞加莱映射、分岔图及LLE 均用于判断壁板是否发生了混沌运动或其他形式的复杂运动。特别地,通过不断下降的 LLE 首次在壁板颤振系统中发现了瞬态混沌现象。通过本章的研究,得出以下主要结论。

(1) 已有研究表明,POD 方法往往只能用于分析周期运动。本章的研究表明,基于混沌响应解得到的 POD 模态具有普适性,能够准确分析各种复杂的动力学响应。

(2) 超声速气流中的受热简支壁板、不同长宽比的壁板,均从屈曲状态直接进入混沌运动,比悬臂板达到混沌运动的路径简单得多。

(3) 热载荷对壁板的非线性颤振特性影响较大。较高的温度载荷会降低颤振临界动压,并导致更复杂的动力学响应过程。但是,较高的温度载荷能够使壁板从屈曲运动进入混沌运动的分岔动压推后(增加),这是有利的。

(4) 随时间不断下降的 LLE,预示着瞬态混沌现象。在分析瞬态混沌时,相对于伽辽金方法,POD 方法能够在更短时间内收敛到稳定状态,降低了将瞬态混沌运动误判为混沌运动的概率。因此,POD 方法能够更快速、更准确地对其做出判断。

(5) 基于普适性 POD 模态,POD 方法能够以较少的模态数目很大程度地减少计算耗时。以计算 LLE 为例,相对于伽辽金方法(需要 6~16 个模态),POD方法以 4~8 个模态将计算效率提高了 3.5~28 倍。

(6) 算例分析表明,基于较小动压及较低温度载荷下的混沌响应解作为快照数据提取的 POD 模态,对于适度增加的动压状态是鲁棒的,但是对于过高的动压是不鲁棒的,而对于大范围内变化的温度载荷状态仍然是鲁棒的。也就是说 POD 模态与动压相关,相比之下,温度载荷几乎不影响 POD 模态。

参考文献

[1] Dowell E H. Aeroelasticity of plates and shells[M]. Berlin: Springer, 1975.
[2] Dowell E H. Nonlinear oscillations of a fluttering plate[J]. AIAA Journal, 1966, 4(7): 1267 – 1275.
[3] Xie D, Xu M, Dowell E H. Proper orthogonal decomposition reduced-order model for nonlinear aeroelastic oscillations[J]. AIAA Journal, 2014, 52(2): 1 – 13.
[4] Wolf A, Swift J B, Swinney H L, et al. Determining Lyapunov exponents from a time series

[J]. Physica D: Nonlinear Phenomena, 1985, 16(3): 285 – 317.

[5] Moon F C. Chaotic vibrations: an introduction for applied scientists and engineers[M]. New York: Wiley, 1987.

[6] Sprott J C. Chaos and time-series analysis[M]. Oxford: Oxford University Press, 2003: 116 – 117.

[7] Epureanu B I, Tang L S, Païdoussis M P. Coherent structures and their influence on the dynamics of aeroelastic panels[J]. International Journal of Non-Linear Mechanics, 2004, 39 (6): 977 – 991.

[8] Amabili M, Sarkar A, Païdoussis M P. Reduced-order models for nonlinear vibrations of cylindrical shells via the proper orthogonal decomposition method[J]. Journal of Fluids and Structures, 2003, 18(2): 227 – 250.

[9] Amabili M, Sarkar A, Païdoussis M P. Chaotic vibrations of circular cylindrical shells: Galerkin versus reduced-order models via the proper orthogonal decomposition method[J]. Journal of Sound and Vibration, 2006, 290(3): 736 – 762.

[10] Dai H H, Yue X K, Xie D, et al. Chaos and chaotic transients in an aeroelastic system[J]. Journal of Sound and Vibration, 2014, 333(26): 7267 – 7285.

[11] Grebogi C, Ott E, Yorke J A. Crises, sudden changes in chaotic attractors, and transient chaos[J]. Physica D: Nonlinear Phenomena, 1983, 7: 181 – 200.

[12] Zhu L, Raghu A, Lai Y C. Experimental observation of superpersistent chaotic transients[J]. Physica Review Letters, 2001, 86(18): 4017 – 4020.

第 5 章

悬臂板的非线性颤振分析

　　机翼的蒙皮结构是用分布排列的铆钉铆接在桁条上的,可近似看作四边简支的矩形壁板,因此受到了国内、外大量学者的研究[1-5]。第 3 章基于 POD 建立的降阶模型研究了二维及三维简支壁板的非线性颤振特性。然而悬臂板在飞行器上也是不可或缺的结构,如航天飞机热防护系统(thermal protection system,TPS)的密封板,某流体机械系统冷却装置中的散热片,都可以看作悬臂板。另外,悬臂板在根部固支,其他三边自由,与机翼的边界条件是相似的,因此研究悬臂板的颤振特性对机翼也同样具有参考价值。但是,已有文献对悬臂板的颤振特性的研究比较少,而且仅局限于简单的极限环运动[6,7]。

　　一方面,壁板颤振不会直接发散而造成事故,但是严重的非线性壁板颤振现象会引起潜在的结构疲劳,因此壁板的疲劳寿命预测为飞行器设计提供了重要依据。振动幅值与频率是研究疲劳破坏的两个重要参数,但是当非线性颤振响应的形式发生突变时(如周期运动转变为混沌运动),响应的振动幅值和频率也会发生突变,而且不同响应形式的疲劳寿命计算法则也不同,因此响应形式的突变会导致疲劳寿命的不连续变化,对疲劳破坏的预测提出了很大挑战。另一方面,第 3 章提出混沌响应解提取的 POD 模态含有最丰富的系统信息,具有全局性,可以用于系统不同参数下的状态计算。因此研究混沌响应对后续有关悬臂板POD 降阶模型的建立至关重要。关于混沌运动的研究,Dowell[8]研究了一个简支屈曲壁板的自激混沌运动。Epureanu 等[9]运用有限差分法、伽辽金法观察了二维简支壁板的混沌现象。Li 和 Yang[10]研究了亚声速气流中悬臂板的稳定性与混沌现象。然而,对于超声速气流中的悬臂板是否存在混沌现象,还没有相关研究。

　　基于以上两方面的讨论,本章运用经典的瑞利−里茨法对考虑几何非线性的悬臂板建立非线性颤振运动方程,研究超声速气流中悬臂矩形板的非线性颤振特性,包括极限环、屈曲、准周期及混沌运动。Moon[11]指出从周期运动转化为混沌运动往往是通过改变参数来实现的。第 3 章的研究表明，动压 λ 及面内外载荷 R_x、R_y 的不同取值使简支壁板呈现出复杂的动力学特性。而对于悬臂板，只有动压 λ 是可变的关键参数。为了观察混沌运动前、后的动力学行为，通过改变动压 λ，绘制位移极值关于动压的分岔图，观察进入混沌运动的路径及复杂响应的发展过程。

超声速气流中壁板的非线性颤振系统是一个经典的自治系统，大量的相关研究[3,4,6,12-15]运用 von Karman 板大变形理论来解释几何非线性，运用一阶活塞理论来近似壁板上表面的气动压力，建立壁板的气动弹性方程。这个问题的数学模型是一组关于空间变量和时间变量的偏微分方程组。由于结构几何非线性的存在，线性系统的叠加性对这个系统不再适用，因此这组偏微分方程组的解析解是不存在的。然而，考虑到壁板颤振系统简单的空间域（规则矩形板），多种半解析方法可以用于求解壁板的非线性颤振问题。对于一个简支矩形板[3,16,17]，在空间域上运用经典的伽辽金法将偏微分方程组离散为一组耦合的常微分方程（ordinary differential equation，ODE），再运用数值积分方法求解。Ye 和 Dowell[6]运用瑞利-里茨法分析悬臂板的极限环运动。对于相同的悬臂板模型，谢丹等[18]探究了其混沌响应及到达混沌响应的路径。但是，当壁板的几何模型比较复杂时，这些半解析方法（伽辽金法及瑞利-里茨法）就失效了。因此，大量的研究运用有限元方法研究壁板的颤振问题[13,19,20]。但是，有限元方法需要的自由度（degree of freedom，DOF）非常大，从而计算量过大成为新的挑战。

总之，这些传统的方法都需要事先假设模态（半解析法）或者进行模态分析（有限元法）。因此，当系统的非线性比较强时，较多的模态数目会导致颤振分析中耦合的非线性模态方程的维度比较大，求解起来比较耗时。为了提高计算效率，ROM 被提上日程并得到了广泛应用。对于原系统全阶方程未知的系统，Attar 和 Dowell[21]运用系统识别方法建立降阶模型，研究 45° 后掠三角翼的极限环运动。Guo 和 Mei[22,23]首次提出了气动弹性模态，并用于分析非线性颤振问题，减少了方程数目，提高了计算效率。Epureanu 等[9]运用一组 POD 模态建立了二维简支壁板的降阶模型。Amabili 等[24,25]运用 POD 方法分析了注水圆柱壳的非线性颤振问题。Xie 等[15]基于 POD 方法建立降阶模型，分析了超声速气流中二维及三维简支矩形板的非线性颤振问题，将计算耗时减少了 1~2 个数量级。本章探究了悬臂板非线性颤振系统的混沌等复杂响应，计算得到的数值表明传统的瑞利-里茨法需要的模态数目更多，计算耗时更长。

因此，基于第 3 章的结论："以伽辽金方法得到的混沌响应解作为快照数据提取的 POD 模态,具有最丰富的系统信息,并作为全局模态用于求解不同系统参数下的动力学响应",本章基于混沌响应解建立 POD 降阶模型,分析超声速气流中悬臂板的非线性颤振特性,并提出了一种简单、快速的 POD 方法,直接运用数值微分近似计算 POD 模态的各阶导数。这样做弥补了传统做法中,需要将 POD 模态向瑞利-里茨模态进行投影,得到半解析的 POD 模态这一过程的复杂数学推导及较长计算耗时的不足。

本章采用 von Karman 板大变形理论描述结构几何非线性,一阶活塞理论计算超声速气动力,基于哈密顿原理推导拉格朗日方程,建立悬臂板的非线性气动弹性方程。主要内容有:建立悬臂板的非线性气动弹性方程;分别运用经典的瑞利-里茨法及 POD 法进行空间离散;以三个不同长宽比的悬臂板为例进行混沌响应分析,探究混沌路径的多样性,并从数学意义上证明悬臂板非线性颤振系统的对称性;基于瑞利-里茨法得到的混沌响应解,提取悬臂板的平面 POD 模态,探究 POD 模态的物理特性、收敛性、高效性及鲁棒性,并基于 POD 降阶模型进行悬臂板的非线性颤振分析。

5.1　非线性气动弹性方程

如图 5.1 所示,三维 $(a \times b \times h)$ 悬臂矩形板在根部固支,仅在上表面有沿 x 方向的超声速气流,下表面是密封的空腔。壁板的材料是各向同性的金属铝,其材料常数的取值分别为 $E = 7.10\,\mathrm{GPa}$, $\rho = 2.8 \times 10^3\mathrm{kg/m^3}$, $\nu = 0.33$。

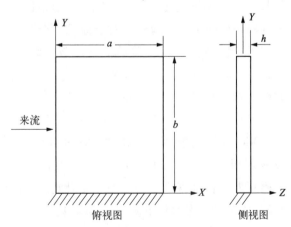

图 5.1　三维悬臂板几何示意图

5.1.1　能量表达式

对于简支壁板,第 3 章通过力与力矩的平衡得到其运动微分方程,而对于悬臂板,从能量角度出发,基于哈密顿原理推导的拉格朗日方程建立悬臂板的运动微分方程。基于 von Karman 大变形理论考虑结构的几何非线性,给出应变-位移的非线性关系式[26]:

$$\varepsilon_x = \frac{\partial u}{\partial x} + \frac{1}{2}\left(\frac{\partial w}{\partial x}\right)^2, \quad \varepsilon_y = \frac{\partial v}{\partial y} + \frac{1}{2}\left(\frac{\partial w}{\partial y}\right)^2, \quad \gamma_{xy} = \frac{\partial v}{\partial x} + \frac{\partial u}{\partial y} + \frac{\partial w}{\partial x}\frac{\partial w}{\partial y} \quad (5.1)$$

其中,ε_x、ε_y 是 x、y 向的正应变;γ_{xy} 是 xy 面内的剪应变,u、v 和 w 分别是悬臂板的面内位移和横向位移。

考虑到结构是弹性的,因此存在弹性变形引起的弹性势能,包括拉伸弹性势能 U_S 和弯曲弹性势能 U_B,表达式分别如下[26]:

$$U_S = \frac{Eh}{2(1-\nu^2)}\iint\left(\varepsilon_x^2 + \varepsilon_y^2 + 2\nu\varepsilon_x\varepsilon_y + \frac{1-\nu}{2}\gamma_{xy}^2\right)\mathrm{d}x\mathrm{d}y$$

$$U_B = \frac{D}{2}\iint\left\{\left(\frac{\partial^2 w}{\partial x^2} + \frac{\partial^2 w}{\partial y^2}\right)^2 - 2(1-\nu)\left[\frac{\partial^2 w}{\partial x^2}\frac{\partial^2 w}{\partial y^2} - \left(\frac{\partial^2 w}{\partial x\partial y}\right)^2\right]\right\}\mathrm{d}x\mathrm{d}y \quad (5.2)$$

因此,总的弹性势能为

$$U = U_S + U_B \quad (5.3)$$

$$T = \frac{1}{2}\iint\rho_m h\left(\frac{\partial w}{\partial t}\right)^2\mathrm{d}x\mathrm{d}y \quad (5.4)$$

5.1.2　模态函数

弦向、展向及横向位移可以表示为以下模态函数线性叠加的形式[6]:

$$\begin{cases} u = \sum_{i=1}^{I}\sum_{j=1}^{J} a_{ij}(\tau) u_i(\xi) v_j(\eta) \\ v = \sum_{r=1}^{R}\sum_{s=1}^{S} b_{rs}(\tau) u_r(\xi) v_s(\eta) \\ w = \sum_{m=1}^{M}\sum_{n=1}^{N} q_{mn}(\tau) \phi_m(\xi) \psi_n(\eta) \end{cases} \quad (5.5)$$

　　悬臂板在根部 ($y = 0$) 固支,在其他三条边上自由,当把悬臂板分割成弦向和展向的梁时,在弦向,不包含根部的梁可看作无限多个自由-自由梁,在展向,可看作无限多个悬臂梁。因此,可将悬臂板近似地看作自由-自由梁与悬臂梁的组合体,那么自由-自由梁及悬臂梁的模态函数可以分别看作悬臂板在 x、y 向的模态函数。在文献[6]和[27]中,这样的模态函数已经被提出并成功运用在悬臂板上。它们的具体表达式如下:

$$\begin{cases} u_i(\xi) = \cos(i\pi\xi), \ v_j(\eta) = \sin\left(\dfrac{2j-1}{2}\pi\eta\right) \\[2mm] u_r(\xi) = \cos(r\pi\xi), \ v_s(\eta) = \sin\left(\dfrac{2s-1}{2}\pi\eta\right) \\[2mm] \phi_m(\xi) = \begin{cases} 2, & m = 1 \\ 2(1-\xi), & m = 2 \\ \sqrt{2}\sin(\beta_m\xi + 3\pi/4) + e^{-\beta_m\xi} - (-1)^m e^{-\beta_m(1-\xi)}, & m > 2 \end{cases} \\[2mm] \psi_n(\eta) = \sqrt{2}\sin(\beta_n\eta - \pi/4) + e^{-\beta_n\eta} - (-1)^n e^{-\beta_n(1-\eta)} \end{cases} \quad (5.6)$$

其中,$\beta_m = (m - 3/2)\pi$;$\beta_n = (n - 1/2)\pi$

5.1.3　拉格朗日方程

基于第 2 章的介绍,这里直接给出拉格朗日方程的表达式:

$$\begin{cases} \dfrac{\partial L}{\partial a_{ij}} = 0 \\[3mm] \dfrac{\partial L}{\partial b_{rs}} = 0 \\[3mm] \dfrac{\mathrm{d}}{\mathrm{d}t}\left(\dfrac{\partial L}{\partial \dot{q}_{mn}}\right) - \dfrac{\partial L}{\partial q_{mn}} + Q_{mn} = 0 \end{cases} \quad (5.7)$$

其中,

$$L = T - U$$
$$Q_{mn} = \iint \Delta p(x, y, t) \frac{\partial w}{\partial q_{mn}} \mathrm{d}x\mathrm{d}y \quad (5.8)$$

采用一阶活塞理论或准定常理论对气动力 Δp 进行建模:

$$\Delta p = \frac{2q}{\beta}\left(\frac{\partial w}{\partial x} + \frac{M_a^2 - 2}{M_a^2 - 1}\frac{1}{V_\infty}\frac{\partial w}{\partial t}\right) \tag{5.9}$$

将拉格朗日算子 $L = T - U$ 代入方程(5.7)可得

$$\begin{cases} \dfrac{\partial U_S}{\partial a_{ij}} = 0 \\[2mm] \dfrac{\partial U_S}{\partial b_{rs}} = 0 \\[2mm] \dfrac{\mathrm{d}}{\mathrm{d}t}\left(\dfrac{\partial T}{\partial \dot{q}_{mn}}\right) + \dfrac{\partial U_B}{\partial q_{mn}} + \dfrac{\partial U_S}{\partial q_{mn}} + Q_{mn} = 0 \end{cases} \tag{5.10}$$

5.2　运动方程空间离散

5.2.1　瑞利-里茨法

采用瑞利-里茨法,将方程(5.1)～方程(5.9)代入方程(5.10),并进行如下无量纲化:

$$\bar{u} \equiv u/h, \ \bar{v} \equiv v/h, \ \bar{w} \equiv w/h$$

$$\bar{a}_{ij} \equiv a_{ij}/h, \ \bar{b}_{rs} \equiv b_{rs}/h, \ \bar{q}_{mn} \equiv q_{mn}/h$$

$$\bar{x} \equiv x/c, \ \bar{y} \equiv y/L$$

整理方程中的系数,并写成矩阵方程的形式:

$$\begin{cases} \boldsymbol{C}_a \boldsymbol{a} + \boldsymbol{C}_b \boldsymbol{b} = \boldsymbol{C} \\ \boldsymbol{D}_a \boldsymbol{a} + \boldsymbol{D}_b \boldsymbol{b} = \boldsymbol{D} \end{cases} \tag{5.11}$$

其中,$\boldsymbol{C}$、$\boldsymbol{D}$ 是 q_{mn} 的二次函数。系统(5.11)是一组代数方程组,可以求解得到 a_{ij} 和 b_{rs} 是关于 q_{mn} 的函数。然后,得到系统的控制方程如下:

$$\boldsymbol{A}\ddot{\boldsymbol{q}} + \boldsymbol{B}\boldsymbol{q} + \boldsymbol{F} + \boldsymbol{Q} = \boldsymbol{0} \tag{5.12}$$

系统(5.12)是一组关于 a_{ij}、b_{rs} 和 q_{mn}、$\dot{q}_{mn}$、$\ddot{q}_{mn}$ 的非线性常微分方程组。为了求解横向位移中模态的无量纲坐标 $q_{mn}(\tau)$,将方程(5.12)左边乘以矩阵 $\boldsymbol{A}$ 的逆:

$$\ddot{q} + A^{-1}Bq + A^{-1}F + A^{-1}Q = 0 \qquad (5.13)$$

由数值积分方法求解得到 q_{mn}，代入方程（5.5）即可得到壁板的横向位移。为了保持简洁，矩阵及向量 C_a、C_b、C、D_a、D_b、D、A、B、Q、F 的完整表达式见附录 B。最后采用 RK4 对常微分方程组（5.13）进行数值积分，求解面内位移及横向位移的时域响应。

5.2.2　POD 降阶法

1. 平面 POD 模态

基于第 3 章的结论：基于混沌响应解作为快照数据提取的 POD 模态比用其他形式的响应解提取的 POD 模态好得多。混沌响应解包含了一定宽度的频段，可以提取出系统的多个特征模态。而单一频率的响应解只能提取出一个特征模态。当然，可以同时运用多个单一频率的响应解作为快照数据提取 POD 模态，但是选取一个混沌响应解往往更加节省时间。因此，本章选取瑞利-里茨法得到的混沌响应解作为快照数据，来提取 POD 模态。

第 3 章基于 POD 方法建立的降阶模型研究简支壁板时，横向位移展开式为弦向模态与展向模态的线性叠加形式。由于展向弯曲变形很小，假设展向模态只保留第一阶正弦函数，同伽辽金法的处理方式一样。因此，只在弦向采用了 POD 模态，它仅是弦向坐标的函数，是一维向量。但是，本章研究的悬臂板在三条边上自由，其展向形变与弦向形变同等重要，那么横向位移展开式中的 POD 模态应该是弦向及展向坐标的二维函数，即悬臂板的二维 POD 模态。该二维 POD 模态与文献[15]中得到的一维 POD 模态是不同的。

$$\bar{Q} = \begin{bmatrix} W(\xi_1, \eta_1, t_1) & W(\xi_1, \eta_1, t_2) & \cdots & W(\xi_1, \eta_1, t_J) \\ \vdots & \vdots & \ddots & \vdots \\ W(\xi_N, \eta_1, t_1) & W(\xi_N, \eta_1, t_2) & \cdots & W(\xi_N, \eta_1, t_J) \\ W(\xi_1, \eta_2, t_1) & W(\xi_1, \eta_1, t_2) & \cdots & W(\xi_1, \eta_2, t_J) \\ \vdots & \vdots & \ddots & \vdots \\ W(\xi_N, \eta_2, t_1) & W(\xi_N, \eta_1, t_2) & \cdots & W(\xi_N, \eta_2, t_J) \\ \vdots & \vdots & \ddots & \vdots \\ W(\xi_1, \eta_N, t_1) & W(\xi_1, \eta_N, t_2) & \cdots & W(\xi_1, \eta_N, t_J) \\ \vdots & \vdots & \ddots & \vdots \\ W(\xi_N, \eta_N, t_1) & W(\xi_N, \eta_N, t_2) & \cdots & W(\xi_N, \eta_N, t_J) \end{bmatrix} \qquad (5.14)$$

其中, $W(\xi_i, \eta_j, t_k)$ 代表 x 方向的第 i 个点, y 方向的第 j 个点在第 k 个时刻点的无量纲横向位移 $(i, j = 1, 2, \cdots, N; k = 1, 2, \cdots, J)$。注意, J 和 N 分别是时刻点的总数目和 x 或 y 方向上空间节点的总数目。那么, 有了快照矩阵, 即可得到相关矩阵:

$$\boldsymbol{\Phi} = \overline{\boldsymbol{Q}}^{\mathrm{T}} \overline{\boldsymbol{Q}} \tag{5.15}$$

然后, 得到一个特征值问题:

$$\boldsymbol{\Phi} \boldsymbol{v}_k = \lambda_k^p \boldsymbol{v}_k \tag{5.16}$$

其中, $\lambda_k^p, \boldsymbol{v}_k (k = 1, 2, \cdots, J)$ 分别是相关矩阵 $\boldsymbol{\Phi}$ 的特征值和特征向量。将特征值按照降序排列, 再将对应的特征向量进行排列:

$$\lambda_1^p \geqslant \lambda_2^p \geqslant \cdots \geqslant \lambda_J^p$$

基于能量贡献标准, 对 POD 模态进行截断, 保留前 K 阶最优的 POD 模态。令 $\epsilon = 0.999\,9$, 则 K 可以通过下面不等式确定:

$$F(k) = \frac{\displaystyle\sum_{k=1}^{K} \lambda_k^p}{\displaystyle\sum_{j=1}^{J} \lambda_j^p} \geqslant 0.999\,9$$

然后, 对相关矩阵的模态向量进行截断, 取前 K 个特征向量构成模态矩阵 $\boldsymbol{V} = [\boldsymbol{v}_1, \boldsymbol{v}_2, \cdots, \boldsymbol{v}_K]$。

有了模态矩阵 $\boldsymbol{V}$, 对快照数据进行线性叠加即可得到一组数目较少的基向量, 以矩阵形式表示如下:

$$\boldsymbol{\Psi} = \overline{\boldsymbol{Q}} \boldsymbol{V} = \begin{bmatrix} \varphi_1(\xi_1, \eta_1) & \varphi_2(\xi_1, \eta_1) & \cdots & \varphi_K(\xi_1, \eta_1) \\ \vdots & \vdots & \ddots & \vdots \\ \varphi_1(\xi_N, \eta_1) & \varphi_2(\xi_N, \eta_1) & \cdots & \varphi_K(\xi_N, \eta_1) \\ \varphi_1(\xi_1, \eta_2) & \varphi_2(\xi_1, \eta_2) & \cdots & \varphi_K(\xi_1, \eta_2) \\ \vdots & \vdots & \ddots & \vdots \\ \varphi_1(\xi_N, \eta_2) & \varphi_2(\xi_N, \eta_2) & \cdots & \varphi_K(\xi_N, \eta_2) \\ \vdots & \vdots & \ddots & \vdots \\ \varphi_1(\xi_1, \eta_N) & \varphi_2(\xi_1, \eta_N) & \cdots & \varphi_K(\xi_1, \eta_N) \\ \vdots & \vdots & \ddots & \vdots \\ \varphi_1(\xi_N, \eta_N) & \varphi_2(\xi_N, \eta_N) & \cdots & \varphi_K(\xi_N, \eta_N) \end{bmatrix} \tag{5.17}$$

其中,矩阵(5.17)的第 k 列对应的是 POD 模态向量 $\tilde{\varphi}_k(k = 1, 2, \cdots, K)$。

2. POD 模态的数值微分

Ye 和 Dowell[6]在研究悬臂板的极限环运动时,采用了自由-自由梁及悬臂梁解析的模态函数,因此其各阶导数都可以得到准确的解析解。而本章采用 POD 模态作为横向位移的模态函数。POD 模态的提取过程决定了 POD 模态是一组离散数据,没有解析表达式,因此其各阶导数只能取近似数值。但是,在空间离散过程中(PDE 转化为 ODE),作用于 POD 模态及其各阶导数的数值微分及数值积分会将数值误差进一步放大。为了克服这一弊端,一种半解析的 POD 方法将数值的 POD 模态向解析的 POD 模态函数进行投影[15,28],得到半解析的 POD 模态函数及其各阶导数。那么,任何线性或非线性的算子都可以进行解析运算,从而减小了数值误差。但是,基于作者的已有研究[29],对于本章讨论的悬臂板,模态投影过程将会导致控制方程的数学推导过程变得极其复杂,同时很大程度地增加了计算耗时。因此,为了避免模态投影过程,本章 POD 模态的各阶导数直接由数值三点差分公式得到。

首先,以矩阵(5.17)的第 k 列 POD 模态向量 $\tilde{\varphi}_k$ 为例,将 ξ 不同的 $\varphi_k(\xi, \eta)$ 排在不同的行,η 不同的 $\varphi_k(\xi, \eta)$ 排在不同的列,写成以下矩阵形式:

$$\bar{\varphi}_k = \begin{bmatrix} \varphi_k(\xi_1, \eta_1) & \varphi_k(\xi_1, \eta_2) & \cdots & \varphi_k(\xi_1, \eta_N) \\ \varphi_k(\xi_2, \eta_1) & \varphi_k(\xi_2, \eta_2) & \cdots & \varphi_k(\xi_2, \eta_N) \\ \vdots & \vdots & \ddots & \vdots \\ \varphi_k(\xi_N, \eta_1) & \varphi_k(\xi_N, \eta_2) & \cdots & \varphi_k(\xi_N, \eta_N) \end{bmatrix} \tag{5.18}$$

那么 POD 模态关于 ξ 及 η 的微分可以由数值三点差分公式近似得到。对矩阵(5.18)的每一列进行三点差分,得到关于 ξ 的一阶及二阶导数如下:

$$\begin{cases} \dfrac{\partial \varphi_k(\xi, \eta)}{\partial \xi_i} = \dfrac{-3\varphi_k(\xi_i, \eta) + 4\varphi_k(\xi_{i+1}, \eta) - \varphi_k(\xi_{i+2}, \eta)}{2\mathrm{d}\xi} \\[3mm] \dfrac{\partial \varphi_k(\xi, \eta)}{\partial \xi_{i+1}} = \dfrac{\varphi_k(\xi_{i+2}, \eta) - \varphi_k(\xi_i, \eta)}{2\mathrm{d}\xi} \\[3mm] \dfrac{\partial \varphi_k(\xi, \eta)}{\partial \xi_{i+2}} = \dfrac{\varphi_k(\xi_i, \eta) - 4\varphi_k(\xi_{i+1}, \eta) + 3\varphi_k(\xi_{i+2}, \eta)}{2\mathrm{d}\xi} \\[3mm] \dfrac{\partial^2 \varphi_k(\xi, \eta)}{\partial \xi_i^2} = \dfrac{\varphi_k(\xi_i, \eta) - 2\varphi_k(\xi_{i+1}, \eta) + \varphi_k(\xi_{i+2}, \eta)}{(\mathrm{d}\xi)^2} \end{cases}$$

$$\begin{cases} \dfrac{\partial^2 \varphi_k(\xi,\eta)}{\partial \xi_{i+1}^2} = \dfrac{\varphi_k(\xi_i,\eta) - 2\varphi_k(\xi_{i+1},\eta) + \varphi_k(\xi_{i+2},\eta)}{(\mathrm{d}\xi)^2} \\[3mm] \dfrac{\partial^2 \varphi_k(\xi,\eta)}{\partial \xi_{i+2}^2} = \dfrac{\varphi_k(\xi_i,\eta) - 2\varphi_k(\xi_{i+1},\eta) + \varphi_k(\xi_{i+2},\eta)}{(\mathrm{d}\xi)^2}, \quad i = 1, 2, \cdots, N-2 \end{cases}$$

$$(5.19)$$

类似地,对矩阵(5.18)的每一行进行三点差分即可得到关于 η 的一阶及二阶导数。

3. 基于 POD 模态的气动弹性方程

类似于瑞利-里茨法,面内位移采用自由-自由梁及悬臂梁的模态函数[27],对于横向位移 w,其模态函数为平面 POD 模态。那么无量纲形式的弦向、展向及横向位移的模态展开形式如下:

$$\begin{cases} \bar{u} = \displaystyle\sum_{i=1}^{I} \sum_{j=1}^{J} a_{ij}(\tau) u_i(\xi) v_j(\eta) \\[3mm] \bar{v} = \displaystyle\sum_{r=1}^{R} \sum_{s=1}^{S} b_{rs}(\tau) u_r(\xi) v_s(\eta) \\[3mm] \bar{w} = \displaystyle\sum_{k=1}^{K} q_k(\tau) \varphi_k(\xi,\eta) \end{cases}$$

$$(5.20)$$

基于 2.2.2 节的能量变分原理及瑞利-里兹法,即可得到系统的控制方程如下:

$$\begin{cases} \boldsymbol{C}_a \boldsymbol{a} + \boldsymbol{C}_b \boldsymbol{b} = \boldsymbol{C} \\ \boldsymbol{D}_a \boldsymbol{a} + \boldsymbol{D}_b \boldsymbol{b} = \boldsymbol{D} \end{cases}$$

$$(5.21)$$

$$\frac{\mathrm{d}^2 \boldsymbol{q}}{\mathrm{d}\tau^2} + \boldsymbol{A}^{-1}\boldsymbol{B}\boldsymbol{q} + \boldsymbol{A}^{-1}\boldsymbol{F} + \boldsymbol{A}^{-1}\boldsymbol{Q} = \boldsymbol{0}$$

$$(5.22)$$

方程(5.21)是一个代数方程组,可以求解出以 q_k 为自变量的 a_{ij} 与 b_{rs} 的表达式。方程(5.22)是一个关于 a_{ij}、b_{rs}、q_k、$\dfrac{\mathrm{d}q_k}{\mathrm{d}\tau}$ 及 $\dfrac{\mathrm{d}^2 q_k}{\mathrm{d}\tau^2}$ 的常微分方程组,通过数值积分 RK4 对其进行求解,得到模态坐标的时间响应。再将时变的模态坐标代入方程(5.20),即可得到壁板的位移时间响应。

矩阵 $\boldsymbol{C}_a$、$\boldsymbol{C}_b$、$\boldsymbol{D}_a$、$\boldsymbol{D}_b$ 的表达式与瑞利-里茨法得到的结果相同,见附录 B。但是,由于 POD 模态的各阶导数是通过数值微分得到的,其他系数 $\boldsymbol{C}$、$\boldsymbol{D}$、$\boldsymbol{A}$、$\boldsymbol{B}$、$\boldsymbol{Q}$、$\boldsymbol{F}$ 的表达式可以通过对瑞利-里茨法中的系数 $\boldsymbol{C}$、$\boldsymbol{D}$、$\boldsymbol{A}$、$\boldsymbol{B}$、$\boldsymbol{Q}$、$\boldsymbol{F}$ 进行以

下变量代换而得到：

$$\sum_m^M \sum_n^N \sum_p^M \sum_l^N q_{mn}q_{pl} \int \phi_m \phi_p \mathrm{d}x \int \psi_n \psi_l \mathrm{d}y \to \sum_{k_1}^K \sum_{k_2}^K q_{k_1}q_{k_2} \iint \varphi_{k_1}\varphi_{k_2}\mathrm{d}x\mathrm{d}y \quad (5.23)$$

那么，基于公式(5.18)及公式(5.19)中的 POD 模态及其各阶导数的数值解就可以较容易地得到 POD 降阶模型中的系数 C、D、A、B、Q、F，具体表达式见附录 B。

4. 数值积分求解气动弹性方程

基于前面的讨论，POD 模态及其各阶导数都是数值离散解，作用于 POD 模态及其各阶导数的微分及积分运算将偏微分方程组转化为常微分方程组，那么这个常微分方程组一定是数值的。因此，需要采用数值积分方法来求解。一般地，运用一维梯形积分公式进行数值积分：

$$\int_a^b f(x)\,\mathrm{d}x = \frac{h}{2}\Big[f(a) + 2\sum_{i=1}^{N-1}f(x_i) + f(b)\Big] \quad (5.24)$$

其中，$h = (b-a)/N$，$x_i = a + i \times h (i = 1, 2, \cdots, N-1)$。由于悬臂板的 POD 模态是二维的，因此，将一维梯形积分公式拓展到了二维，具体形式如下：

$$\int_0^b \int_0^a f(x, y)\,\mathrm{d}x\mathrm{d}y = \int_0^b \frac{h}{2}\Big[f(0, y) + 2\sum_{i=1}^{N-1}f(x_i, y) + f(a, y)\Big]\mathrm{d}y$$

$$= \left(\frac{h}{2}\right)^2 \left[\begin{array}{l} f(0, 0) + f(a, 0) + f(0, b) \\ + f(a, b) + 4\sum_{i=1}^{N-1}\sum_{j=1}^{N-1}f(x_i, y_j) \end{array}\right]$$

$$+ 2\sum_{i=1}^{N-1}\big[f(x_i, 0) + f(x_i, b)\big] + 2\sum_{j=1}^{N-1}\big[f(0, y_j) + f(a, y_j)\big]$$

$$(5.25)$$

其中，$h = a/N$ 或 b/N；$x_i = i \times h$；$y_j = j \times h (i, j = 1, 2, \cdots N-1)$。这里取 N 为 100，N 决定了数值积分中空间变量的步长，N 越大，积分步长越小。数值计算表明，$N \geqslant 100$ 才能够保证数值积分的精度。

5.3   混沌响应分析

本章研究了在动压比较大的情况下，壁板的复杂动力学响应。取三个长宽比分别为 0.5、1 和 2 的悬臂板,绘制其分岔图,观察混沌等复杂响应的发展过程。具体地,分岔图的横轴是动压,纵轴是横向位移的峰值及谷值。通过分岔图上点的分布规律可以判断系统的动力学响应形式。在所有计算中,$h = 0.01$,$Ma = 2$,$\mu = 0.1$,$J = S = 2$;所有的曲线都是相对特征点 ($\xi = 0.75$,$\eta = 1.0$) 处的取值绘制的。如果没有特殊说明,数值积分的初始条件为 $q_1(\tau = 0) = 0.01$,同时其他的模态坐标取零。其中 q_1 是公式(5.5)中的 q_{11},位移 W_p 是无量纲横向位移 $\bar{w}$ 的峰值。不同算例中采用的模态数目、数值积分的时间步长、积分时间长度等参数详见表 5.1。

表 5.1   计 算 参 数

a/b	0.5	1	2
模态数目	$I = R = 12$ $M = 6$,$N = 2$	$I = R = 14$ $M = 6$,$N = 2$	$I = R = 6$ $M = 8$,$N = 2$
时间步长	0.005	0.005	0.002
积分长度	$100(p)$ $500(q)$ $1\,000(c)$	$30(p)$ $100(q)$ $500(c)$	$10(p)$ $50(q)$ $100(c)$
备注	p:周期	q:准周期	c:混沌

一般地,时程图和相平面图用于判断动力学响应的类别,在本章,为了更好地辨识和理解混沌运动,庞加莱映射和频谱图也同时用于辨识复杂的动力学响应。频谱图的幅值相对于最大幅值进行了归一化。对于本章的悬臂板颤振系统(自治系统),基于某个辨识状态的发生构建了庞加莱映射。这个辨识状态取为:当辨识点 ($\xi = 0.15$,$\eta = 1.0$) 的位移时间响应达到了局部极大值时,记录特征点 ($\xi = 0.75$,$\eta = 1.0$) 的位移和速度。需要注意的是,在数值算例中,要保证有足够长的积分时间使瞬态过程衰减到零,达到稳态。

5.3.1   方形板 $a/b = 1$

横向位移 $\bar{w}$ 采用不同的瑞利-里茨模态数目,计算极限环运动的位移幅值随动压 λ 的变化规律,如图 5.2 所示。从图中可以看出,$M = 6$、$N = 2$ 得到的结果与 $M = 8$、$N = 2$ 得到的结果吻合较好,因此,基于对极限环运动的分析,模态取值为 $M = 6$、$N = 2$ 时分析效果足够精确。这与文献[6]和[7]中得到的结论是一致的。

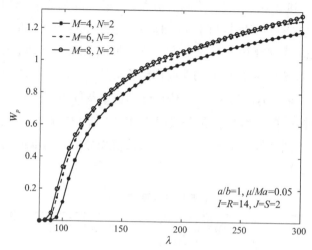

图 5.2 极限环运动的位移幅值随动压的变化（$a/b = 1$）

　　为了分析来流动压对壁板非线性颤振特性的影响，图 5.3 为位移峰值、谷值随动压变化的分岔图。计算动压取值范围：当 $\lambda = 300 \sim 340$ 时，由于动压较小，动力学响应较为单一，取步长 $\Delta\lambda = 2$；当 $\lambda = 340 \sim 500$ 时，较大的动压会产生相对复杂的运动形态，取步长 $\Delta\lambda = 0.2$。为了消除瞬态过程的影响，每一个动压状态需要足够长的计算时间。所以采用步进式计算，即前一个动压的计算结果作为下一个动压计算的初始条件，从而可以缩短每一个动压状态数值积分的时间长度。从图 5.3(b) 中可以看出，$M = 8$，$N = 2$ 得到的分岔图在周期加倍之前，在 $336 < \lambda < 350$ 区域内辨识到了疑似的混沌运动。相比之下，较少的模态组 $M =$

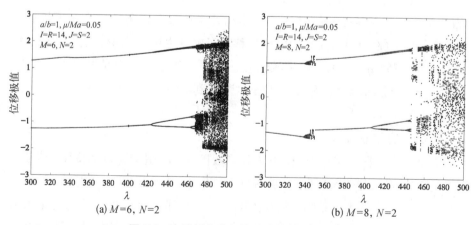

图 5.3 方形板位移极值关于动压的分岔图

6，$N = 2$ 得到的分岔图在周期倍增之前全部是极限环运动，见图 5.3(a)。总之，模态组 $M = 6$，$N = 2$ 和 $M = 8$，$N = 2$ 得到的分岔图都是以周期加倍的方式进入了混沌运动，尽管分岔点稍有不同。

为了深入探究上述分岔图 5.3(b)中的疑似混沌运动区域，选取两个特征点 $\lambda = 340$ 和 $\lambda = 345$，观察相平面图。首先给出 $M = 6$、$N = 2$ 的结果，见图 5.4。显然，相平面图 5.4(a)和图 5.4(b)表示的都是极限环运动。相比之下，图 5.5 给出了 $M = 8$、$N = 2$ 模态组得到的动压 $\lambda = 340$ 和 $\lambda = 345$ 的相平面图和庞加莱映射。相平面图 5.5(a)和图 5.5(c)显示为一定宽度的极限带，庞加莱映射图 5.5(b)和图 5.5(d)显示为一条封闭的曲线。这些特征都代表了准周期运动，而非混沌运动，因此上述的疑似混沌运动实际上是准周期运动。相比于 $\lambda = 340$ 时的庞加莱映射，$\lambda = 345$ 得到的庞加莱映射是一条多处打结的复杂的封闭曲线，表征系统具有更强的非线性。

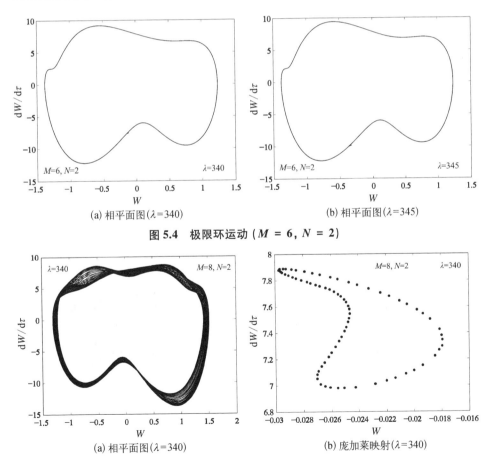

(a) 相平面图($\lambda = 340$)　　　　(b) 相平面图($\lambda = 345$)

图 5.4　极限环运动 ($M = 6$，$N = 2$)

(a) 相平面图($\lambda = 340$)　　　　(b) 庞加莱映射($\lambda = 340$)

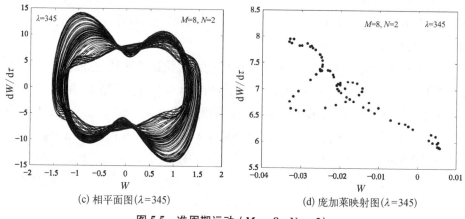

(c) 相平面图($\lambda=345$)　　　(d) 庞加莱映射图($\lambda=345$)

图 5.5　准周期运动 ($M = 8$, $N = 2$)

数值计算表明,$M = 8$ 比 $M = 6$ 需要更长的计算时间,因此较少的模态是我们期望的。为了证明 $M = 6$ 足以用于混沌响应分析,以 $\lambda = 500$ 为例进行研究。图 5.6 中分别是 $M = 6$ 和 $M = 8$ 得到的相平面图和庞加莱映射。对比分析表明,$M = 6$ 得到的混沌响应与 $M = 8$ 的结果是比较接近的,即 $M = 6$ 可以得到收敛的混沌响应结果。因此基于极限环运动的收敛性分析,仍然适用于混沌响应分析。所以,在后续计算中,如果没有特殊说明,对于方形板 $a/b = 1$,横向位移的模态数目取值为 $M = 6$, $N = 2$。

为了分析混沌路径,取图 5.3(a) 中位移峰值的部分(分岔图的上分支),见图 5.7,给出了位移峰值随动压变化的分岔图。动压变化范围为 $410 < \lambda < 500$,步长为 $\Delta\lambda = 0.2$。从图 5.7 中可以看出,当 $\lambda < 422$ 时,壁板做一倍周期的极限环运动;随着动压的增加,在 $\lambda = 422$ 处,发生第一次分岔,可能出现了次谐波运

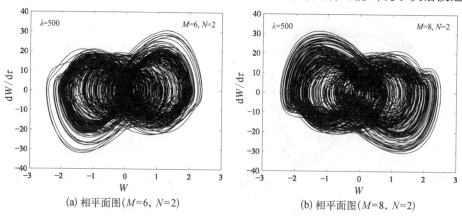

(a) 相平面图($M=6$, $N=2$)　　　(b) 相平面图($M=8$, $N=2$)

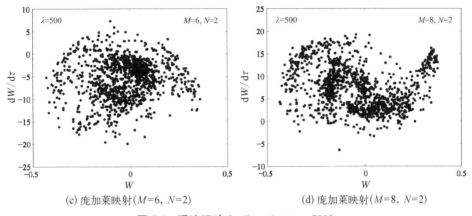

(c) 庞加莱映射($M=6$, $N=2$)   (d) 庞加莱映射($M=8$, $N=2$)

图 5.6 混沌运动($a/b = 1$, $\lambda = 500$)

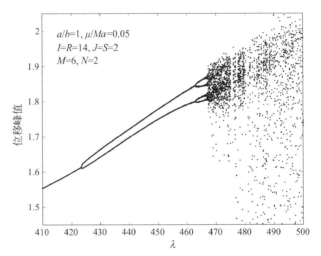

图 5.7 位移峰值关于动压的分岔图($M = 6$, $N = 2$)

动,壁板从一倍周期进入两倍周期。

当 $422 < \lambda < 463$ 时,壁板以两倍周期做极限环运动。在 $\lambda = 463$ 处,发生第二次分岔,从两倍周期的极限环运动进入四倍周期的极限环运动,随着动压的继续增加,当 $463 < \lambda < 468$ 时,壁板以四倍周期做极限环运动。最后,在 $\lambda = 468$ 处,壁板进入混沌运动。实际上,在四倍周期以后还会相继出现 8 倍、16 倍、32 倍周期等极限环运动,但是由于分岔的间隔越来越短,不便于观察。很显然,随着动压的增加,壁板相继以一倍周期、两倍周期、四倍周期等做极限环运动,最终进入混沌运动。因此本章研究的方形壁板以周期倍增的形式进入混沌运动。

　　为了更直观地观察壁板以周期倍增形式进入混沌运动的过程,取分岔图 5.7 中的几个典型动压,其动力学响应的相平面图和庞加莱映射分别如图 5.8(a)和图 5.8(b)所示。在庞加莱映射图中,对于 1 倍周期、2 倍周期、4 倍周期的极限环运动,分别有 1 个、2 个、4 个固定散点;而对于混沌运动,则是以某种形态分布在有限区域内的一团散点。这与庞加莱映射的定义是完全吻合的,因此对于判断不同形式的动力学响应,庞加莱映射相较于相平面图更加直观、准确。

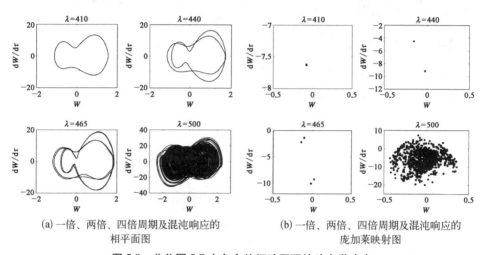

(a) 一倍、两倍、四倍周期及混沌响应的　　　　　(b) 一倍、两倍、四倍周期及混沌响应的
　　　　相平面图　　　　　　　　　　　　　　　　　　庞加莱映射图

图 5.8　分岔图 5.7 中多个特征动压下的动力学响应

5.3.2　对称性分析

　　一般地,当动压相对较低时,运动本身是对称的。但是,随着动压的增加,非线性增强,出现了成对的非对称周期运动或混沌运动,即在不同的初始条件下,系统可能会产生两个互相对称的解。相关文献[30]已经证明了这种成对出现的解来自系统本身的对称性。因此关于本章讨论的超声速气流中的悬臂板非线性颤振系统,也给出类似的证明。

　　首先令 $p = -q$,并将其代入方程(5.12)的左边,得到

$$A(-\ddot{q}) + B(-q) + F(-q) + Q(-q) \tag{5.26}$$

根据系数 A、B、F 和 Q 的表达式,有

$$A(-\ddot{q}) = -A(\ddot{q}),\ B(-q) = -B(q),\ F(-q) = -F(q),\ Q(-q) = -Q(q) \tag{5.27}$$

因此方程(5.26)变为

$$-\left[A\ddot{q} + B(q) + F(q) + Q(q)\right] = 0 \qquad (5.28)$$

可以看出 p 和 q 是该气动弹性系统的一对对称解,因此非对称的周期解总是成对出现。

取两个不同初始条件 $q_1(\tau = 0) = 0.01$ 和 $q_1(\tau = 0) = 0.1$,图 5.9 绘制了一定动压范围(180 < λ < 450)内位移峰值及谷值随动压变化的分岔图。可以看出,位移峰值和谷值在图 5.9(a)和图 5.9(b)中是完全对称的。当 λ < 290 时,位移峰值和谷值在不同初始条件下产生了完全相同的极限环运动。当 λ = 290 时,发生了第一次分岔,在较大动压下,两个初始条件得到了不同的周期运动,但是仍然属于一倍周期运动,且从图 5.9(a)和图 5.9(b)中可以看到,两个周期运动的峰值跟谷值是互相对称的。因此这个分岔可以称作对称分岔。原因在于系统本身是一个对称系统,因此存在对称解。需要强调的是,对称的初始条件不一定会产生对称解,任意两个初始条件都有可能。当 λ = 420 时,发生了第二次分岔,出现了两倍周期的极限环运动,对应的是周期倍增分岔。

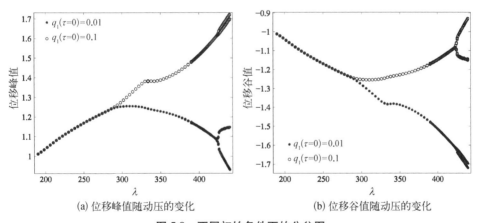

(a) 位移峰值随动压的变化　　　　　　(b) 位移谷值随动压的变化

图 5.9　不同初始条件下的分岔图

为了更直观地观察各个动压段内壁板的运动形态,图 5.10 给出了在三个典型动压 λ = 250、350、450 下的时程图和相平面图。当 λ = 250 时,相平面图本身是自对称的,而且与初始条件无关。当 λ = 350、450 时,分别出现了两倍周期和四倍周期的极限环运动,而且在两个不同初始条件下,得到的时程图及相平面图是互相对称的。基于分岔图 5.7 和图 5.9,可以得出结论:从基础周期运动的对

称分岔到周期倍增是进入混沌运动的一种可能的途径,这与 Fang 和 Dowell[30]
给出的结论是一致的。

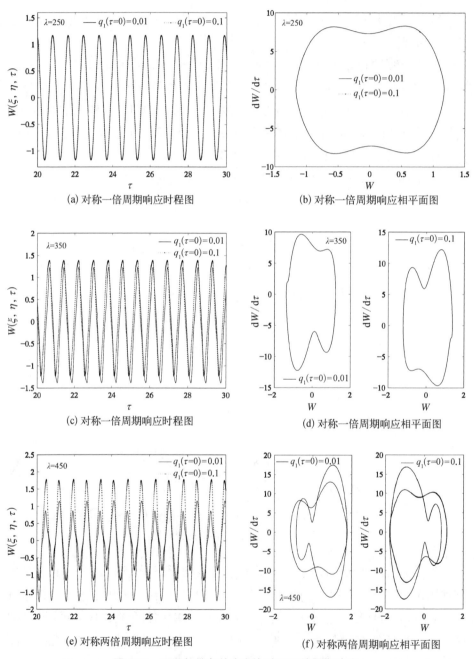

(a) 对称一倍周期响应时程图　　(b) 对称一倍周期响应相平面图

(c) 对称一倍周期响应时程图　　(d) 对称一倍周期响应相平面图

(e) 对称两倍周期响应时程图　　(f) 对称两倍周期响应相平面图

图 5.10　不同初始条件在多个动压下的周期响应

5.3.3　矩形板 *a*/*b* = 2

基于以上对方形壁板的分析,本小节类似给出了长宽比为 *a*/*b* = 2 的矩形板的分岔图,并探究其进入混沌运动之前与之后的动力学响应,如图 5.11 所示。动压取值范围为 950 < λ < 1 200,步长 $\Delta\lambda$ = 2。可以看出,该矩形板从准周期运动直接进入混沌运动,然而,在进入混沌运动之前,出现了一个周期运动的窗口。

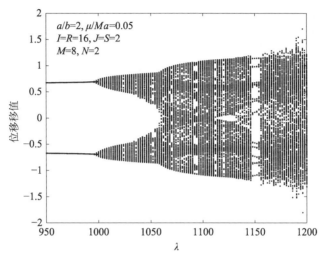

图 5.11　矩形板 *a*/*b* = 2 的位移移值关于动压的分岔图

以分岔图中的几个典型动压为例,图 5.12、图 5.13 和图 5.14 分别给出了它们的相平面图、庞加莱映射及频谱图。当 λ = 950 时,从相平面图 5.12(a)中可以看出,壁板做一倍周期的极限环运动。当 λ = 1 000 时,图 5.12(b)、图 5.13(a)和图 5.14(a)均表明壁板做准周期运动。当 λ = 1 050 时,相平面图 5.12(c)、"鸡

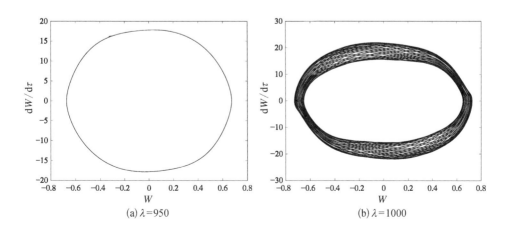

(a) λ=950　　　　　　　　　　　　　(b) λ=1000

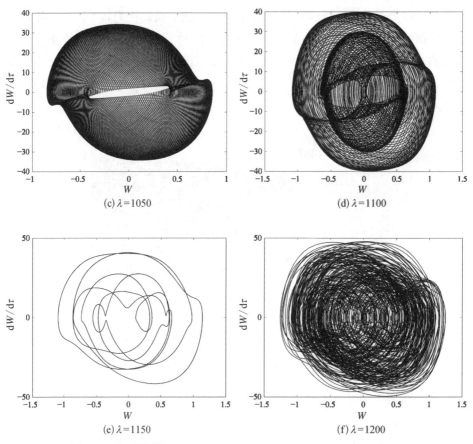

图 5.12 相平面图（$\lambda = 950$、$1\,000$、$1\,050$、$1\,100$、$1\,150$、$1\,200$）

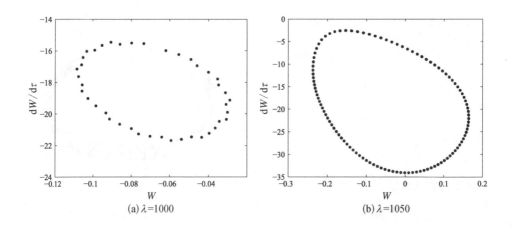

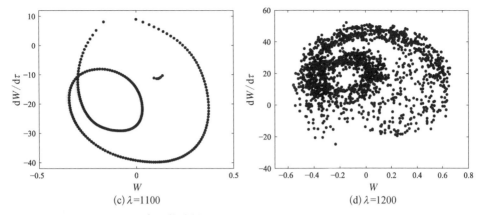

(c) λ=1100　　　　　　　　(d) λ=1200

图 5.13　庞加莱映射图（λ = 1 000、1 050、1 100、1 200）

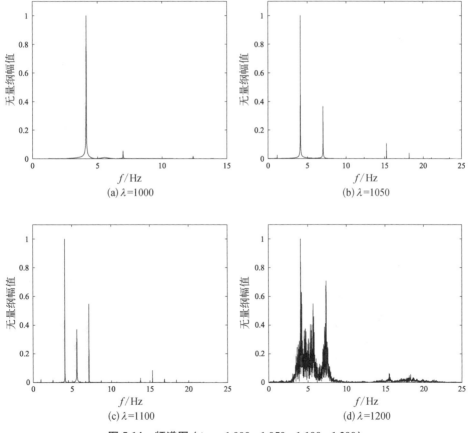

(a) λ=1000　　　　　　　　(b) λ=1050

(c) λ=1100　　　　　　　　(d) λ=1200

图 5.14　频谱图（λ = 1 000、1 050、1 100、1 200）

蛋"形状的庞加莱映射图 5.13(b),及以两个主峰值为主导的频谱图 5.14(b)都表征了一种准周期运动。

类似地,当 $\lambda = 1\,100$ 时,图 5.12(d)、图 5.13(c)和图 5.14(c)表现出一种更复杂的准周期运动。当动压增加至 $\lambda = 1\,200$ 时,其相平面图 5.12(f)没有任何周期特征;庞加莱映射图 5.13(d)包含了一团散点;同时频谱图 5.14(d)为连续分布。这些特征都表征了混沌运动。然而,在 $\lambda = 1\,150$ 附近出现了一个周期窗口,见其相平面图 5.12(e)。综上所述,随着动压的增加,矩形壁板 $a/b = 2$ 可能出现更多的次谐波运动,表现出更复杂的动力学特性,并直接从准周期运动进入混沌运动。

另外,由于在分岔图上出现了一些准周期运动的小窗口,取几个典型动压,其相平面图、庞加莱映射及频谱图分别见图 5.15~图 5.17。它们都是准周期运

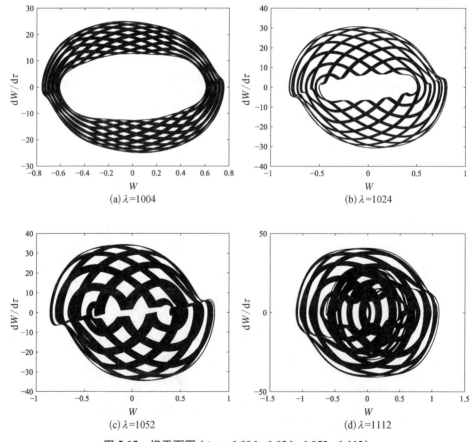

图 5.15 相平面图 ($\lambda = 1\,004$、$1\,024$、$1\,052$、$1\,112$)

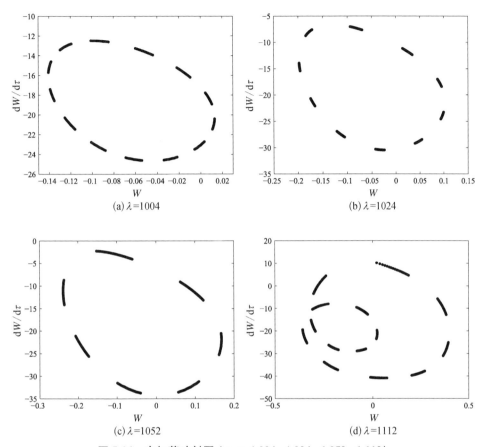

图 5.16　庞加莱映射图（λ = 1 004、1 024、1 052、1 112）

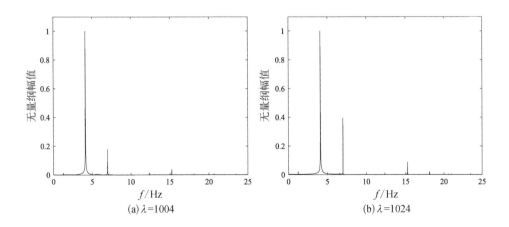

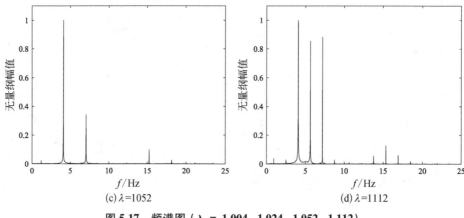

图 5.17 频谱图 (λ = 1 004、1 024、1 052、1 112)

动,但是不同于图 5.12~图 5.14 中所示的准周期运动。这里的准周期运动是一种介于多倍周期运动与准周期运动之间的运动状态。总之,这种运动形式的存在使矩形板进入混沌运动的路径变得更加复杂。

5.3.4 矩形板 a/b = 0.5

方形板 a/b = 1 从对称分岔开始,通过周期倍增进入混沌运动,矩形板 a/b = 2 直接从准周期运动进入混沌运动。显然,壁板的几何尺寸对其进入混沌的路径有影响,那么矩形板 a/b = 0.5 会以何种途径进入混沌运动呢?就此问题展开本小节的讨论。

首先,类似于方形板的收敛性分析,取模态数目分别为 $I = R = 14$, $M = 4$, $N = 2$; $I = R = 14$, $M = 6$, $N = 2$; $I = R = 14$, $M = 8$, $N = 2$ 和 $I = R = 12$, $M = 6$, $N = 2$。图 5.18 给出了极限环运动的位移幅值随动压的变化曲线。不同模态组得到的对比结果显示,对于矩形板 a/b = 0.5,取 $I = R = 12$, $M = 6$, $N = 2$ 能够满足以最少的模态得到收敛的解。

为了探究矩形板 a/b = 0.5 进入混沌运动的路径,图 5.19 给出了其位移极值关于动压的分岔图,动压变化范围为 $20 < \lambda < 160$。当 $\lambda < 55$ 时,步长取 $\Delta\lambda = 1$,当 $\lambda > 55$ 时,步长取 $\Delta\lambda = 0.5$。分岔图显示,当 $\lambda < 29$ 时,壁板做衰减运动,稳定在初始的平板状态;当 $\lambda > 136$ 时,壁板做动态稳定的上凸屈曲运动;当 $29 < \lambda < 136$ 时,壁板从一倍周期运动直接进入混沌运动,随后的运动形式复杂多变,以混沌运动为主,但是其间又夹杂了三个大小不同的周期窗口。这是一个复杂的过程,没有任何规律可循,而且与前面两种运动形式不同的是,随着动

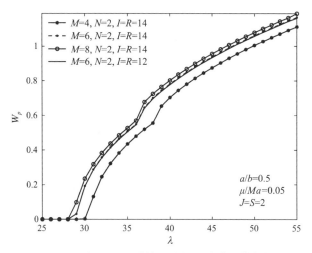

图 5.18　极限环运动的位移幅值随动压的变化

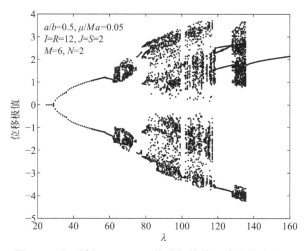

图 5.19　矩形板 $a/b = 0.5$ 位移极值关于动压的分岔图

压增大到一定程度,壁板出现了动态稳定的屈曲运动而不是混沌运动。这是一个有趣的现象,可以在较大的动压下避免混沌运动的发生,这是有利的。

当 $29 < \lambda < 62$ 时,壁板以一倍周期做极限环运动,如图 5.20(a)所示,给出了 $\lambda = 50$ 时的相平面图。随着动压的增加,一倍周期的极限环运动的幅值增加。当 $\lambda = 62$ 时,发生了第一次分岔,在 $62 < \lambda < 73$ 区域内,壁板做轻微的混沌运动,如图 5.20(b)和图 5.22(a)所示。在这个区域内,存在一个微小的周期窗口,抑制了混沌运动的发生。如图 5.20(c)所示,这个周期窗口出现在 $\lambda = 66$ 附近,是三倍周期的极限环运动。当 $74 < \lambda < 80$ 时,继类似混沌区域之后出现了较

大的周期窗口,如图 5.20(d)、图 5.20(e)和图 5.20(f)所示,它们依然是周期运动。而且,随着动压的增加,出现了多个非常接近的位移幅值。

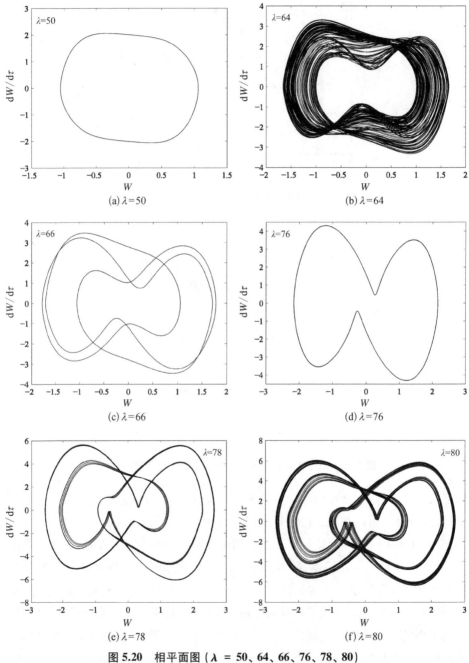

图 5.20　相平面图 (λ = 50、64、66、76、78、80)

当 $80 < \lambda < 99$ 时,出现了混沌运动。当 $\lambda = 90$ 时,从相平面图 5.21(a)和庞加莱映射图 5.22(b)可以看出,这显然是一种混沌运动。当 $99 < \lambda < 102$ 时,

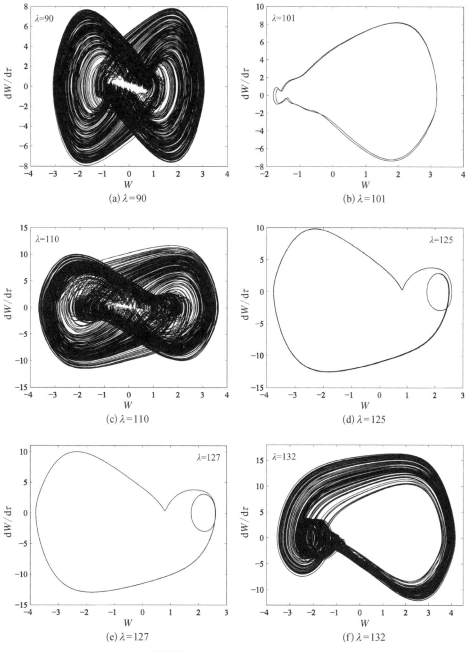

图 5.21　相平面图 ($\lambda = 90$、101、110、125、127、132)

出现了一个小窗口,壁板做一倍周期的极限环运动。图 5.21(b)给出了当 λ = 101 时的相平面图,呈现一个"瓶子"的形状。当 102 < λ < 119 时,观察到了另一个混沌运动区域。图 5.21(c)是典型动压 λ = 110 的相平面图,没有任何周期特征;其庞加莱映射图[图 5.21(c)]的分布形态是一个奇怪吸引子,类似于 λ = 90 时的情况,这些都是混沌运动的特征。

随着动压的不断增大,当 119 < λ < 128 时,又出现了一个抑制混沌运动的周期窗口,其中有两种不同的一倍周期极限环运动,分别为位移双幅值及位移单幅值[图 5.21(d)和图 5.21(e)]。当 λ > 128 时,出现了另一个类似混沌运动的区域,这个类似混沌运动的区域不同于之前的混沌运动区域。λ = 132 时的相平面图和庞加莱映射分别如图 5.21(f)和图 5.22(d)所示。相平面图没有遍布整个相平面区域,同时庞加莱映射呈现出封闭曲线的形状,但是又不是简单的封闭

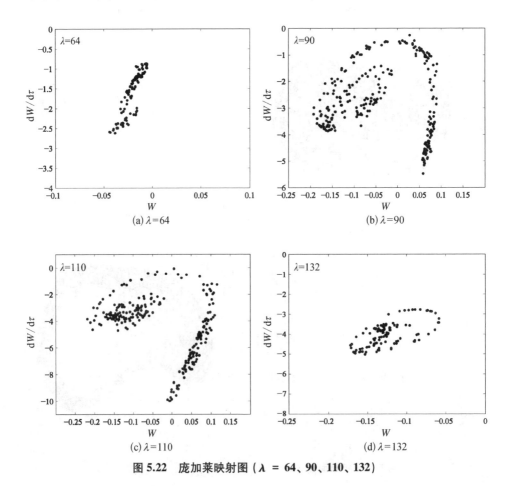

图 5.22　庞加莱映射图 (λ = 64、90、110、132)

曲线形状。因此,可以将这种运动看作准周期运动或者近似的混沌运动。如果需要更准确的描述,需要借助定量的方法,如李雅普诺夫指数,这不是本章的研究内容,将在后续章节中进行讨论。图 5.19 显示,随着动压增加至 136,周期运动或者混沌运动都消失了,取而代之的是动态稳定的屈曲运动。

当相平面图或庞加莱映射不能准确区分准周期运动与混沌运动时,频谱分析作为一种定量分析方法能够更好地判定复杂的动力学响应,如图 5.23 所示。图 5.23(a)中除了少量的连续谱段,主要以一个峰值主导了整个频谱,显然是准周期运动。图 5.23(b)和图 5.23(c)中分别含有两个和三个主峰,以较宽的连续谱段为主导,那么它们是混沌运动。相比于前两种情况,图 5.23(d)中的频谱没有鲜明的特征,既有连续的谱段同时又含有三个主峰。因此,这种运动可以看作介于准周期运动与混沌运动之间的一种运动。总之,矩形板 $a/b = 0.5$ 的动力学行为比方形板的复杂得多,而且出现混沌运动的最小动压比方形板的更低。可

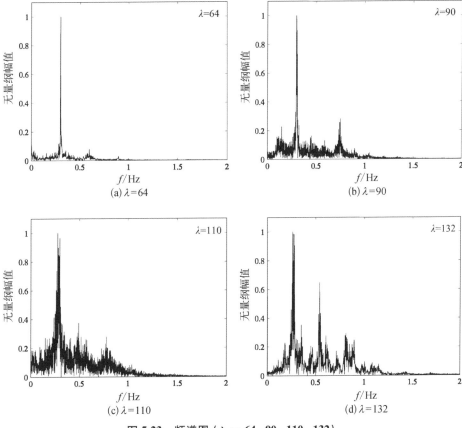

图 5.23　频谱图 ($\lambda = 64$、90、110、132)

能的原因在于随着壁板长度(弦长)的减小,壁板的稳定性降低。从物理层面去解释,随着悬臂板长宽比 a/b 的增加,固支端使弦向抗弯刚度增加,因此限制了横向位移。

Moon[11] 指出,有三类进入混沌运动的路径,对于某些系统,这三种混沌前的运动形式可能会同时存在。在本章,方形板 $a/b = 1$ 进入混沌运动的路径属于第一类,即从一个基础周期运动开始,通过改变某一个参数,如动压 λ,发生周期倍增,系统以基础运动的两倍周期运动。随着动压的继续增加,系统以基础运动的四倍周期运动,通过不断的周期倍增最终进入混沌运动。矩形板 $a/b = 1$ 通过准周期运动直接进入混沌运动,属于第二类。其中,庞加莱映射表现为一条封闭曲线,是准周期运动的鲜明特征。然而,不同于前面两种尺寸的壁板,矩形板 $a/b = 0.5$ 则表现出更复杂的动力学行为。随着动压的增加,矩形板从单倍周期运动直接进入混沌运动,其间又夹杂了多个周期窗口,从而抑制了混沌运动的出现。最后,以动态稳定的屈曲运动结束。Moon 指出的第三类混沌路径"intermittency",属于长时间的周期运动突然出现混沌运动的一种形式。事实上,矩形板 $a/b = 0.5$ 进入混沌运动的路径很难归为以上三类,有待于更深入的研究对这种形式进行定义。

5.3.5　壁板的物理形变

考虑四个不同长宽比的壁板 $a/b = 0.5$、1、2、4,比较它们在极限环运动及混沌运动时沿弦向的物理形变,如图 5.24 所示。对于每一个壁板,分析了两个特征动压,分别对应极限环运动及混沌运动。在图 5.24(a)~图 5.24(d) 中,W_{cr} 是特征点 ($\xi = 0.75$,$\eta = 1.0$) 处的无量纲横向位移。当 W_{cr} 达到最大值时,位移

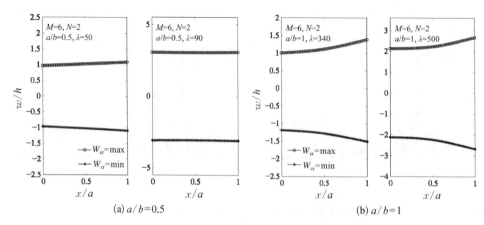

(a) $a/b=0.5$　　　　　　　　　　　　　　(b) $a/b=1$

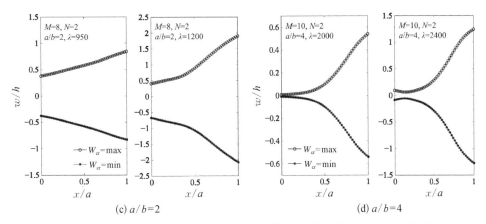

(c) $a/b=2$　　　　　　　　　　(d) $a/b=4$

图 5.24 当特征点 $(\xi = 0.75，\eta = 1.0)$ 分别达到位移峰值和位移谷值时,不同长宽比的壁板做极限环运动和混沌运动的物理形变

在每一个子图中,左图对应极限环运动,右图对应混沌运动

形变以圆圈标注的曲线表示,类似地,当 W_{cr} 达到极小值时,位移形变以星号标注的曲线表示。在每一幅图中,左图为极限环运动的位移形变,右图为混沌运动的位移形变。总体而言,极限环运动与混沌运动的物理形变的形态相似。但是,产生混沌运动的动压较大,因此对应的位移幅值较大。同时,当壁板的长宽比较小时,平动与扭转模态是物理形变的主模态;随着长宽比 a/b 的增加,弦向弯曲模态起到了更重要的作用。

5.4　基于 POD 降阶模型的颤振分析

运用非投影的 POD 方法建立降阶模型,研究了图 5.1 所示的悬臂板在超声速气流中的复杂动力学响应,并与传统的瑞利-里茨法进行对比。对于所有的计算,若无特殊说明,参数取值为 $h = 0.01$, $Ma = 2$, $\mu = 0.1$, $J = S = 2$。所有曲线都是依据特征点 $(\xi = 0.75，\eta = 1.0)$ 的计算结果绘制的。RK4 数值微分的初始条件为 $q_1(\tau = 0) = 0.1$,其他模态坐标取零,其中 q_1 是公式(5.20)中的 q_1, W_p 是 $\bar{w}$ 的峰值。

考虑三个长宽比不同的壁板 $a/b = 0.5$、1、2,它们的 POD 模态分别从相应的瑞利-里茨混沌响应解中提取。通过对比 POD 模态的形状与壁板的真实形变来描述 POD 模态的物理特性。基于 POD 模态在位移响应中的百分比进行收敛性分析,并基于计算耗时进行效率分析。最后,运用瑞利-里茨法及 POD 法分析悬臂板的复杂响应,并评估 POD 模态在不同系统参数下的鲁棒性。

5.4.1　POD 模态物理特性

文献[15]中的结果表明混沌响应解是提取 POD 模态的最好的选择,因为混沌响应含有动力学系统最丰富的模态信息。因此,普适性的 POD 模态只需要计算一次,就可以用于计算不同系统参数下的状态。因此基于第 5 章的研究,对壁板 a/b = 0.5、1、2 分别选取 λ = 90、500、1 200,并运用瑞利-里茨法计算对应的混沌响应解作为快照数据。与 RK4 相关的计算参数见表 5.2。以 a/b = 1, λ = 500 为例,RK4 的积分时间长度 τ = 0 ~ 200。仅取后面的 30%(200 × 0.3 = 60) 时间响应解作为快照数据,且每隔 0.005 × 2 = 0.01 取一个快照数据。

表 5.2　混沌响应解(快照数据)的计算参数

a/b	λ	RRM 数目	积分时间	积分步长	快照选择时间	间隔步长数目
0.5	90	M = 8, N = 2, I = R = 14	t = 500	0.005	0.4	5
1	500	M = 8, N = 2, I = R = 14	t = 200	0.005	0.3	2
2	1 200	M = 8, N = 2, I = R = 16	t = 200	0.002	0.3	5

图 5.25、图 5.26 及图 5.27 给出了表 5.2 中混沌响应的时程图及庞加莱映射。基于这三个混沌响应解及 5.2.2 节的理论分析,提取 POD 模态,图 5.28 给出了 POD 特征值的累积能量百分比随模态数目的变化情况。很显然,对于三个壁板 a/b = 0.5、1、2,分别需要 4,4 及 6 个 POD 模态。因此,图 5.29、图 5.30 及图 5.31 分别给出了壁板 a/b = 0.5 和 1 的前四阶及壁板 a/b = 2 的前六阶 POD 模态。为了描述 POD 模态的物理特性,图 5.32 给出了不同壁板在不同运动状态下的物理形变,包括壁板 a/b = 0.5、1、2 的极限环运动及壁板 a/b = 2 的混沌运动。与图 5.29、图 5.30 及图 5.31 所示的 POD 模态形状进行对比,很显然第一阶 POD 主模态与壁板的真实形变极为相似,无论壁板做极限环运动还是复杂的混沌运动。这表明 POD 模态是悬臂板的非线性气动弹性模态,能够描述其固有物理形变。

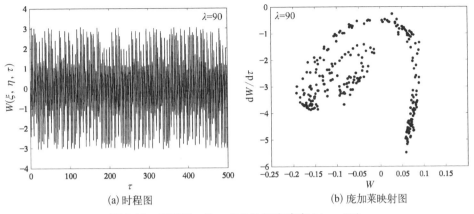

(a) 时程图 (b) 庞加莱映射图

图 5.25 矩形板 $a/b = 0.5$ 的混沌响应（$\lambda = 90$）

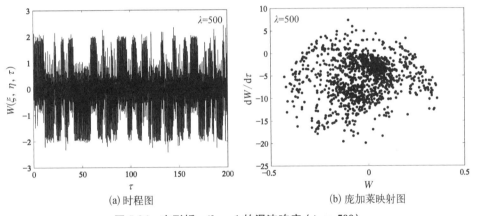

(a) 时程图 (b) 庞加莱映射图

图 5.26 方形板 $a/b = 1$ 的混沌响应（$\lambda = 500$）

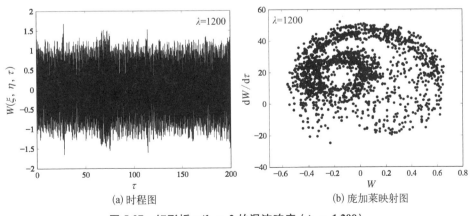

(a) 时程图 (b) 庞加莱映射图

图 5.27 矩形板 $a/b = 2$ 的混沌响应（$\lambda = 1\,200$）

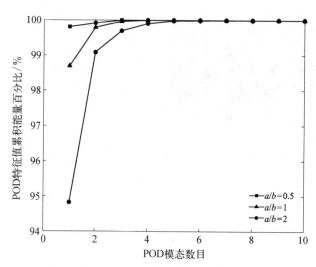

图 5.28 POD 特征值累积能量百分比随模态数目的变化

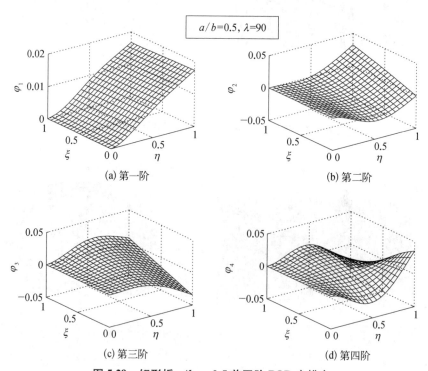

图 5.29 矩形板 $a/b = 0.5$ 前四阶 POD 主模态

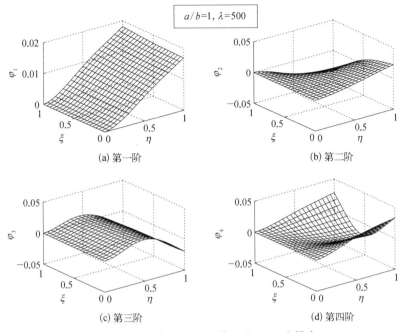

图 5.30　方形板 $a/b = 1$ 前四阶 POD 主模态

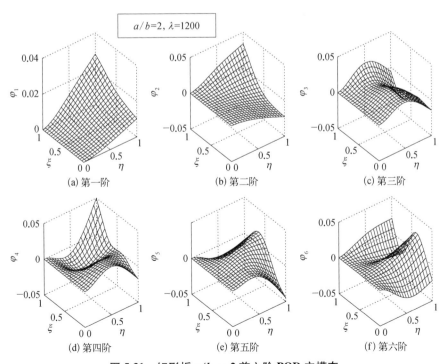

图 5.31　矩形板 $a/b = 2$ 前六阶 POD 主模态

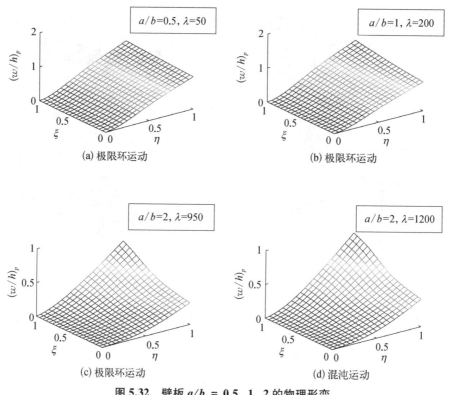

图 5.32 壁板 a/b = 0.5、1、2 的物理形变

5.4.2 收敛性分析

壁板的气动弹性方程是偏微分方程组,通过 RRMs 或者 POMs 对其进行空间离散,将其转化为较低维度的常微分方程组。本节将基于收敛性分析定量地评估气动弹性方程维度降低的程度。首先定义一个模态贡献值(modal participation,MP),MP = $\max | q_k | / \sum_{j=1}^{K} \max | q_j |$,它描述了第 k 阶 RRM 或者 POM 对壁板形变位移的贡献。

表 5.3 和表 5.4 分别给出了壁板 a/b = 0.5 和 1 在三个不同动压下做极限环运动的位移幅值及前六阶 RRMs 和 POMs 的 MP 值。可以看出,瑞利-里茨法及POD 法得到的极限环运动的位移幅值吻合较好。两种方法的 MP 值均随着模态阶数急速下降。相比于瑞利-里茨法,POD 方法的前两阶 POM 是主模态,它们的贡献达到了总位移的 90% 以上,对于壁板 a/b = 0.5 和 1,第五、六阶 POM 的贡献分别少于 0.1% 和 1%。因此前四阶 POMs 足以描述壁板的真实位移,与图

5.28 的分析结果一致。而瑞利-里茨法需要多达 12 个模态 ($M = 6$, $N = 2$)。总体而言,POMs 比 RRMs 收敛得快得多。

表 5.3　矩形板 $a/b = 0.5$ 的模态贡献值

λ	模态	$(w/h)_p$	MP/%					
			q_1	q_2	q_3	q_4	q_5	q_6
40	RRM	0.782 5	80.522 8	8.681 2	8.201 1	1.608 0	0.595 9	0.391 0
	POM	0.750 8	85.460 8	8.304 8	6.002 5	0.159 1	0.033 4	0.039 5
50	RRM	1.063 2	82.199 6	9.604 6	6.290 3	1.224 6	0.413 6	0.267 3
	POM	1.025 3	89.074 4	5.996 0	4.713 9	0.149 4	0.035 6	0.030 7
55	RRM	1.168 2	82.871 0	9.857 8	5.586 0	1.092 2	0.358 1	0.234 8
	POM	1.150 9	90.822 0	5.171 0	3.788 1	0.152 8	0.034 1	0.032 1

注:表格中数据进行了四舍五入处理,保留了小数点后四位。

表 5.4　方形板 $a/b = 1$ 的模态贡献值

λ	模态	$(w/h)_p$	MP/%					
			q_1	q_2	q_3	q_4	q_5	q_6
100	RRM	0.305 3	75.487 5	1.474 5	18.783 5	2.543 8	1.199 4	0.511 2
	POM	0.296 3	79.895 5	8.927 5	7.584 1	3.118 1	0.393 9	0.080 9
200	RRM	1.039 2	75.839 5	8.476 4	11.125 6	2.336 5	1.740 2	0.481 9
	POM	1.034 4	86.350 9	6.116 0	5.357 4	1.600 9	0.503 3	0.071 5
250	RRM	1.168 9	75.647 5	9.123 3	10.758 8	1.900 5	2.071 1	0.498 8
	POM	1.163 1	86.752 7	6.118 2	5.196 4	1.497 1	0.361 9	0.073 7

注:表格中数据进行了四舍五入处理,保留了小数点后四位。

　　基于以上的收敛性分析,图 5.33(a) 及图 5.33(b) 给出了 4 个 POMs 与 12 个 RRMs 得到的极限环运动的位移幅值随动压的变化曲线,对比结果吻合较好。需要说明的是,在图 5.33(b) 中,当动压为 $285 < \lambda < 300$ 时,两种方法的结果差异较大。基于本章的研究,我们知道壁板颤振系统是一个对称系统,因此存在对称解,不同的初始条件可能会导致对称分岔,而对称分岔正是两种方法的结果出现差异的真实原因。图 5.34 及图 5.35 分别给出了壁板 $a/b = 0.5$ 在 $\lambda = 50$ 及壁板 $a/b = 1$ 在 $\lambda = 250$ 时的时程图及相平面图。结果表明,POD 法可以用更少的模态得到与瑞利-里茨法吻合较好的结果。

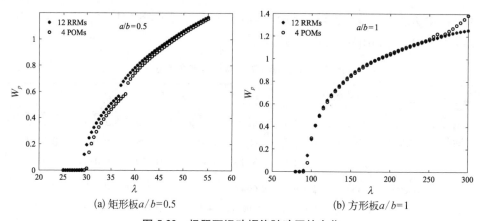

(a) 矩形板 a/b=0.5　　　　　　　(b) 方形板 a/b=1

图 5.33　极限环运动幅值随动压的变化

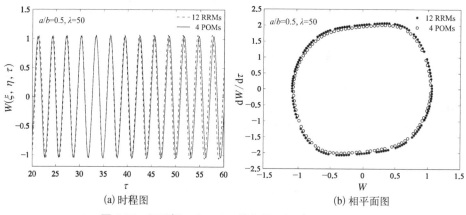

(a) 时程图　　　　　　　(b) 相平面图

图 5.34　矩形板 _a/b_ = 0.5 的极限环运动 (_λ_ = 50)

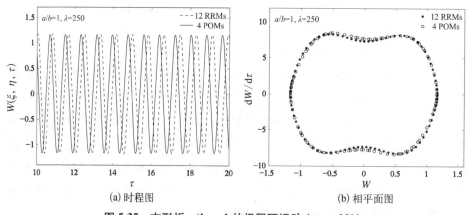

(a) 时程图　　　　　　　(b) 相平面图

图 5.35　方形板 _a/b_ = 1 的极限环运动 (_λ_ = 250)

5.4.3　效率分析

除了减少模态数目,节省计算耗时是我们关心的另一个问题,因此本节对 POD 法的计算效率进行评估。考虑三个长宽比不同的壁板 $a/b = 0.5$、1、2,运用瑞利-里茨法及 POD 法分析壁板的极限环运动。表 5.5 给出了两种方法的对比结果,包括模态数目、积分时间、积分步长,及 CPU 耗时(Intel Core i7 - 2720QM at 2.20 GHz)。

表 5.5　瑞利-里茨法与 POD 法的效率对比

方　法	a/b	λ	模态数目	积分时间	积分步长	CPU 耗时/s
瑞利-里茨法	0.5	50	12	100	0.005	715.1
POD 法			4		0.01	20.8
瑞利-里茨法	1	200	12	60	0.005	375.0
POD 法			4		0.01	11.8
瑞利-里茨法	2	950	16	30	0.002	1 473.5
POD 法			6		0.005	24.8

对于壁板 $a/b = 0.5$ 和 1,POD 方法需要 4 个模态,瑞利-里茨法需要 12 个模态,瑞利-里茨法的计算耗时大约是 POD 法的 30 倍。对于壁板 $a/b = 2$,POD 法需要 6 个模态,瑞利-里茨法需要 16 个模态,瑞利-里茨法的计算耗时大约是 POD 法的 60 倍。因此,POD 法能够以更少的模态数目和更大的时间步长节省大量的计算耗时。相比之下,当运用投影的 POD 法,即将数值的 POD 模态投影到解析的 RRMs 时,计算效率将完全不同。

为了简洁起见,具体结果可以参考文献[29],其中数值算例表明,非投影的 POD 法计算耗时比投影的 POD 法计算耗时节省两个数量级。

5.4.4　混沌响应分析

一般地,对非线性系统的线性稳定性进行分析是必要的,但是,已经有大量文献对悬臂板的线性稳定性进行了研究。当极限环运动的幅值取极限值零时,非线性分析的结果与线性分析的结果是吻合的。因此,本章略去了线性稳定性分析的部分,直接进行混沌响应分析。

分别运用瑞利-里茨方法及 POD 方法绘制矩形板 $a/b = 0.5$ 的位移极值关于动压的分岔图,如图 5.36 所示,其中 POMs 为 4 个,RRMs 为 12 个。两种方法吻合较好。需要注意的是,它们是对称的,因为悬臂板的颤振系统是对称的,不同的初始条件可能会得到对称解。具体地,图 5.37 给出了动压分别为 $\lambda = 64$、90、110 的相平面图、庞加莱映射图及频谱图。为了与瑞利-里茨法的结果进行清晰的比较,图 5.37(a)、图 5.37(d) 及图 5.37(g) 中 POD 法对应的相平面图是其对称解。对比结果表明两种方法得到的相平面图几乎是相同的,说明 POD 法与瑞利-里茨法得到的相平面图是对称的。另外,两种方法的频谱图 5.37(c)、图 5.37(f) 及图 5.37(i) 也吻合较好。两种方法得到的庞加莱映射图 5.37(b)、

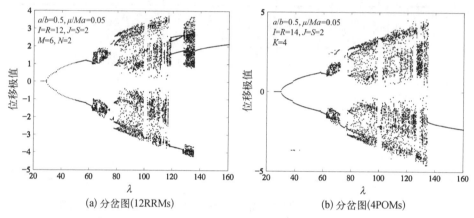

(a) 分岔图(12RRMs)　　　　　　　　　　(b) 分岔图(4POMs)

图 5.36　矩形板 $a/b = 0.5$ 位移极值关于动压的分岔图

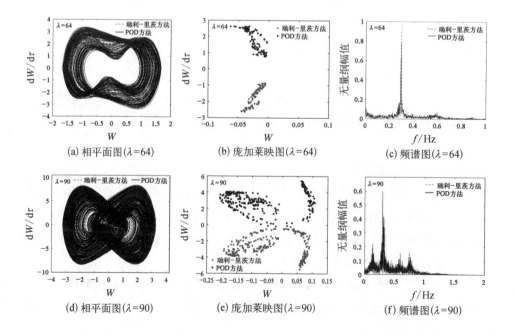

(a) 相平面图(λ=64)　　　(b) 庞加莱映图(λ=64)　　　(c) 频谱图(λ=64)

(d) 相平面图(λ=90)　　　(e) 庞加莱映图(λ=90)　　　(f) 频谱图(λ=90)

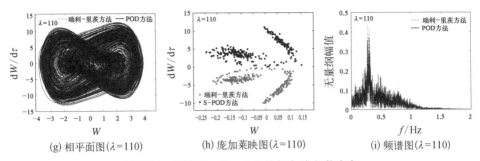

(g) 相平面图(λ=110)　　(h) 庞加莱映射图(λ=110)　　(i) 频谱图(λ=110)

图 5.37　矩形板 *a*/*b* = 0.5 的复杂动力学响应

图 5.37(e) 及图 5.37(h) 显然是对称的,与相平面图的结果一致。以上分析结果均表明 POD 法可以用于混沌响应分析。

　　然而,存在一些例外情况。当 λ = 132 时,如图 5.38 所示,瑞利–里茨法得到了一个近似的混沌运动,相比之下,POD 法得到了一个准周期运动。另外,对于壁板 *a*/*b* = 1 及 *a*/*b* = 2,从图 5.39 和图 5.40 中可以看出,两种方法得到的分岔图尽管相似,但是略有不同。产生以上差异可能的原因有两个方面:第一,POD 法以最低维度重构了全阶系统,但是降阶系统与原系统一定是有差别的,而混沌响应对系统是极其敏感的,因此这个很小的差异就可能产生不同的混沌响应。第

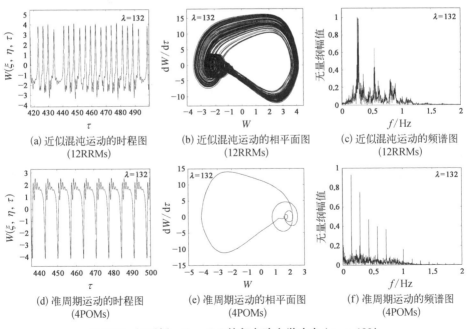

(a) 近似混沌运动的时程图　　(b) 近似混沌运动的相平面图　　(c) 近似混沌运动的频谱图
　　(12RRMs)　　　　　　　　　(12RRMs)　　　　　　　　　　(12RRMs)

(d) 准周期运动的时程图　　(e) 准周期运动的相平面图　　(f) 准周期运动的频谱图
　　(4POMs)　　　　　　　　　(4POMs)　　　　　　　　　　(4POMs)

图 5.38　矩形板 *a*/*b* = 0.5 的复杂动力学响应 (λ = 132)

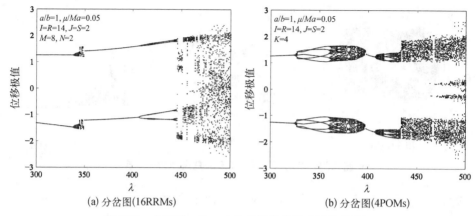

(a) 分岔图(16RRMs)　　　(b) 分岔图(4POMs)

图 5.39　方形板 $a/b = 1$ 位移极值关于动压的分岔图

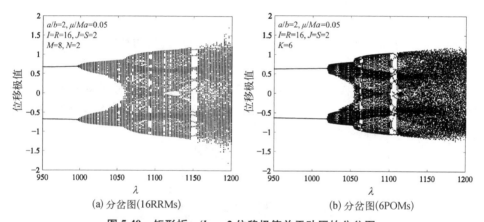

(a) 分岔图(16RRMs)　　　(b) 分岔图(6POMs)

图 5.40　矩形板 $a/b = 2$ 位移极值关于动压的分岔图

二,从混沌响应解提取出来的 POD 模态不是唯一的,有很多因素会影响到 POD 模态的结果,如混沌响应解本身、提取快照数据的时间段选择、时间间隔的选择等。因此,得到的 POD 模态可能不是最优的,从而使降阶模型的计算结果与原系统存在差异。那么,如何选取最优的 POD 模态将作为我们下一步探讨的内容。

5.4.5　鲁棒性分析

λ 及 μ/Ma 是两个比较典型的飞行参数。如果能够将一组普适性的 POD 模态用于在研究范围内变化的飞行参数下的系统重构,那么对变飞行参数的系统分析将变得比较容易。因为对于同一系统,在不同的飞行参数下,不需要再重新计算 POD 模态。前面的讨论已经表明,从一个确定 λ 下的混沌响应解中提取出的 POD 模态可以用于分析不同 λ 下的运动状态。那么,从一个确定 μ/Ma 下的混沌响应解中提取出的 POD 模态能否用于计算不同 μ/Ma 下的系统状态呢?本节将就此问题展开讨论。

考虑壁板 $a/b = 0.5$ 和 $a/b = 1$,取 $\mu/Ma = 0.05$ 时的混沌响应解,计算一组普适性 POD 模态,用于分析三个状态 $\mu/Ma = 0.05, 0.25, 0.5$ 下壁板的极限环运动。图 5.41(a)和图 5.41(b)分别给出了两个壁板在三个 μ/Ma 下的极限环运动的位移幅值随动压的变化情况。结果表明,POD 方法与瑞利-里茨方法的结果完全吻合。因此,就前面提出的问题,可以给出答案: 在一个确定 μ/Ma 下提取的普适性 POD 模态(基于混沌响应作为快照数据),可以用于计算不同 μ/Ma 下的系统状态。

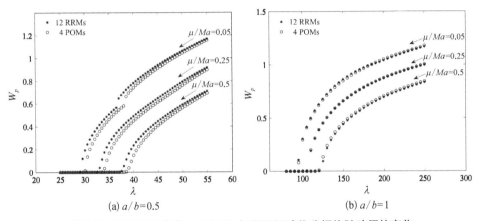

(a) $a/b=0.5$　　　　　　　　　　(b) $a/b=1$

图 5.41　不同飞行参数 μ/Ma 下,极限环运动位移幅值随动压的变化

那么,关于 POD 模态的鲁棒性分析,可以得出结论: 只要 POD 模态是基于混沌响应解作为快照数据提取的,那么得到的 POD 模态对于同一个壁板系统在不同飞行参数下是鲁棒的。同一个壁板系统是指具有相同的几何尺寸及边界支撑条件的系统。从物理本质上来讲,POD 模态是颤振壁板的固有属性,与飞行条件无关。

5.5　本章小结

本章采用 von Karman 板大变形理论描述结构的几何非线性,一阶活塞理论近似超声速气动力,基于哈密顿原理推导拉格朗日方程,建立悬臂板的非线性气动弹性方程。运用瑞利-里茨法对气动弹性方程进行空间离散,将偏微分方程组转化为常微分方程组,最后采用数值积分 RK4 法进行求解。算例分析表明,超声速气流中的悬臂板在较低的动压下做极限环运动,随着动压的增加,壁板呈现出更为复杂的动力学响应。混沌运动及其发展过程是本章的讨论重点。时程图、相平面图、分岔图、庞加莱映射图及频谱图都用于判断混沌响应及其他的复杂动力学响应。

此外,本章提出了一种快速、高效的 POD 法,用于建立降阶模型,研究超声速气流中悬臂板的非线性颤振问题。传统的 POD 法中,需要将数值的 POD 模态向解析的瑞利-里茨模态投影,其数学推导过程复杂,计算耗时巨大。这里提出的快速 POD 法直接对 POD 模态进行数值微分得到其各阶导数,省去了模态投影过程,简化了建模过程,其计算效率比传统的 POD 方法提高了两个数量级。本章的主要结论包括以下几个方面。

(1) 以三个不同长宽比的悬臂板为例,探究了其进入混沌运动的路径。结果表明,悬臂板进入混沌运动的过程是很复杂的,而且不同长宽比的壁板沿着不同的路径进入混沌运动。对于方形板 $a/b = 1$,通过多次周期倍增进入混沌运动。对于矩形板 $a/b = 2$,直接从准周期运动进入混沌运动。矩形板 $a/b = 0.5$ 则具有最复杂的混沌前及混沌后运动形式,直接从单倍周期运动进入混沌运动,在混沌区域中,又出现了多个周期窗口,从而抑制了混沌运动的发生,最终在较大动压下稳定到屈曲运动状态。

(2) 随着长宽比的减小,混沌运动发生的特征动压也在减小,同时壁板呈现出更复杂的动力学响应。因此较大的长宽比可以提高颤振边界,原因在于较大的长宽比增加了壁板的抗弯刚度,限制了弯曲变形。另外,对于长宽比较小的壁板,平动及扭转模态是描述物理形变的主模态;随着长宽比的增加,弦向的扭转模态起到了更重要的作用。

(3) 从数学上证明了超声速气流中悬臂板的非线性颤振系统是一个对称系统,因此存在对称解。对称解由系统本身的对称性决定,对运动的类型没有限制,无论是极限环运动还是混沌运动都可能存在对称解。

(4) 基于瑞利-里茨法得到的混沌响应作为快照数据提取平面 POD 模态,建立了悬臂板的降阶模型,用于非线性颤振特性分析。其第一阶主模态与壁板的物理形变具有极其相似的形态。因此 POD 模态是悬臂板的非线性气动弹性模态,这也是能够以较少 POD 模态来描述壁板位移的本质原因。

(5) 基于收敛性分析,POD 法需要的模态数目远远小于瑞利-里茨法。具体地,对于壁板 $a/b = 0.5$、1、2,分别需要 4、4 及 6 个 POD 模态,而瑞利-里茨法分别需要 12、12 及 16 个模态。随着长宽比的增加,需要更多的 POD 模态及瑞利-里茨模态。但是,POD 法比瑞利-里茨法收敛得快得多。POD 法很大程度地减少了计算耗时,其计算耗时仅是瑞利-里茨法的 $1/60 \sim 1/30$。

(6) POD 模态的鲁棒性分析表明,基于一组确定飞行参数 $(\lambda, \mu/Ma)$ 下的混沌响应解提取的 POD 模态具有普适性,可以用于计算不同飞行参数下的系统状态。只要系统是确定不变的,包括几何尺寸及支撑条件,那么 POD 模态就是确定系统的固有属性,与飞行条件无关。

(7) 大量文献指出 POD 法只能用于分析动力学系统的周期响应,但是本章的研究表明,POD 法也可以用于复杂的混沌响应分析。但是,其稳定性还有待进一步提高。

参考文献

[1] 叶献辉,杨翊仁.三维壁板热颤振分析[J].振动与冲击,2008,27(6):55-59.

[2] 叶献辉,杨翊仁,范晨光.热环境下壁板非线性颤振分析[J].计算力学学报,2009,26(5):684-689.

[3] Dowell E H. Nonlinear oscillations of a fluttering plate[J]. AIAA Journal, 1966, 4(7): 1267-1275.

[4] Dowell E H. Nonlinear oscillations of a fluttering plate. Ⅱ[J]. AIAA Journal, 1967, 5(10): 1856-1862.

[5] Tang D, Dowell E H. Flutter and stall response of a helicopter blade with structural nonlinearity[J]. Journal of Aircraft, 1992, 29(5): 953-960.

[6] Ye W L, Dowell E H. Limit cycle oscillation of a fluttering cantilever plate[J]. AIAA Journal, 1991, 29(11): 1929-1936.

[7] Hopkins M A. Nonlinear response of a fluttering plate subject to supersonic aerodynamic, thermal, and pressure loads[D]. Durham: Duke University, 1994.

[8] Dowell E H. Flutter of a buckled plate as an example of chaotic motion of deterministic autonomous system[J]. Journal of Sound and Vibration, 1982, 85(3): 333-344.

[9] Epureanu B I, Tang L S, Païdoussis M P. Coherent structures and their influence on the dynamics of aeroelastic panels[J]. International Journal of Non-Linear Mechanics, 2004, 39(6): 977-991.

[10] Li P, Yang Y. On the stability and chaos of a plate with motion constraints subjected to subsonic flow[J]. International Journal of Non-Linear Mechanics, 2014, 59: 28-36.

[11] Moon F C. Chaotic vibrations: an introduction for applied scientists and engineers[M]. New York: Wiley, 1987.

[12] Dowell E H. Aeroelasticity of plates and shells[M]. Berlin: Springer, 1975.

[13] Mei C. A Finite-element approach for nonlinear panel flutter[J]. AIAA Journal, 1977, 15(8): 1107-1110.

[14] Zhou J, Yang Z C, Gu Y S. Aeroelastic stability analysis of heated panel with aerodynamic

loading on both surfaces[J]. Science China: Technological Sciences, 2012, 55(10): 2720 – 2726.

[15] Xie D, Xu M, Dowell E H. Proper orthogonal decomposition reduced-order model for nonlinear aeroelastic oscillations[J]. AIAA Journal, 2014, 52(2): 1 – 13.

[16] Dai H H, Paik J K, Atluri S N. The global nonlinear Galerkin method for the analysis of elastic large deflections of plates under combined loads: a scalar homotopy method for the direct solution of nonlinear algebraic equations [J]. Computers Materials and Continua, 2011, 23(1): 69 – 99.

[17] Dai H H, Paik J K, Atluri S N. The global nonlinear Galerkin method for the solution of von Karman nonlinear plate equations: an optimal & faster iterative method for the direct solution of nonlinear algebraic equations $f(x) = 0$, $x = \lambda[\alpha f + (1 - \alpha)b^T b]$ [J]. Computers Materials and Continua, 2011, 23(2): 155 – 185.

[18] Xie D, Xu M, Dai H, et al. Observation and evolution of chaos for a cantilever plate in supersonic flow[J]. Journal of Fluids and Structures, 2014, 50: 271 – 291.

[19] Dowell E H. Panel Flutter: a review of the aeroelastic stability of plates and shells[J]. AIAA Journal, 1970, 8(3): 385 – 399.

[20] Dixon I R, Mei C. Finite element analysis of large-amplitude panel flutter of thin laminates [J]. AIAA Journal, 1993, 31(4): 701 – 707.

[21] Attar P J, Dowell E H. A reduced order system ID approach to the modelling of nonlinear structural behavior in aeroelasticity[J]. Journal of Fluids and Structures, 2005, 21(5): 531 – 542.

[22] Guo X, Mei C. Using aeroelastic modes for nonlinear panel flutter at arbitrary supersonic yawed angle[J]. AIAA Journal, 2003, 41(2): 272 – 279.

[23] Guo X, Mei C. Application of aeroelastic modes on nonlinear supersonic panel flutter at elevated temperatures[J]. Computers & Structures, 2006, 84(24): 1619 – 1628.

[24] Amabili M, Sarkar A, Païdoussis M P. Reduced-order models for nonlinear vibrations of cylindrical shells via the proper orthogonal decomposition method[J]. Journal of Fluids and Structures, 2003, 18(2): 227 – 250.

[25] Amabili M, Sarkar A, Païdoussis M P. Chaotic vibrations of circular cylindrical shells: Galerkin versus reduced-order models via the proper orthogonal decomposition method[J]. Journal of Sound and Vibration, 2006, 290(3): 736 – 762.

[26] 刘鸿文,林建兴,曹曼玲.板壳理论[M].杭州: 浙江大学出版社,1987.

[27] Dowell E H. On asympototic approximations to beam modal functions[J]. Journal of Applied Mechanics, 1984, 51: 439.

[28] Sarkar A, Païdoussis M P. A cantilever conveying fluid: coherent modes versus beam modes [J]. International Journal of Non-Linear Mechanics, 2004, 39(3): 467 – 481.

[29] Xie D, Xu M. A Comparison of numerical and semi-analytical proper orthogonal decomposition methods for a fluttering plate[J]. Nonlinear Dynamics, 2014: 1 – 19.

[30] Fang T, Dowell E H. Numerical simulations of periodic and chaotic responses in a stable duffing system[J]. International Journal of Non-Linear Mechanics, 1987, 22(5): 401 – 425.

第 6 章

非线性气动力效应分析

6.1 引言

随着现代飞行器飞行速度的增加,高超声速飞行器表面的薄壁结构的气动弹性问题,即壁板颤振现象受到越来越多的关注。目前已经运用线性气动力理论,如一阶活塞理论[1-5]或线性化势流理论[6-8],对高超声速($Ma > 5$)条件下的壁板颤振进行了大量研究。特别地,Carrera 等运用有限元方法和一阶活塞理论进行了曲壁板[9]和热防护板[10,11]的颤振分析。

在高超声速($Ma > 5$)条件下,颤振壁板的结构和气动力模型中均会涉及非线性因素[12,13]。McIntosh Jr 等[14-16]在对超声速下简支壁板的颤振分析中第一次同时考虑了气动力非线性与结构几何非线性。他们将来自三阶活塞理论的两个非线性气动力项$(\partial w/\partial x)^2$与$(\partial w/\partial x)(\partial w/\partial t)$添加到线性活塞理论中,以表征气动力的非线性[17]。采用有限元方法,Gray 等[18,19]提出了基于完整三阶活塞理论分析大振幅极限环运动的方法,以评估气动非线性对高超声速壁板颤振的影响。

上述研究表明:① 非线性气动力载荷通过来自附加非线性空气动力项的超压将壁板推入空腔中。② 非线性气动力载荷增加壁板变形的过程相当于"软弹簧",这减小了壁板颤振的弯曲刚度[20,21]。与之相反,由结构非线性引起的非线性薄膜应力起到了"硬弹簧"作用,增加了壁板颤振的弯曲刚度[22,23]。③ 非线性机制之间类似"硬弹簧"和"软弹簧"的相互作用划分了高超声速和超声速条件下不同的壁板颤振。在图 6.1 中,特别对"软弹簧"和"硬弹簧"进行了简单的定性描述。然而,现有文献的关注点主要在于非线性气动力对 LCO 振幅的影响,并把是否满足$Ma > 5$作为是否需要采用非线性气动理论的唯一标准。

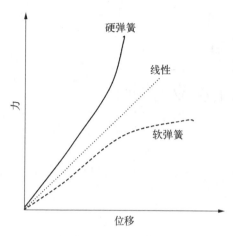

图 6.1　气动力非线性与结构非线性的"软弹簧"与"硬弹簧"效应

在本章中,考虑的是方形简支壁板在高超声速气流中的振动。如果考虑到空气动力学的非线性,那么除 LCO 之外,还会观察到很多如准周期运动和混沌运动等更复杂的运动。本章具体考察了马赫数、动压和温度对气动非线性的影响,并通过比较非线性(三阶)活塞理论与线性(一阶)活塞理论,评估了非线性气动力因素对壁板非线性动力学响应的影响。

在 6.2 节中,基于 von Karman 板理论以及一阶和三阶活塞理论,得到了壁板颤振的气动弹性运动方程。在 6.3 节中,讨论了马赫数、动压和温度等参数对非线性气动力的影响,并分别采用线性和非线性气动力计算得到不同动压下的 LCO 幅值和分岔图。此外,还充分评估了每个非线性气动力项在完整的三阶活塞理论中的影响规律。

6.2　理论分析

6.2.1　热气动弹性方程

取第 4 章的受热简支壁板模型(图 4.1),考虑到惯性力、气动力、大挠度引起的非线性薄膜应力,以及均匀的平面内热应力 N_x^{T} 和 N_y^{T},热气动弹性方程可以写成如下形式:

$$D\left(\frac{\partial^4 w}{\partial x^4} + \partial\,\frac{\partial^4 w}{\partial x^2 \partial y^2} + \frac{\partial^4 w}{\partial y^4}\right) = \left(\frac{\partial^2 w}{\partial y^2} + N_x^{\mathrm{T}}\right)\frac{\partial^2 w}{\partial x^2} + \left(\frac{\partial^2 \phi}{\partial x^2} + N_y^{\mathrm{T}}\right)\frac{\partial^2 w}{\partial y^2}$$

$$- 2\left(\frac{\partial^2 \phi}{\partial x \partial y}\right)\frac{\partial^2 w}{\partial x \partial y} - (p - p_\infty) - \rho_m h\frac{\partial^2 w}{\partial t^2} \tag{6.1}$$

$$\frac{1}{Eh}\left(\frac{\partial^4 \phi}{\partial x^4} + 2\frac{\partial^4 \phi}{\partial x^2 \partial y^2} + \frac{\partial^4 \phi}{\partial y^4}\right) = \left(\frac{\partial^2 w}{\partial x \partial y}\right)^2 - \frac{\partial^2 w}{\partial x^2}\frac{\partial^2 w}{\partial y^2} \tag{6.2}$$

其中,热应力由准稳态热应力理论给出

$$N_x^{\mathrm{T}} = N_y^{\mathrm{T}} = -\frac{Eh\alpha T}{(1-v)} \tag{6.3}$$

$p - p_\infty$ 为气动压力项,分别采用一阶与三阶活塞理论进行计算。一阶活塞理论基于 $\partial w/\partial x$ 和 $\partial w/\partial t$ 表示为线性形式。在 $Ma \gg 1$, $(Ma^2 - 2)(Ma^2 - 1) \to 1$ 条件下:

$$p - p_\infty = \frac{2q}{\beta}\left[\frac{\partial w}{\partial x} + \left(\frac{Ma^2 - 2}{Ma^2 - 1}\right)\frac{1}{U}\frac{\partial w}{\partial t}\right] \tag{6.4}$$

考虑非线性气动力项的三阶活塞理论还包括了 $(\partial w/\partial x)^2$、$(\partial w/\partial t)^2$、$(\partial w/\partial x)^3$ 及 $(\partial w/\partial t)^3$ 等二阶及三阶非线性项:

$$\begin{aligned}
p - p_\infty = \frac{2q}{\beta}&\left[\left(C_{1t}\frac{1}{U}\frac{\partial w}{\partial t} + C_{1x}\frac{\partial w}{\partial x}\right) + \frac{\gamma+1}{4}Ma\left(C_{2t}\frac{1}{U}\frac{\partial w}{\partial t} + C_{2x}\frac{\partial w}{\partial x}\right)^2 \right.\\
&\left.+ \frac{\gamma+1}{12}Ma^2\left(C_{3t}\frac{1}{U}\frac{\partial w}{\partial t} + C_{3x}\frac{\partial w}{\partial x}\right)^3\right]
\end{aligned} \tag{6.5}$$

其中, C_{it}、$C_{ix}(i = 1, 2, 3)$ 取值为 0 或 1,下标 t、x 分别代表 $\frac{\partial w}{\partial t}$、$\frac{\partial w}{\partial x}$ 的系数,用于评估每个非线性气动力项产生的影响。

以一阶活塞理论的气动压力为例,用式(6.4)和式(6.5)代替式(6.1)和式(6.3),并进行如下无量纲化:

$$\xi \equiv \frac{x}{a}, \ \eta \equiv \frac{y}{b}, \ W \equiv \frac{w}{h}, \ \lambda \equiv \frac{2qa}{\beta D}, \ \mu \equiv \frac{\rho a}{\rho_m h}, \ \tau \equiv t\left(\frac{D}{\rho_m h a^4}\right)^{1/2} \tag{6.6}$$

$$R_{x(y)}^{\mathrm{T}} = \frac{N_x^{\mathrm{T}} a^2}{D} = \frac{N_y^{\mathrm{T}} a^2}{D} \equiv -12(1+v)\left(\frac{a}{h}\right)^2 \alpha T$$

因此,得到无量纲的气动弹性方程如下:

$$\begin{aligned}
\frac{\partial^4 W}{\partial \xi^4} + \frac{2a^2}{b^2}\frac{\partial^4 W}{\partial \xi^2 \partial \eta^2} + \frac{a^4}{b^4}\frac{\partial^4 W}{\partial \eta^4} = &\left(\frac{a^2}{Db^2}\frac{\partial^2 \phi}{\partial \eta^2} + R_x^{\mathrm{T}}\right)\frac{\partial^2 W}{\partial \xi^2} + \left(\frac{a^2}{Db^2}\frac{\partial^2 \phi}{\partial \xi^2} + \frac{a^4}{b^4}R_y^{\mathrm{T}}\right)\frac{\partial^2 W}{\partial \eta^2}\\
&-\frac{2a^2}{Db^2}\frac{\partial^2 \phi}{\partial \xi \partial \eta}\frac{\partial^2 W}{\partial \xi \partial \eta} - \lambda\left[\left(\frac{\mu}{\beta\lambda}\right)^{\frac{1}{2}}\frac{\partial W}{\partial \tau} + \frac{\partial W}{\partial \xi}\right] - \frac{\partial^2 W}{\partial \tau^2}
\end{aligned} \tag{6.7}$$

$$\frac{\partial^4 \phi}{\partial \xi^4} + \frac{2a^2}{b^2}\frac{\partial^4 \phi}{\partial \xi^2 \partial \eta^2} + \frac{a^4}{b^4}\frac{\partial^4 \phi}{\partial \eta^4} = \frac{Eh^3 a^2}{b^2}\left[\left(\frac{\partial^2 w}{\partial \xi \partial \eta}\right)^2 - \frac{\partial^2 W}{\partial \xi^2}\frac{\partial^2 W}{\partial \eta^2}\right] \tag{6.8}$$

6.2.2 伽辽金方法离散

对于三维的简支壁板,可以用一组能够自动满足边界条件的双正弦函数[24-26]的线性叠加形式近似表示壁板的物理形变:

$$W(\xi,\ \eta,\ t) = \sum_{m=1}^{M} a_m(\tau)\sin(m\pi\xi)\sin(\pi\eta) \tag{6.9}$$

根据 Dowell 在 1966 年的研究[1],这里只保留了一阶展向模态。因为与弦向弯曲相比,翼展方向的弯曲要小得多。此外,弦向模态(x 轴方向)的数量 M,可以通过收敛性分析来确定,这部分在作者之前的工作中已经完成[3],因此,M 是直接选择的。

基于式(6.9)的展开以及边界条件,可以计算出应力函数 Φ 的通解和特解[27-29]。然后,通过将式(6.7)与式(6.9)中的每个基函数 $\sin(r\pi\xi)$、$\sin(\pi\eta)$ ($r = 1, \cdots, M$) 相乘,并沿着壁板的长度和宽度积分,得到一组关于模态系数 $a_m(\tau)$ 的 M 个二阶常微分方程。为了简洁起见,这里直接展示空间离散后的常微分方程如下:

$$\begin{aligned}
\frac{\mathrm{d}^2 a_r}{\mathrm{d}\tau^2} = &- a_r \pi^4 \left[r^2 + \left(\frac{a}{b}\right)^2\right]^2 - \lambda\left\{\left(\frac{\mu}{\beta\lambda}\right)^{\frac{1}{2}}\frac{\mathrm{d}a_r}{\mathrm{d}\tau} + \sum_{m}^{M}\frac{2rm}{r^2-m^2}[1-(-1)^{r+m}]a_m\right\} \\
&- 3\pi^4(1-v^2)\left\{\frac{a_r}{2}\left[r^2 A + \left(\frac{a}{b}\right)^2 B\right] + \left(\frac{a}{b}\right)^4\left(C + D + \frac{E}{4} - \frac{F}{y}\right)\right\} \\
&- R_x^T \pi^2 r^2 a_r - R_y^T\left(\frac{a}{b}\right)^2 \pi^2 a_r + \frac{8P}{\pi^2}\frac{[1-(-1)^r]}{r}
\end{aligned} \tag{6.10}$$

在采用三阶活塞理论计算气动力时,气动力 $\left\{\left(\frac{\mu}{\beta\lambda}\right)^{1/2}\frac{\mathrm{d}a_r}{\mathrm{d}\tau} + \sum_{m}^{M}\frac{2rm}{r^2-m^2}[1-(-1)^{r+m}]a_m\right\}$ 在线性形式的基础上还包含了七个额外的非线性气动力项,具体如下:

$$C_{1t}\left(\frac{\mu}{\beta\lambda}\right)^{1/2}\frac{\mathrm{d}a_r}{\mathrm{d}\tau} + C_{1x}\sum_{m}^{M}2ma_m\xi_{r,m}$$

$$+ \frac{\gamma + 1}{4} Ma \left\{ \frac{8}{3\pi^2} C_{2t}^2 \frac{\mu}{\beta\lambda} \sum_m^M \sum_n^M \frac{\mathrm{d}a_m}{\mathrm{d}\tau} \frac{\mathrm{d}a_n}{\mathrm{d}\tau} (\xi_{r,\,m-n} - \xi_{r,\,m+n}) \right.$$

$$+ \frac{8}{3} C_{2t} C_{2x} \left(\frac{\mu}{\beta\lambda} \right)^{1/2} \sum_m^M \sum_n^M n \frac{\mathrm{d}a_m}{\mathrm{d}\tau} a_n (\delta_{r,\,m+n} - \delta_{r,\,m-n})$$

$$+ \frac{8}{3} C_{2x}^2 \sum_m^M \sum_n^M mn a_m a_n (\xi_{r,\,m+n} - \xi_{r,\,m-n}) \right\}$$

$$+ \frac{\gamma + 1}{12} Ma^2 \left\{ \frac{3}{16} C_{3t}^3 \left(\frac{\mu}{\beta\lambda} \right)^{3/2} \sum_m^M \sum_n^M \sum_s^M \frac{\mathrm{d}a_m}{\mathrm{d}\tau} \frac{\mathrm{d}a_n}{\mathrm{d}\tau} \frac{\mathrm{d}a_s}{\mathrm{d}\tau} \right.$$

$$\times (\delta_{m+n,\,r+s} - \delta_{m+n,\,r-s} + \delta_{m-n,\,r-s} - \delta_{m-n,\,r+s})$$

$$+ \frac{3}{8} C_{3x}^3 \sum_m^M \sum_n^M \sum_s^M mns a_m a_n a_s (\xi_{r+s,\,m+n} - \xi_{r+s,\,m-n} + \xi_{r-s,\,m+n} - \xi_{r-s,\,m-n})$$

$$+ \frac{9}{8} C_{3t}^2 C_{3x} \frac{\mu}{\beta\lambda} \sum_m^M \sum_n^M \sum_s^M s \frac{\mathrm{d}a_m}{\mathrm{d}\tau} \frac{\mathrm{d}a_n}{\mathrm{d}\tau} a_s (\xi_{r+s,\,m-n} - \xi_{r+s,\,m+n} + \xi_{r-s,\,m-n} - \xi_{r-s,\,m+n})$$

$$+ \frac{9\pi^2}{16} C_{3t} C_{3x}^2 \left(\frac{\mu}{\beta\lambda} \right)^{1/2} \sum_m^M \sum_n^M ns \frac{\mathrm{d}a_m}{\mathrm{d}\tau} a_n a_s (\delta_{m+n,\,r+s} + \delta_{m+n,\,r-s} + \delta_{m-n,\,r+s} + \delta_{m-n,\,r-s}) \right\}$$

其中,

$$\xi_{p,\,q} = \frac{p[1 - (-1)^{p+q}]}{p^2 + q^2}$$

$$\delta_{p,\,q} = \begin{cases} 0, & p \neq q \\ 1, & p = q \end{cases} \tag{6.11}$$

其中,系数 A~F 的表达式见附录 B,并可以通过直接时间积分方法来求解式 (6.10)[30,31]。

6.3　算例分析

在本节中,取超声速气流中的三维矩形简支壁板,其材料属性和几何尺寸为 $E = 71\,\mathrm{GPa}$, $v = 0.3$, $\alpha = 2.34 \times 10^{-6}/\mathrm{°C}$, $\rho_m = 2\,750\,\mathrm{kg/m^3}$, $h/a = 1/300$, 空气密度为 $\rho = 0.413\,\mathrm{kg/m^3}$。如无特殊说明,所有计算结果均默认为在特征点 $\xi = 0.75$, $\eta = 0.5$ 处。为了对温度进行无量纲化,定义了临界温度 $T_{\mathrm{cr}} = \pi^2 h^2/$

$[12(1+v)\alpha a^2]$。W_p 表示无量纲位移极值，λ 表示无量纲动压。

6.3.1 非线性气动力对 LCO 的影响

图 6.2 分别描绘了简支壁板在较低温度 $T/T_{cr}=0$ 和 $T/T_{cr}=2$ 下，当 $Ma=5$，10，15 时振动位移幅值随动压的变化曲线。结果表明，简支壁板在图中动压范围内主要做 LCO 运动，而且线性气动力在不同马赫数条件下得到的曲线是十分接近的，而非线性气动力得到的曲线往往低于线性气动力得到的曲线，并且马赫数越高曲线越低。随着动压的增加，线性和非线性气动理论之间的偏差先增大后减小。特别地，当 $Ma=15$，$\lambda=1\,000\sim1\,100$ 时，非线性气动力得到的振动幅值呈现出了剧烈的振荡现象，这是因为简支壁板在做准周期运动或混沌运动，其振动幅值不再像 LCO 那样具有确定的大小，而是可变的。其物理本质在于高马赫数下的更高阶非线性气动力增加了系统的非线性。

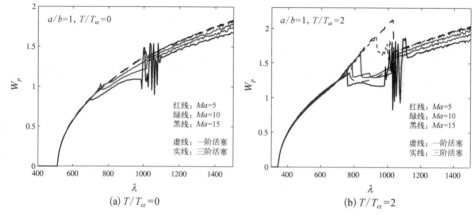
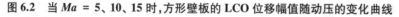

(a) $T/T_{cr}=0$ (b) $T/T_{cr}=2$

图 6.2 当 $Ma=5$、10、15 时，方形壁板的 LCO 位移幅值随动压的变化曲线

比较图 6.2(a) 和图 6.2(b)，随着温度的升高，气动力的非线性效应也随之增加。当 $750<\lambda<1\,100$ 时，非线性气动力得到了完全不同于线性气动力的计算结果。

以 $Ma=15$，$\lambda=900$、1 000 两个特征动压为例，图 6.3 分别给出了线性与非线性气动力得到的相平面图、壁板形变及应力分布。当 $\lambda=900$ 时，线性与非线性气动力均得到了 LCO 运动，壁板形变相似但幅度不同。图 6.3(e) 则显示，非线性气动力对应力分布的影响较大。当 $\lambda=1\,000$ 时，非线性气动力的结果为准周期运动，而线性气动力的结果为 LCO 运动。图 6.3(d) 和图 6.3(f) 表明，非线性气动力对壁板形变和应力分布有较大影响。

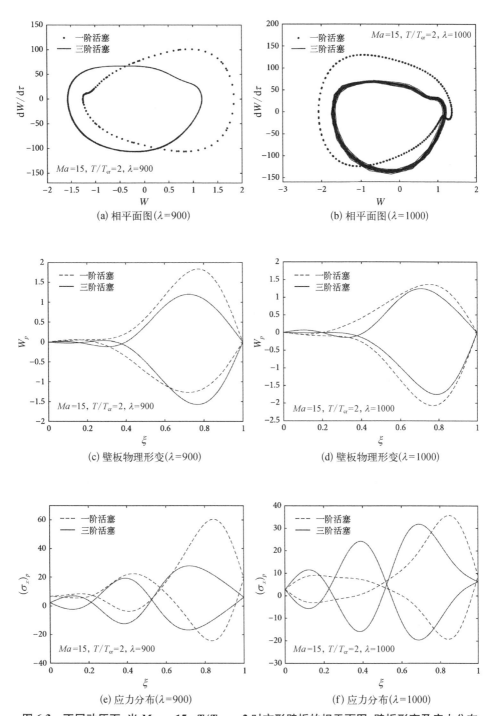

(a) 相平面图($\lambda=900$)

(b) 相平面图($\lambda=1000$)

(c) 壁板物理形变($\lambda=900$)

(d) 壁板物理形变($\lambda=1000$)

(e) 应力分布($\lambda=900$)

(f) 应力分布($\lambda=1000$)

图 6.3　不同动压下，当 $Ma = 15$，$T/T_{cr} = 2$ 时方形壁板的相平面图、壁板形变及应力分布

从图 6.2 中可以看出,对于给定的马赫数存在一个临界动压,一旦超过该动压,线性和非线性气动力理论之间的偏差就不可忽略,因此必须考虑气动力非线性。温度也会对临界动压产生影响。图 6.4(a)和图 6.4(b)分别绘制了在 $T/T_{cr} = 0$、2 条件下的三个动压 $\lambda = 600$、900、1 200 的 $+W_p - Ma$ 曲线。马赫数的变化范围为 $2 < Ma < 20$。首先,对于给定的 λ,线性和非线性气动得到的结果之间的偏差会随着马赫数的增加而增大。其次,对于给定的马赫数,线性和非线性气动之间的偏差在 $\lambda = 900$ 时达到最大值,这与图 6.2 中的结论一致。在较高温度 $T/T_{cr} = 2$ 下,也可以观察到类似的现象,并且线性和非线性气动之间的偏差进一步增加。因此,设定一个误差限(如 $\delta = 3\%$),对于特定马赫数,当线性和非线性气动力的结果偏差大于 δ 时,对应的动压则定义为临界动压 λ_{cr},若实际动压超过 λ_{cr},则不得不考虑气动力非线性。马赫数越大,λ_{cr} 越低,且随着温度的升高,λ_{cr} 会进一步降低。

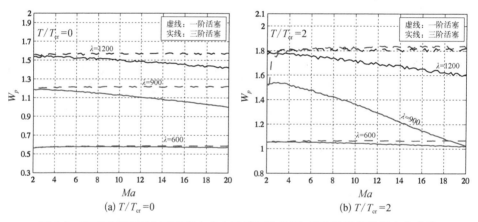

(a) $T/T_{cr} = 0$ (b) $T/T_{cr} = 2$

图 6.4 在不同温度下方形壁板在几个动压下的 LCO 峰值随马赫数的变化曲线

6.3.2 非线性气动力对分岔图的影响

在具有较大动压和较高温度的条件下,壁板的非线性颤振现象可能会呈现更复杂的动响应形式。非线性气动力对这些复杂形式演化的影响是本章的关键问题。图 6.5 显示了在 $Ma = 6$,$T/T_{cr} = 6$ 条件下分别采用线性和非线性气动力计算得到的分岔图。动压的取值范围为 $\lambda = 1\ 200 \sim 100$,步长为 $\Delta\lambda = -5$。随着动压的增加,在图 6.5 中可以观察到壁板的响应形式从屈曲到混沌再到 LCO 的演变,这与 Dai 等研究的翼型模型的结果相似[30]。在 $900 < \lambda < 1\ 200$ 范围内,线性气动力得到一倍周期的运动,而非线性气动力则得到了两倍周期运动。

总体上,非线性气动力在 $Ma = 6$, $T/T_{cr} = 6$ 条件下没有对分岔图产生较大影响。然而,当马赫数继续增加,是否还会得到同样的结论?

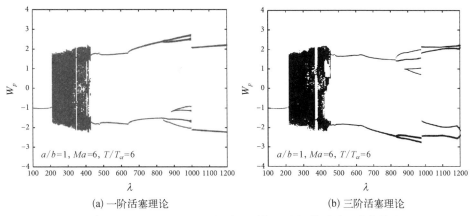

(a) 一阶活塞理论　　　　　　　　　　(b) 三阶活塞理论

图 6.5　当 $Ma = 6$, $T/T_{cr} = 6$ 时,方形壁板位移极值随动压变化的分岔图

首先,将马赫数增加到 $Ma = 10$,甚至增加到 $Ma = 15$,并保持温度 $T/T_{cr} = 6$ 不变。采用线性和非线性气动力,在 $Ma = 10$, $T/T_{cr} = 6$ 的条件下,获得的局部位移极值随动压的分岔图如图 6.6 所示。显然,图 6.6(a) 与图 6.5(a) 的分岔图几乎完全相同。再一次验证了前文的结论:线性气动力的计算结果无法有效反映马赫数的变化。然而,图 6.6(b) 由于考虑了非线性气动力而呈现出非常不同的分岔图。图 6.7 给出了图 6.6 中几个特征动压下的相位图和庞加莱映射图。结果表明,线性气动力的结果分别为一倍周期、两倍周期和四倍周期运动,而非线性气动力的结果分别为两倍周期、多倍周期及混沌运动。

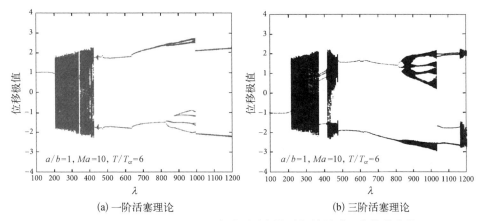

(a) 一阶活塞理论　　　　　　　　　　(b) 三阶活塞理论

图 6.6　$Ma = 10$, $T/T_{cr} = 6$ 时,方形壁板位移极值随动压变化的分岔图

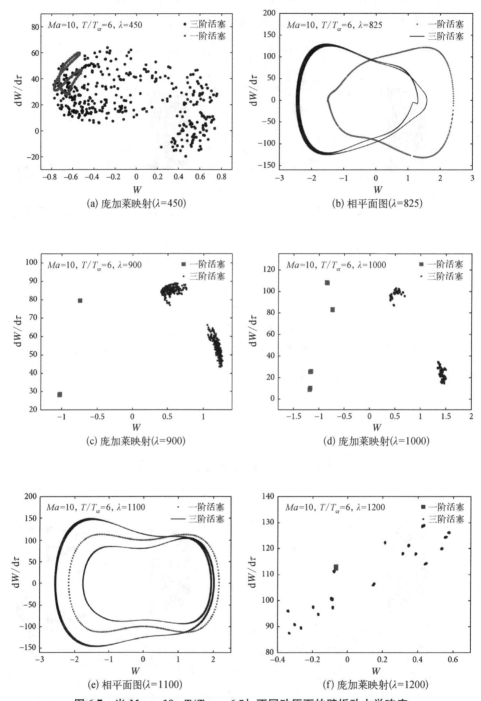

(a) 庞加莱映射(λ=450)

(b) 相平面图(λ=825)

(c) 庞加莱映射(λ=900)

(d) 庞加莱映射(λ=1000)

(e) 相平面图(λ=1100)

(f) 庞加莱映射(λ=1200)

图 6.7   当 $Ma = 10$, $T/T_{cr} = 6$ 时,不同动压下的壁板动力学响应

继续增加马赫数至 $Ma = 15$，图 6.8(a)给出了线性气动力得到的分岔图，显然与 $Ma = 6$、10 的结果相似。然而，非线性气动力得到了更复杂的分岔图，如图 6.8(b)所示。首先，在非线性气动力得到的结果中，简支壁板做混沌和复杂周期运动的区域 $(220 < \lambda < 455)$ 比线性气动力得到的 $(210 < \lambda < 435)$ 更宽。在 $435 < \lambda < 455$ 区域内，线性气动力得到了准周期运动。其次，在 $480 < \lambda < 760$ 区域内，线性和非线性气动力均得到了 LCO 运动。但与线性气动力的结果相比，非线性气动力产生了较小的 $+W_p$ 和较大的 $|-W_p|$。这与文献[14]中的结论一致，即非线性气动力附加气动力有将壁板压向空腔的趋势。最后，分岔图在 $760 < \lambda < 1\,200$ 区域内是完全不同的。具体地，线性气动力得到了一倍或多倍周期运动，相比之下，除了在 $1\,080 < \lambda < 1\,140$ 区域内呈现一倍周期运动，非线性气动力导致壁板几乎始终做混沌运动。

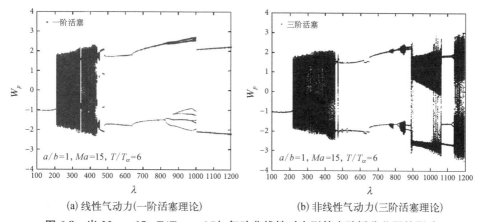

(a) 线性气动力(一阶活塞理论)　　　(b) 非线性气动力(三阶活塞理论)

图 6.8　当 $Ma = 15$，$T/T_{cr} = 6$ 时，气动非线性对方形简支壁板分岔图的影响

为了更直观地呈现图 6.8(a)和图 6.8(b)的差别，图 6.9 给出了多个不同动压下壁板的动力学响应。图 6.9(a)表明，当 $\lambda = 600$ 时，线性与非线性气动力得到了幅值不同的一倍周期运动。图 6.9(b)表明，当 $\lambda = 850$ 时，线性与非线性气动力分别得到了两倍周期与准周期运动。类似地，当 $\lambda = 1\,110$ 时，图 6.9(c)表明线性和非线性气动力分别得到了一倍周期与两倍周期运动。图 6.9(d)和图 6.9(e)则给出了当 $\lambda = 1\,000$、$1\,200$ 时的庞加莱映射图。其中，非线性气动力均得到了混沌运动，相比之下，线性气动力分别得到了四倍周期和一倍周期运动。很显然，在较大动压和较大马赫数条件下，考虑气动非线性效应，壁板的动力学行为演化过程要复杂得多。其本质原因是非线性薄膜应力和非线性气动力之间的博弈过程，即上述硬弹簧与软弹簧之间的相互作用。在飞行器薄壁结构设计

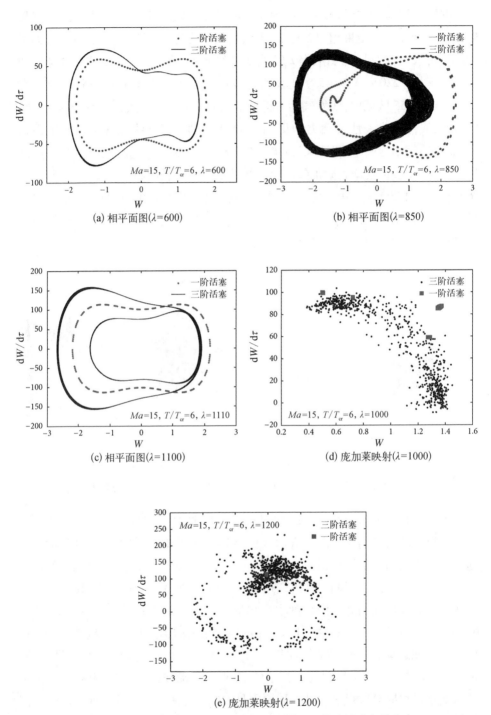

(a) 相平面图(λ=600)

(b) 相平面图(λ=850)

(c) 相平面图(λ=1100)

(d) 庞加莱映射(λ=1000)

(e) 庞加莱映射(λ=1200)

图 6.9 当 *Ma* = 15, *T*/*T*_{cr} = 6 时,不同动压下的壁板动力学响应

中,壁板疲劳寿命的预测是一个至关重要的问题。而非简谐运动、准周期运动、混沌运动等不同动力学行为的预测疲劳寿命的算法是不同的,因此,考虑非线性气动力效应对可靠的疲劳寿命预测至关重要。

6.3.3　每个非线性气动项的影响

以上的算例分析都是基于非线性气动力的完整三阶活塞理论进行计算的。当然,与线性活塞理论相比,式(6.1)中的附加非线性气动力项增加了计算量。因此,本小节的目的是评估每个非线性项在完整的三阶活塞理论中的影响规律,旨在只保留最重要的非线性项而忽略其他的非线性项,在保证精度的前提下,简化三阶活塞理论表达式。具体地,依次考虑 C_{2t}、C_{2x}、C_{3t}、C_{3x} 对应的非线性项,并根据相应结果绘制在 $Ma = 20$, $T/T_{cr} = 0$ 条件下的 $+ W_p - \lambda$ 曲线。图 6.10 展示的是上述曲线与线性活塞理论($C_{1t} = C_{1x} = 1$)的曲线比较。图 6.10(a) 特别展示了包含每个二阶项的结果。考虑到 $C_{2t} = 1$ 的曲线与一阶活塞理论的曲线一致,而 $C_{2x} = 1$, $C_{2t} = C_{2x} = 1$ 的曲线与三阶活塞理论的曲线一致。因此,证明 $(\partial w/\partial x)^2$ 项在完整的三阶活塞理论中是最重要的。类似地,图 6.10(b) 展示了包含每个三阶项的结果,而这些曲线都与一阶活塞理论的曲线一致。因此,可以得出结论,每个三阶非线性项对完整的三阶活塞理论基本没有什么影响。

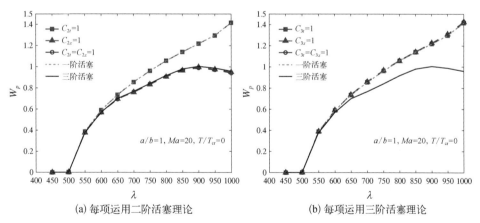

(a) 每项运用二阶活塞理论　　　　　(b) 每项运用三阶活塞理论

**图 6.10　每个非线性气动力项的影响:$Ma = 20$, $T/T_{cr} = 0$
条件下方形简支壁板的 LCO 位移幅值**

基于每个非线性气动力项的影响,三阶活塞理论可以简化为线性活塞理论加上 $(\partial w/\partial x)^2$ 二阶项,从而可以简化非线性气动弹性方程的推导过程,并缩短求解微分方程的物理时间。

基于上述关于非线性空气动力学对 LCO、分岔图、每个非线性空气动力学项的影响的讨论,本节将现有文献结果与现有工作进行比较,如表 6.1 所示。

表 6.1 非线性气动力效应对壁板颤振的影响研究现状

讨 论 的 问 题	Eastep 和 McIntosh Jr[15]	Gray 等[18]	Cheng 和 Mei[19]	本章
非线性项影响	√	√	—	√
LCO 幅值	√	√	√	√
分岔图	—	—	—	√
Ma、λ、T/T_{cr} 的影响	—	—	—	√

6.4 本章小结

本章通过比较三阶活塞理论和一阶活塞理论来对气动力非线性效应进行评估。为了同时考虑气流和结构的双非线性,选择了高超声速条件下的方形简支壁板进行分析讨论。分别采用了三阶活塞理论和 von Karman 板理论来描述气动非线性和结构几何非线性(非线性应变-位移关系)。并采用经典的伽辽金方法和数值积分 RK4 法分别对非线性偏微分运动方程进行空间离散及数值积分求解。通过对比分析一阶活塞理论与三阶活塞理论对壁板极限环振动幅值及动力学行为分岔图的影响,评估气动力非线性效应。并分析了马赫数、动压和温度对气动力非线性效应的影响规律,为是否必须考虑气动力非线性提供了依据。主要结论如下。

(1)采用一阶活塞理论时,不同的马赫数得到了几乎相同的 LCO 位移幅值。然而,三阶活塞理论得到的 LCO 位移幅值随着马赫数的增加而减小,即非线性气动力可以有效反映马赫数的影响。

(2)随着马赫数、动压或温度的增加,一阶与三阶活塞理论得到的结果偏差均呈现出增大的趋势,即随着马赫数、动压及温度的增加,气动力的非线性效应愈为显著。

(3)对于特定的马赫数,存在一个临界动压 λ_{cr},超过该临界动压时线性气动力将产生较大误差,则必须采用非线性气动力理论;同时,温度越高,λ_{cr} 就越小。

（4）线性气动力理论得到的 LCO 运动,在考虑了气动力非线性后往往会变成准周期或混沌运动,即非线性气动力可能会改变壁板的非线性动力学响应形式。

（5）基于每一个气动力非线性的效应评估,对三阶活塞理论进行了简化:在一阶活塞理论中仅增加非线性项 $(\partial w/\partial x)^2$,就可以近似完整地描述三阶活塞理论。

参考文献

[1] Dowell E H. Nonlinear oscillations of a fluttering plate[J]. AIAA Journal, 1966, 4(7): 1267 – 1275.

[2] Zhou J, Yang Z, Gu Y. Aeroelastic stability analysis of heated panel with aerodynamic loading on both surfaces[J]. Science China Technological Sciences, 2012, 55(10): 2720 – 2726.

[3] Xie D, Xu M, Dowell E H. Proper orthogonal decomposition reduced-order model for nonlinear aeroelastic oscillations[J]. AIAA Journal, 2014, 52(2): 229 – 241.

[4] Xie D, Xu M, Dowell E H. Projection-free proper orthogonal decomposition method for a cantilever plate in supersonic flow[J]. Journal of Sound and Vibration, 2014, 333(23): 6190 – 6208.

[5] Xie D, Xu M. A comparison of numerical and semianalytical proper orthogonal decomposition methods for a fluttering plate[J]. Nonlinear Dynamics, 2015, 79(3): 1971 – 1989.

[6] Dowell E H. Nonlinear oscillations of a fluttering plate. Ⅱ[J]. AIAA Journal, 1967, 5 (10): 1856 – 1862.

[7] Berci M. Lift-deficiency functions of elliptical wings in incompressible potential flow: Jones' theory revisited[J]. Journal of Aircraft, 2016, 53(2): 599 – 602.

[8] El-Sayed M F, Eldabe N T, Haroun M H, et al. Nonlinear electroviscoelastic potential flow instability theory of two superposed streaming dielectric fluids[J]. Canadian Journal of Physics, 2014, 92(10): 1249 – 1257.

[9] Carrera E, Zappino E, Augello G, et al. Panel flutter analysis of curved panels for launchers applications[C]. Proceedings of the 7th European Symposium on Aerothermodynamics for Space Vehicles, Paris, 2011.

[10] Carrera E, Zappino E. Aeroelastic analysis of pinched panels in supersonic flow changing with altitude[J]. Journal of Spacecraft and Rockets, 2014, 51(1): 187 – 199.

[11] Carrera E, Zappino E, Patočka K, et al. Aeroelastic analysis of versatile thermal insulation (VTI) panels with pinched boundary conditions[J]. CEAS Space Journal, 2014, 6(1): 23 – 35.

[12] Mei G, Zhang J, Xi G, et al. Analysis of supersonic and transonic panel flutter using a fluid-structure coupling algorithm [J]. Journal of Vibration and Acoustics, 2014, 136 (3): 031013.

[13] Koo K N, Hwang W S. Effects of hysteretic and aerodynamic damping on supersonic panel flutter of composite plates[J]. Journal of Sound and Vibration, 2004, 273(3): 569－583.

[14] McIntosh Jr S C, Lerner J I. Theoretical considerations of some nonlinear aspects of hypersonic panel flutter[R]. NASA-Grant NGR 05－020－102, 1965.

[15] Eastep F E, McIntosh Jr S C. Analysis of nonlinear panel flutter and response under random excitation or nonlinear aerodynamic loading[J]. AIAA Journal, 1971, 9(3): 411－418.

[16] McIntosh Jr S C. Effect of hypersonic nonlinear aerodynamic loading on panel flutter[J]. AIAA Journal, 1973, 11(1): 29－32.

[17] Goland M, Yuke Y L. An exact solution for two-dimensional linear panel flutter at supersonic speeds[J]. Journal of the Aeronautical Sciences, 2012, 21(4): 275－276.

[18] Gray C E, Mei C, Shore C P. Finite element method for large-amplitude two-dimensional panel flutter at hypersonic speeds[J]. AIAA Journal, 1991, 29(2): 290－298.

[19] Cheng G, Mei C. Finite element modal formulation for hypersonic panel flutter analysis with thermal effects[J]. AIAA Journal, 2004, 42(4): 687－695.

[20] Peng L X. Free vibration analysis of symmetrically laminated folded plate structures using an element-free Galerkin method[J]. Mathematical Problems in Engineering, 2015: 124296.

[21] Sarkar A, Païdoussis M P. A cantilever conveying fluid: coherent modes versus beam modes [J]. International Journal of Non-Linear Mechanics, 2004, 39(3): 467－481.

[22] Yao L K, He B, Zhang Y, et al. Semi-analytical finite strip transfer matrix method for buckling analysis of rectangular thin plates[J]. Mathematical Problems in Engineering, 2015: 485686.

[23] Sun W, Liu Y, Du G. Analytical modeling of hard-coating cantilever composite plate considering the material nonlinearity of hard coating[J]. Mathematical Problems in Engineering, 2015: 978392.

[24] Dai H H, Paik J K, Atluri S N. The global nonlinear Galerkin method for the analysis of elastic large deflections of plates under combined loads: a scalar homotopy method for the direct solution of nonlinear algebraic equations[J]. Computers Materials and Continua, 2011, 23(1): 69－99.

[25] Gang C, Jian S, Li Y. Active flutter suppression control law design method based on balanced proper orthogonal decomposition reduced order model[J]. Nonlinear Dynamics, 2012, 70(1): 1－12.

[26] Giunta G, Belouettar S. Higher-order hierarchical models for the free vibration analysis of thin-walled beams[J]. Mathematical Problems in Engineering, 2015: 940347.

[27] Epureanu B I, Tang L S, Païdoussis M P. Coherent structures and their influence on the dynamics of aeroelastic panels[J]. International Journal of Non-Linear Mechanics, 2004, 39(6): 977－991.

[28] Amabili M, Sarkar A Païdoussis M P. Reduced-order models for nonlinear vibrations of cylindrical shells via the proper orthogonal decomposition method[J]. Journal of Fluids and Structures, 2003, 18(2): 227－250.

[29] Xie D, Xu M, Dai H, et al. Proper orthogonal decomposition method for analysis of nonlinear

panel flutter with thermal effects in supersonic flow[J]. Journal of Sound and Vibration, 2015, 337(17): 263-283.

[30] Dai H, Yue X, Yuan J, et al. A comparison of classical Runge-Kutta and Henon's methods for capturing chaos and chaotic transients in an aeroelastic system with freeplay nonlinearity [J]. Nonlinear Dynamics, 2015, 81(1-2): 169-188.

[31] Dai H, Wang X, Schnoor M, et al. Analysis of internal resonance in a two-degree-of-freedom nonlinear dynamical system [J]. Communications in Nonlinear Science and Numerical Simulation, 2017, 49: 176-191.

第 7 章

损伤壁板的非线性颤振分析

7.1 引言

考虑到大挠度引起的非线性面内应力,长期的壁板颤振表现出复杂的动力特性,极有可能导致疲劳破坏,在此之前可能发生裂纹或隐蔽腐蚀等结构损伤。损伤可以定义为被引入系统的变化,并将对系统当前或未来的性能产生不利影响,因此,这是非常危险的。同时,预测结构损伤引起的新的稳定边界具有重要意义,特别是对飞行器以及与安全相关的飞行系统。因此,了解损伤变化对壁板气动弹性响应和稳定边界的影响规律对飞行的安全性来说尤为重要。

目前,对壁板的气动弹性响应和稳定性的研究主要集中在无损伤的理想平板上。Dowell 等使用半解析方法研究了超声速气流中简支/悬臂板的非线性极限环振荡(LCO)和混沌现象[1-3]。考虑到更精确的气动模型,一些相关的工作自然得到了跟进[4-7]。在简单矩形板的基础上,Tian 等研究了一种梯形翼板[8]。为了考虑复杂的几何形状和约束边界,Cheng、Gray 等运用有限元法对考虑热效应复合材料的超声速和高超声速壁板颤振进行了研究[9-13]。为了节省计算量、深入了解壁板颤振的物理特性,Guo、Xie 等建立了采用气动弹性模态、POD 方法分析非线性气动弹性响应的降阶模型[14-17]。

然而,对损伤板的气动弹性特性的研究很少。文献[18]分析了损伤复合材料板的气动弹性响应。研究结果表明,线性颤振边界及损伤的演化与损伤的程度有关。然而,由于没有考虑板的弯曲和拉伸之间的非线性结构耦合,稳定边界只是线性的。众所周知,非线性薄膜力会限制板的振幅,实验中已经观察到非线性颤振行为[19,20]。因此,对非线性动力学和非线性颤振边界的损伤参数影响研究是十分必要的。

为了识别结构损伤导致的新的气动弹性响应和稳定边界,需要具有高灵敏度的损伤检测方法。目前,在简单梁/板或复杂飞机和航空航天系统中,为了维护结构的安全性和完整性,已经对采用可靠、有效的无损技术进行损伤识别开展了广泛的研究。在相关研究中,最普遍和有效的损伤识别方法属于信号处理领域,主要分为基于振动的方法、基于吸引子的方法和基于点的方法。

基于振动的损伤识别方法的物理思想是,损伤引起的质量、阻尼和刚度等物理性质的变化会引起固有频率、模态形状和模态阻尼等模态参数的可检测变化。多种基于振动的损伤检测方法被用于健康监测。Rucka、Yam 等采用基于振动响应的小波变换和神经网络方法对简单板和复合材料的结构损伤进行识别[21,22]。Trendafilova 等研究了两种基于时间序列动态响应分析的薄板损伤检测方法[23]。Doebling、Fan 等对基于振动的方法的分类、优缺点和选择进行了介绍[24,25]。上面讨论的基于振动的方法虽然在线性系统中得到了很好的发展,但是在非线性系统中对损伤的定位和表征并不敏感。

然而,壁面颤振系统本质上是非线性的,由于非线性的存在,线性系统的叠加性不再适用[26,27],我们不得不求助于一些非线性方法。因此,针对具有较高灵敏度的非线性系统,提出了一种基于吸引子的方法,即通过信号处理从振动数据中提取更多的信息。当越过颤振边界时,壁板发生典型的 LCO[28]。因此,已有研究以 LCO 形状作为特征来检测非线性颤振壁板的损伤位置[2]。混沌运动对非线性系统具有更高的灵敏度,已被证明是辨识气动弹性系统参数变化的有效方法[29],因此,一些混沌现象的固有特性,如庞加莱映射[30]、分岔[31]、吸引子维度[32-34]及分形系数[35]已被许多研究人员用于损伤识别。

一般来说,基于吸引子的方法和基于振动的方法都是运用信号处理技术直接分析结构响应,然而这两类方法均存在两个问题:① 系统的动力响应不仅取决于几何性质和材料性质,还取决于力和环境条件,而力和环境条件的变化可能掩盖动力响应的变化,即结构损伤。因此,需要一种能够区分结构特性和环境条件引起的动力响应变化的方法。② 损伤是一种典型的局部现象,对结构的整体响应影响不大,因此采用基于振动和吸引子的方法进行测量和记录存在一定的局限性。为了克服基于振动/吸引子方法的局限性,需要基于系统动力学不变量判别结构损伤引起的动力响应变化,有相关研究采用 POD 方法进行了结构损伤检测[17,36,37]。

　　本章研究了超声速条件下,损伤参数的变化对简支壁板气动弹性响应和稳定边界的影响。结构损伤改变了结构的刚度、质量或阻尼,从而改变了结构的动力响应,进而改变了结构的稳定边界。基于分岔图、庞加莱映射、李雅普诺夫指数[38,39]等非线性工具和稳定区域对结构损伤的敏感性。特别是首次得到了损伤壁板不同动响应形式的稳定域边界。此外,POD 模态被证明可有效用于检测细微的结构损伤。

　　本章内容如下:在第 7.2、7.3 节中,建立损伤壁板的气动弹性方程,并定义了三个损伤参数用于表征结构的局部刚度损失。7.4 节运用分岔图、稳定域、庞加莱映射和李雅普诺夫指数分析损伤程度、损失范围和损伤位置等参数对壁板动响应的影响;此外,基于 POD 方法提取损伤参数变化下的 POD 模态。主要结论见 7.5 节。

7.2　损伤壁板模型

　　如图 7.1 所示的简支壁板,考虑平面外弯曲与平面内拉伸耦合,长时间的 LCO、混沌等非线性动力学行为可能导致疲劳破坏,而在疲劳破坏发生之前往往存在结构的局部刚度损失。因此,如图 7.2 所示,相对于无损伤板的 D 和 E,将局部损伤引起的抗弯刚度和杨氏模量分别定义为 $\overline{D}$ 和 $\overline{E}$。将刚度损失系数定义为 $S_r = \overline{D}/D$ 或 $\overline{E}/E$,用来量化损伤程度。应该注意的是,S_r 越小,损伤越大。此外,假设可能的损伤位于长度为 l_d 的 x_d 处,定义另外两个无量纲损伤参数 $L_d = l_d/a$ 和 $\xi_d = x_d/a$,分别表示损伤范围和损伤位置。

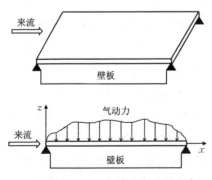

图 7.1　超声速气流中的简支壁板示意图

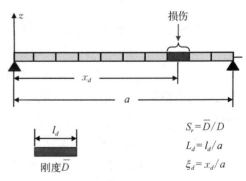

图 7.2　二维损伤板几何模型

7.3　损伤壁板颤振方程

对于简支壁板[1],忽略展向弯曲,采用 von Karman 板理论考虑非线性应变-位移关系,损伤壁板的非线性颤振运动方程为

$$\bar{D}\left(\frac{\partial^4 w}{\partial x^4}\right) - \left[\frac{\bar{E}h}{2a}\int_0^a\left(\frac{\partial w}{\partial x}\right)^2 \mathrm{d}x + N_x^T\right]\left(\frac{\partial^2 w}{\partial x^2}\right) + \rho_m h\left(\frac{\partial^2 w}{\partial t^2}\right) + (p - p_\infty) = 0 \quad (7.1)$$

其中,面外弯曲与面内拉伸耦合产生的薄膜应力为

$$N_x = \bar{E}h/2a\int_0^a(\partial w/\partial x)^2\mathrm{d}x \quad (7.2)$$

假定整个壁板内的温度是恒定的,则温度引起的面内热应力为

$$N_x^T = -\frac{\bar{E}h\alpha T}{1 - \upsilon} \quad (7.3)$$

由于一阶活塞理论在 $2 < Ma < 5$ 范围内得到了广泛的应用,且精度较高,因此采用一阶活塞理论计算壁板表面的准定常气动力[1]:

$$p - p_\infty = \frac{2q}{\beta}\left[\frac{\partial w}{\partial x} + \left(\frac{Ma^2 - 2}{Ma^2 - 1}\right)\frac{1}{U}\frac{\partial w}{\partial t}\right] \quad (7.4)$$

将方程(7.2)~方程(7.4)代入方程(7.1),并采用以下无量纲化:

$$\xi \equiv \frac{x}{a}, \ W \equiv \frac{w}{h}$$

$$\lambda \equiv \frac{2qa^3}{\beta D}$$

$$\mu \equiv \frac{\rho a}{\rho_m h}$$

$$\tau \equiv t\left(\frac{D}{\rho_m h a^4}\right)^{\frac{1}{2}}$$

$$R_x^T \equiv -12(1 + \upsilon)\left(\frac{a}{h}\right)^2\alpha T \quad (7.5)$$

得到损伤壁板的无量纲颤振运动方程:

$$S_r\frac{\partial^4 W}{\partial \xi^4} - 6S_r(1 - \upsilon^2)\left[\int_0^1\left(\frac{\partial W}{\partial \xi}\right)^2\mathrm{d}\xi\right]_r\frac{\partial^2 W}{\partial \xi^2} + \lambda\left[\frac{\partial W}{\partial \xi} + \left(\frac{Ma^2 - 2}{Ma^2 - 1}\right)\left(\frac{\mu}{\lambda Ma}\right)^{\frac{1}{2}}\frac{\partial W}{\partial \tau}\right]$$

$$- S_r R_x^T \frac{\partial^2 W}{\partial \xi^2} + \frac{\partial^2 W}{\partial \tau^2} = 0 \qquad (7.6)$$

采用伽辽金法,假设壁板的横向位移为正弦函数的线性叠加形式:

$$W(\xi, \tau) = \sum_{m=1}^{M} a_m(\tau) \sin(m\pi\xi) \qquad (7.7)$$

将式(7.7)代入方程(7.6),并对原偏微分方程进行空间离散:$\int_0^1$ 方程(7.6) × $\sin(n\pi\xi)\mathrm{d}\xi$, 得到的常微分方程如下:

$$
\begin{aligned}
\frac{\mathrm{d}^2 a_n}{\mathrm{d}\tau^2} = & - 2 \sum_{m=1}^{M} a_m (m\pi)^4 \int_0^1 S_r \sin(m\pi\xi) \sin(n\pi\xi) \mathrm{d}\xi \\
& - 6(1 - \nu^2) \sum_{m=1}^{M} a_m^2 (m\pi)^2 \sum_{m=1}^{M} a_m (m\pi)^2 \\
& \times \int_0^1 S_r(\xi) \sin(m\pi\xi) \sin(n\pi\xi) \mathrm{d}\xi \\
& - \lambda \left\{ \sum_{m=1, m \neq n}^{M} a_m \frac{2mn[1 - (-1)^{m+n}]}{n^2 - m^2} + \left(\frac{\mu}{\lambda Ma} \right)^{\frac{1}{2}} \frac{\mathrm{d} a_n}{\mathrm{d}\tau} \right\} \\
& - R_x^T \sum_{m=1}^{M} a_m (m\pi)^2 \int_0^1 S_r(\xi) \sin(m\pi\xi) \sin(n\pi\xi) \mathrm{d}\xi; \quad (n = 1, 2, \cdots, M)
\end{aligned}
$$

$$(7.8)$$

这是一组 M 个二阶非线性常微分方程,采用经典的 RK4 数值积分法求解位移的模态坐标 $a_m(\tau)$,即可获得损伤壁板的位移时间响应 $W(\xi, \tau)$。

7.4 算例分析

壁板的材料特性、几何尺寸及气流参数分别为:$E = 71\,\mathrm{GPa}$,$\mu = 0.3$,$\alpha = 2.34 \times 10^{-6}/\mathrm{°C}$,$\rho_m = 2\,750\,\mathrm{kg/m^3}$,$h/a = 1/300$,$\rho = 0.413\,\mathrm{kg/m^3}$。本节详细讨论了损伤程度、损伤范围和损伤位置对壁板非线性动力特性和稳定边界的影响。若无特殊说明,所有计算结果都是特征点 $\xi = 0.75$ 处的。为了对温度进行无量纲化,定义临界温度 $T_{cr} = \pi^2 h^2 / [12(1 + \nu)\alpha a^2]$,并定义 $R_x^T = -\pi^2(T/T_{cr})$。

所有的分岔图、庞加莱映射和 LLE 的计算与绘制如下。

（1）分岔图：遍历 S_r、L_d、ξ_d 等损伤参数，记录局部横向位移极值。需要注意的是，保证在瞬态响应衰减之后记录位移极值，即需要足够长的时域数值积分长度。

（2）庞加莱映射：首先定义一个参考点 $\xi = 0.25$（针对该算例），当参考点位移为零，速度为正时，记录特征点 $\xi = 0.75$ 的位移和速度，并绘制在相平面内。

（3）LLE：根据参考文献[38]中的流程，计算 LLE 如下。

① 从一个轨道 $\boldsymbol{a_0}$ 开始，然后遍历一段 t_0 确保轨道在吸引子上。在目前的研究中，$t_0 = 100$ 代表瞬态响应的影响。

② 选择另一个附近轨道 $\boldsymbol{b_0}$ 满足 $| \boldsymbol{b_0} - \boldsymbol{a_0} | = d_0$，给出 $d_0 = 10^{-8}$。选择 $\boldsymbol{b_0}$ 的一个简单的方法是：$\boldsymbol{b_0}(1) = \boldsymbol{a_0}(1) + d_0$；$\boldsymbol{b_0}(2:\text{end}) = \boldsymbol{a_0}(2:\text{end})$。

③ 迭代这两个轨道几个步骤，例如，$N_1 = 10$，得到 $\boldsymbol{a_1}$ 和 $\boldsymbol{b_1}$，然后计算新的间隔 $d_1 = | \boldsymbol{b_1} - \boldsymbol{a_1} |$。

④ 计算 LLE，$\varLambda_1 = \ln \left| \dfrac{d_1}{d_0} \right| \dfrac{1}{N_1 \mathrm{d}t}$。

⑤ 调整第二个轨道使其与第一个轨道的距离为 d_0，方向与 d_1 相同。具体地说，$\boldsymbol{a_0} = \boldsymbol{a_1}$，$\boldsymbol{b_0} = \boldsymbol{a_1} + \dfrac{d_0}{d_1}(\boldsymbol{b_1} - \boldsymbol{a_1})$。

⑥ 重复步骤③~⑤，然后计算步骤④的平均值。

然后得到混沌判据[27]：

$$\begin{cases} \varLambda > 0 & \text{混沌运动} \\ \varLambda \leqslant 0 & \text{常规运动} \end{cases}$$

7.4.1　损伤程度的影响

首先考虑了不同损伤程度对壁板颤振响应的影响。如图 7.3 所示，固定损伤范围和损伤位置为 $L_d = 10\%$，$\xi_d = 0.75$，动压及面内温度为 $\lambda = 150$，$T/T_{\text{cr}} = 4$，得到位移极值随损伤程度参数 S_r 变化的分岔图。其中，$S_r = 1$ 代表壁板健康无损伤，随着 S_r 值的减小，损伤程度则越大。损伤程度以步长 $\Delta S_r = 0.01$ 在 0~1 变化。结果表明，在不同损伤程度下，壁板呈现混沌运动、周期运动和屈曲运动等复杂的动力学特性，即损伤程度对壁板的非线性动力学响应形式有较大影响。由于已证明了 $a_1 = 0.1$ 和 $a_1 = 0.01$ 的初始条件可以得到相同的分岔图，因此本章的所有计算都使用了 $a_1 = 0.01$ 的初始条件。

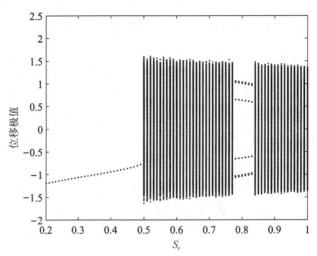

图 7.3 壁板位移极值关于损伤程度 S_r 的分岔图

为了进一步探究损伤程度的影响,图 7.4 给出了 $S_r = 1$ 和 $S_r = 0.8$ 时位移极值随温度变化的分岔图。刚度降低 20% ($S_r = 0.8$) 的壁板的分岔图相比于健康壁板 ($S_r = 1$) 发生了显著的变化,虽然它们都表明壁板做混沌运动、周期运动、屈曲运动或是静稳定的,但不同动力学行为之间的分岔边界仍然随着损伤程度的不同而不同。该结论与上述损伤程度影响壁板的动力学响应形式是一致的。

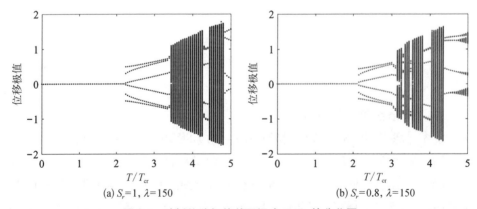

(a) $S_r = 1$, $\lambda = 150$ (b) $S_r = 0.8$, $\lambda = 150$

图 7.4 壁板位移极值关于温度 T/T_{cr} 的分岔图

具体地,图 7.5 对比了当 $T/T_{cr} = 4$,$\lambda = 150$,损伤程度分别为 $S_r = 1$、0.8、0.6 时的壁板颤振响应。庞加莱映射图和 LLE 均表示无损伤壁板 ($S_r = 1$) 和刚度损失 40% ($S_r = 0.6$) 的壁板做混沌运动;而刚度损失 20% ($S_r = 0.8$) 的壁板则

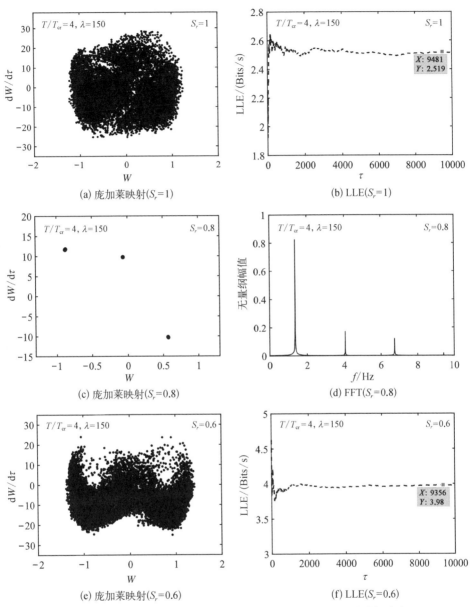

图 7.5　当 $T/T_{\mathrm{cr}} = 4$，$\lambda = 150$ 时，不同损伤程度 S_r 下的壁板响应

做三倍周期运动。对于混沌运动,作为吸引子的庞加莱映射图在不同损伤程度下的形状是不同的,但这是一个定性特征,无法确定其形状是如何随着损伤程度的变化而变形的。而 LLE 作为评价复杂动力学响应的定量手段,对于 $S_r = 1$ 和 $S_r = 0.6$ 呈现的混沌响应,计算得到的 LLE 值分别为 2.52 和 3.98。进一步地,图

7.6 给出了 LLE 随 S_r 的变化过程,曲线表明,对于屈曲和周期运动,LLE 为负或零,而对于混沌运动,LLE 则为正,且 LLE 对损伤程度的变化较为敏感。

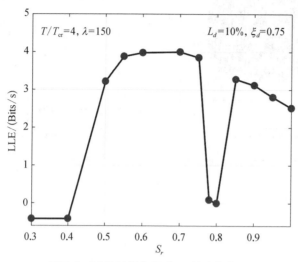

图 7.6　LLE 随损伤程度 S_r 的变化曲线

综上所述,随着损伤程度的增加,由于局部刚度损失达到一定水平,原本做混沌运动的健康壁板可能会以非周期或屈曲的形式运动。因此,作为一个初步假设,对壁板各种复杂动力学行为边界的稳定区域的计算将受到壁板损伤程度的影响。

因此,通过分析不同的动力学响应行为,确定壁板在不同损伤参数下的稳定域边界。具体地,在 T/T_{cr} 和 λ 构成的参数平面内,分别通过固定 T/T_{cr} = 0∶0.5∶5,遍历 λ = 0∶400,得到不同温度参数下的局部位移极值关于 λ 的分岔图。根据分岔图的分布形态,很容易识别出静稳定、动稳定屈曲、LCO、周期及混沌运动的分岔边界。因此,图 7.7 给出了不同损伤程度 S_r = 1、0.8、0.6、0.4 下壁板在 T/T_{cr} 和 λ 参数平面内的稳定区域。曲线表明,不同损伤程度产生的稳定边界具有显著差异,且随着损伤程度的增加,壁板发生极限环运动的颤振动压更低,而发生后屈曲、非简谐周期或混沌运动的颤振动压则反之更高,且呈非线性增长。

选取图 7.7 中标记为 A、B、C 的三个特征点进行具体讨论,它们在稳定区域内的具体位置如表 7.1 所示。在不同的损伤程度下,图 7.8 和图 7.9 分别显示了 A、B 点对应的壁板发生屈曲和 LCO 的物理形变。曲线表明,损伤程度越高,壁板发生屈曲/LCO 产生的形变量越大,屈曲相较于 LCO 受损伤程度的影响更为显著。不同于 A、B 两点,C 点对应的壁板在不同的损伤程度下则呈现出了复杂的动力学特性(图 7.10、图 7.11)。庞加莱映射、FFT 及 LLE 等结果表明除了当

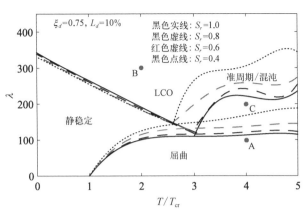

图 7.7　壁板在不同损伤程度下的稳定区域

$S_r = 0.6$ 时壁板做三倍周期运动,在其他损伤参数 $S_r = 1$、0.8、0.4 下,壁板均做混沌运动。对于混沌运动,计算其 LLE 如图 7.10(b)、图 7.10(d) 和图 7.11(d) 所示,当 $S_r = 1$、0.8、0.4 时,混沌响应的 LLE 分别为 2.797,0.294 和 4.035。可见,LLE 值作为一个判断非线性动响应形式的定量工具,对壁板损伤程度的变化是较为敏感的。这一结论对壁板结构损伤检测具有重要意义。

表 7.1　A、B、C 特征点的定义

特征点	坐标参数
A	$T/T_{cr} = 4$,$\lambda = 100$
B	$T/T_{cr} = 2$,$\lambda = 300$
C	$T/T_{cr} = 4$,$\lambda = 200$

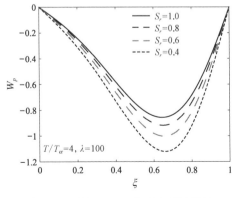

图 7.8　不同 S_r 下 A 点对应的壁板的屈曲形变

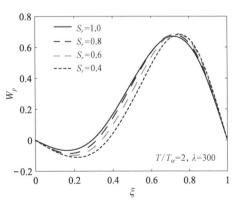

图 7.9　不同 S_r 下 B 点对应的壁板的 LCO 形变

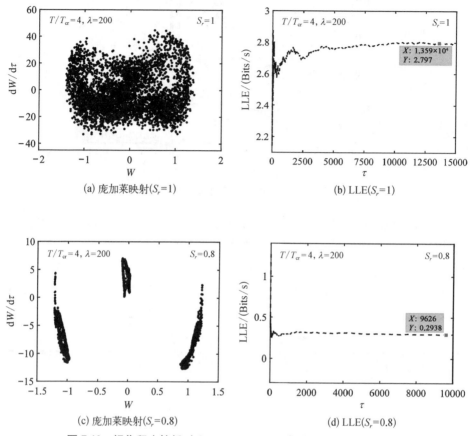

(a) 庞加莱映射(S_r=1)

(b) LLE(S_r=1)

(c) 庞加莱映射(S_r=0.8)

(d) LLE(S_r=0.8)

图 7.10 损伤程度较低时 (S_r = 1, 0.8) C 点对应的壁板的动响应

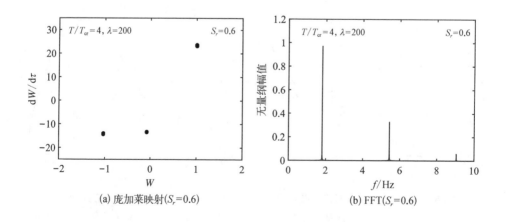

(a) 庞加莱映射(S_r=0.6)

(b) FFT(S_r=0.6)

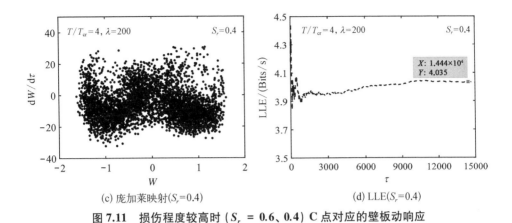

(c) 庞加莱映射(S_r=0.4)　　　　(d) LLE(S_r=0.4)

图 7.11　损伤程度较高时（S_r = 0.6、0.4）C 点对应的壁板动响应

通过以上对损伤程度参数的影响研究,得出结论:① 损伤程度的变化可能会改变壁板的非线性动响应形式;② 随着损伤程度的增加,壁板发生极限环运动的颤振动压越来越小,而发生后屈曲非简谐周期/混沌运动的边界则呈非线性增长趋势;③ 随着损伤程度的增加,壁板发生屈曲/LCO 的物理形变量越大;④ 稳定域边界和李雅普诺夫指数对损伤程度的变化都很敏感,可以作为诊断壁板结构损伤的有效工具。

7.4.2　损伤范围的影响

除了损伤程度,损伤范围的大小也是表示结构刚度损失的一个重要参数,用 L_d 表示,具体表示损伤长度占壁板总长度的百分比。类似于损伤程度的影响分析,图 7.12 给出了当 T/T_{cr} = 4, λ = 150, S_r = 0.4, ξ_d = 0.75 时,壁板局部位移极值随损伤范围 L_d 变化的分岔图(由于刚度损失大于总长度 50% 的可能性不大,这里不讨论,因此取 L_d = 0% ~ 50%)。结果表明,随着损伤范围的不断扩大,壁板先做混沌运动,在 L_d = 8% 附近分岔为屈曲运动,且当 L_d > 35% 时,屈曲运动趋于稳定(具有相同的屈曲形变)。具体地,以较小损伤范围内的混沌运动为例,图 7.13 给出了 L_d = 1% 和 L_d = 6% 两种损伤范围对应的壁板混沌响应。显然,其庞加莱映射的形态是有差别的,对应的 LLE 值分别为 3.148 和 3.943,表明损伤范围越大,LLE 值越大,混沌响应的非线性越强,这与损伤程度的影响是一致的。

类似地,图 7.14 给出了在几个特征损伤范围下,T/T_{cr} 和 λ 参数平面内壁板的稳定区域。考虑典型损伤范围 L_d = 0, 10%, 20%, 40%, 以及 S_r = 0.8, ξ_d = 0.75。

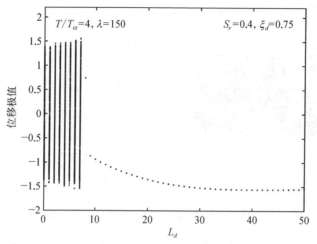

图 7.12   位移极值关于损伤范围 L_d 的分岔图

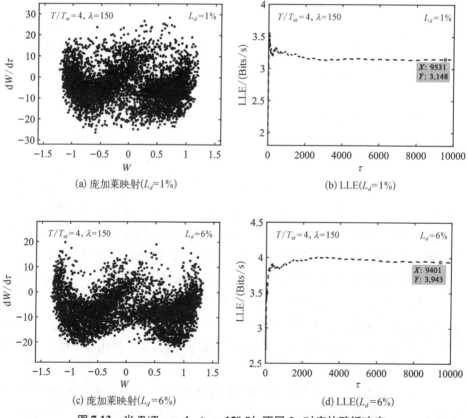

图 7.13   当 T/T_{cr} = 4, λ = 150 时,不同 L_d 对应的壁板响应

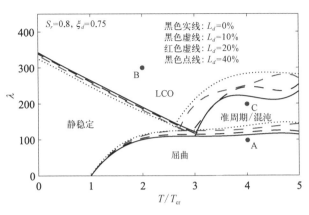

图 7.14　不同损伤范围下的稳定区域

与图 7.7 对比可见,损伤范围与损伤程度对稳定域的影响规律是相似的,只是边界变化幅度较小。

　　同样以表 7.1 中的点 A、B、C 为代表进行具体分析。图 7.15 和图 7.16 分别给出了 A 点和 B 点对应的壁板发生屈曲和 LCO 的物理形变。结果表明,损伤范围越大,屈曲和 LCO 的位移幅值越大,对物理形变的影响越显著。图 7.17 为不同损伤范围下 C 点对应的动响应。需要注意的是,$L_d = 0$ 和 $L_d = 10\%$ 的情况与 $S_r = 1$ 和 $S_r = 0.8$ 的计算参数实际上是一致的,如图 7.10(a) ~ 图 7.10(d)所示,因此这里只给出了 $L_d = 20\%$ 和 $L_d = 40\%$ 的情况。结果表明,随着损伤范围的扩大,壁板分别做混沌、瞬态混沌和三倍周期运动,壁板的运动趋于非线性更低的动响应形式,这一规律与损伤程度的影响趋势是不同的。

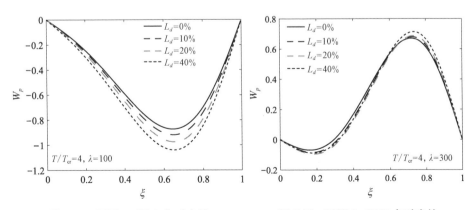

图 7.15　不同 L_d 下 A 点对应的
壁板屈曲形变

图 7.16　不同 L_d 下 B 点对应的
壁板 LCO 形变

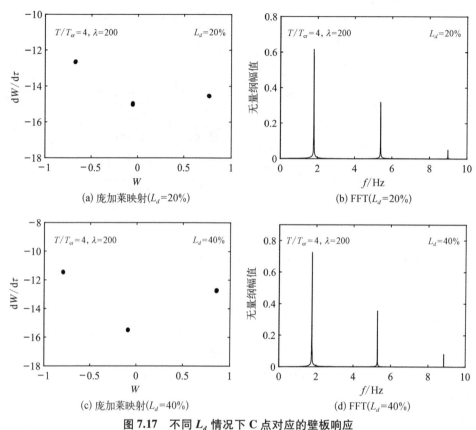

图 7.17   不同 L_d 情况下 C 点对应的壁板响应

（注意：对于 $L_d = 0\%$ 和 $L_d = 10\%$，参考图 7.10）

7.4.3   损伤位置的影响

在上述损伤程度与损伤范围的参数分析中，假定了损伤发生在壁板弦长的 75% 处，那么，如果结构损伤发生在壁板弦长的其他位置，对壁板的非线性颤振特性又将产生怎样的影响？类似前两个损伤参数，图 7.18 给出了在损伤位置沿壁板弦长移动的情况下，取 $T/T_{cr} = 4$，$\lambda = 150$，$S_r = 0.4$，$L_d = 10\%$，得到壁板局部位移极值随损伤位置变化的分岔图。相较于损伤程度的分岔图（图 7.3）和损伤范围的分岔图（图 7.12），该分岔图的分布形态更为复杂。具体地，随着损伤位置沿来流方向从前缘到后缘，壁板的振动形式主要为混沌运动，在 $\xi_d = 0.7 \sim 0.9$ 范围内为屈曲运动；此外，在混沌区域内，夹杂了多倍周期运动和 LCO 运动窗口。

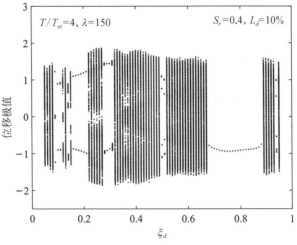

图 7.18　位移极值关于损伤位置 ξ_d 的分岔图

具体地, 取损伤位置 $\xi_d = 0.25$、0.4、0.6、0.9, 固定损伤程度和损伤范围为 $S_r = 0.8$, $L_d = 10\%$。图 7.19 给出了四个特征损伤位置得到的壁板位移响应的庞加莱映射, 显然, 其分布形态随着损伤位置的改变发生了变化, 虽然定性判断的结果都是混沌运动, 但是显然是不同的混沌运动。因此, 图 7.20 给出了定量的 LLE 曲线。对应损伤位置 $\xi_d = 0.25$、0.4、0.6、0.9, 得到的 LLE 值分别为 1.40、2.73、4.41、3.89。可见, 随着损伤位置从壁板前缘向后缘的移动, 产生的混沌现象非线性先增加后减小, 当 $\xi_d = 0.6$ 时 LLE 最大。这一规律与上述的损伤程度和损伤范围的影响趋势均有所不同。

取三个特征损伤位置 $\xi_d = 0.25$、0.5、0.75, 分别代表壁板长度的前缘、中部和后缘, 绘制它们对应的壁板稳定域, 如图 7.21 所示。有趣的是, 当损伤发生在

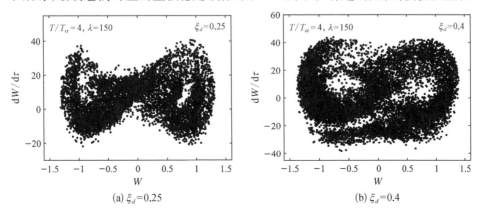

(a) $\xi_d = 0.25$　　　　　　　　　　　　　(b) $\xi_d = 0.4$

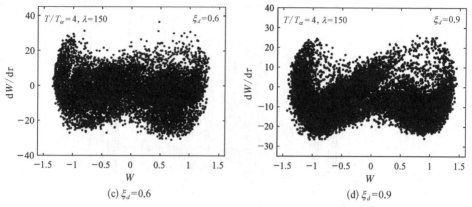

图 7.19 当 $T/T_{cr} = 4$，$\lambda = 150$ 时，不同 ξ_d 对应的庞加莱映射

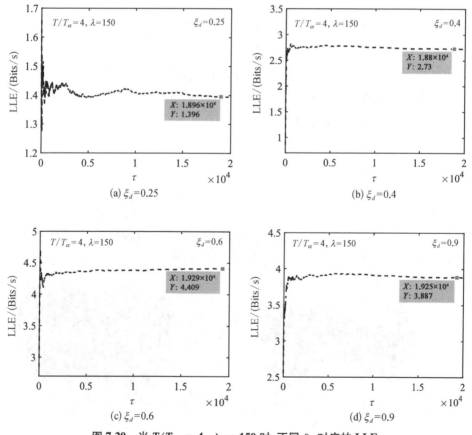

图 7.20 当 $T/T_{cr} = 4$，$\lambda = 150$ 时，不同 ξ_d 对应的 LLE

ξ_d = 0.25 处时,壁板的颤振边界最低,而损伤发生在 ξ_d = 0.75 处的颤振边界最高。显然,前缘发生损伤的壁板是最不稳定的,其原因在于超声速气流中的扰动只向后传播。结构的损伤可以看作气流的扰动,而前缘的损伤(扰动)会影响后面的气流。随着损伤的向后移动,扰动的影响将减小。因此,损伤出现在前缘时壁板最不稳定。

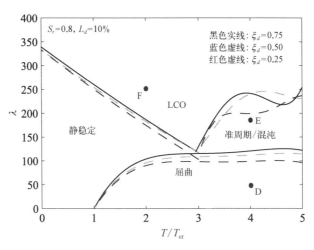

图 7.21　不同损伤位置得到的稳定域

取稳定域内的三个特征点 D、E 和 F(定义见表 7.2),图 7.22 和图 7.23 分别给出了 D 点和 E 点对应的壁板屈曲和 LCO 形变。结果表明,三个损伤位置得到的屈曲形变较为接近,而 LCO 形变则呈现出了明显差异,其中 ξ_d = 0.25 对应最大的 LCO 形变,ξ_d = 0.75 则对应最小的 LCO 形变。这一影响规律不同于损伤程度和损伤范围的影响趋势,但前缘附近发生损伤的壁板仍然最不稳定。图 7.24 给出了 F 点对应的壁板响应,在 ξ_d = 0.75、0.5、0.25 时,分别观察到准周期、三倍周期和混沌运动。显然,损伤位置改变了壁板的动响应形式,并且发生在前缘的损伤使壁板更不稳定,这与图 7.21 和图 7.23 的结论一致。

表 7.2　D、E、F 特征点的定义

特 征 点	坐 标 参 数
D	T/T_{cr} = 4, λ = 50
E	T/T_{cr} = 2, λ = 250
F	T/T_{cr} = 4, λ = 190

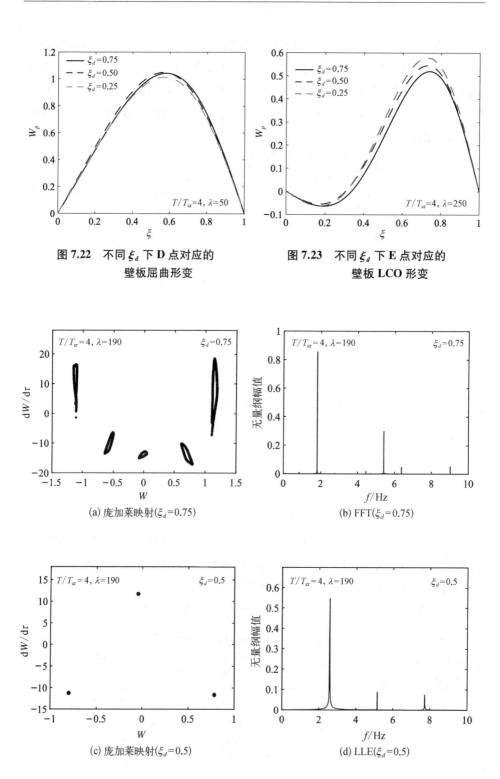

图 7.22　不同 ξ_d 下 D 点对应的
壁板屈曲形变

图 7.23　不同 ξ_d 下 E 点对应的
壁板 LCO 形变

(a) 庞加莱映射($\xi_d=0.75$)

(b) FFT($\xi_d=0.75$)

(c) 庞加莱映射($\xi_d=0.5$)

(d) LLE($\xi_d=0.5$)

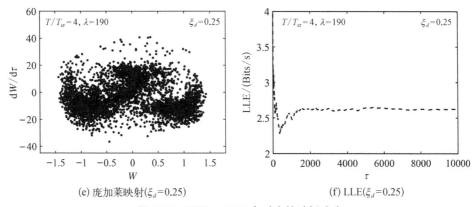

(e) 庞加莱映射(ξ_d=0.25)　　　　　　(f) LLE(ξ_d=0.25)

图 7.24　不同 ξ_d 下 F 点对应的壁板响应

7.4.4　POD 模态敏感性分析

基于上述讨论,颤振壁板的稳定域和 LLE 对损伤参数的变化呈现出了一定程度的敏感性。为了探索更有效的结构损伤检测工具,本小节基于 POD 方法,提取 POMs,并评估主模态和高阶 POMs 对壁板结构损伤的敏感程度。POD 方法是一种数学统计方法,通过从一组数值模拟或实验数据收集的时间快照中提取必要的空间信息来描述时空复杂度并重建低维度的动态系统。在本节中,快照数据是从伽辽金法得到的位移时间响应中获得的。为了避免重复,这里省略了 POMs 提取的具体过程,感兴趣的读者,可以参考作者关于 POD 方法的前期研究工作[17,41]。

为了评估 POMs 对损伤参数变化的敏感性,分别通过改变损伤程度、损伤范围和损伤位置提取 POMs,见图 7.25、图 7.26 和图 7.27。图 7.25(a)表明,相较于健康壁板 $(S_r = 1)$,$S_r = 0.9$ 的损伤壁板的第 1~4 阶 POMs 变化不大,而 $S_r = 0.8$,0.4 的损伤壁板的第 1~4 阶 POMs 则产生了显著差异。那么,对于损伤程度较高的情况,POD 主模态呈现出了较强的敏感性,可用于损伤检测。然而,对于损伤程度较低的情况(如 $S_r = 0.9$),POD 主模态的敏感度仍然不足以有效识别损伤的存在。因此,图 7.25(b)中比较了 $S_r = 0.9$ 的损伤壁板与健康壁板的第 5~8 阶 POMs。显然,随着 POMs 阶数的升高,10% 的结构损伤产生的偏差逐阶增长,这为检测轻度的结构损伤提供了有效手段。为了进一步证明上述结论,改变损伤程度和损坏位置,分别见图 7.26 和图 7.27,可以观察到类似的影响规律,即高阶 POMs 对结构损伤更加敏感,对检测轻度的结构损伤是有效的。

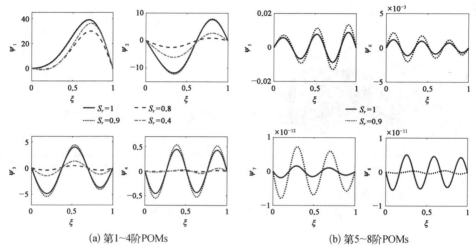

(a) 第1~4阶POMs　　　　　　　　　(b) 第5~8阶POMs

图 7.25　当 $L_d = 10\%$, $\xi_d = 0.75$, $T/T_{cr} = 4$, $\lambda = 210$ 时,不同损伤程度得到的 POMs

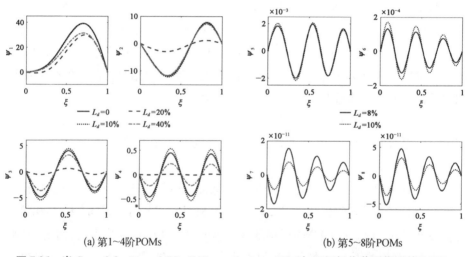

(a) 第1~4阶POMs　　　　　　　　　(b) 第5~8阶POMs

图 7.26　当 $S_r = 0.8$, $\xi_d = 0.75$, $T/T_{cr} = 4$, $\lambda = 210$ 时,不同损伤范围得到的 POMs

综上所述,POD 方法最初是一种对高阶复杂系统以更低维度进行重构的数理统计方法,其 POD 主模态被作为重构系统的基向量,而高阶 POMs 往往被省略。然而,在上述分析中,相比于主模态,高阶 POMs 被证明对轻度的结构损伤更敏感。原因在于,轻度的结构损伤是系统的微小变化,不会轻易改变结构的全局自然模态(主 POMs),但往往可以改变高阶 POMs。因此,高阶的 POMs 可以有效地检测结构损伤。

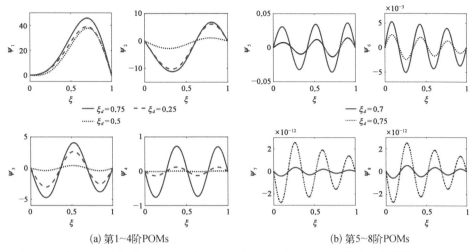

(a) 第1~4阶POMs　　　　　(b) 第5~8阶POMs

图 7.27　当 $S_r = 0.8$，$L_d = 10\%$，$T/T_{cr} = 4$，$\lambda = 190$ 时，不同损伤位置得到的 **POMs**

7.5　本章小结

本章的目的是获得超声速气流中损伤壁板的非线性颤振特性及稳定性随损伤参数的变化规律，并试图获得有效的非线性高灵敏度的结构损伤检测方法。将壁板损伤表示为局部抗弯刚度损失，用三个无量纲参数 S_r、L_d、ξ_d 分别表示损伤程度、损伤范围和损伤位置，对结构损伤进行量化。运用分岔图、稳定域、庞加莱映射图和 LLE 等非线性工具，深入分析了损伤参数变化对壁板复杂动响应和颤振边界的影响规律。另外，通过提取损伤壁板的 POD 模态，对比分析了 POD 主模态和高阶模态对损伤参数的敏感性。主要结论有：

（1）壁板颤振稳定域作为一种重要的工具，能够有效、灵敏地反映损伤程度、损伤范围及损伤位置的参数变化；

（2）损伤程度和损伤范围的影响随着损伤程度/损伤范围的增加，极限环颤振边界略有减小，而后屈曲颤振边界（非简谐周期及混沌运动）和位移幅值均有所增加，且相较于损伤范围，损伤程度的影响更为显著；

（3）通过对壁板 1/4、1/2 和 3/4 弦长处的损伤位置进行比较，发现前缘附近发生损伤的壁板的失稳程度最高，颤振边界最小，位移响应幅值最大。原因在于结构损伤作为一种扰动，在超声速气流中只会向后传播，因此，在前缘附近的结构损伤要比后缘的情况影响更大；

（4）对于混沌运动,证明了 LLE 对结构损伤的识别是敏感的,损伤程度越大,得到的混沌响应的 LLE 值越大,表明系统的非线性更强,可以作为检测结构损伤的有效工具；

（5）与原 POD 主模态相比,高阶 POD 模态对轻度的结构损伤更为敏感,这为今后的结构损伤检测提供了另一种有效的方法。

参考文献

[1] Dowell E H. Nonlinear oscillations of a fluttering plate[J]. AIAA Journal, 1966, 4(7): 1267 – 1275.

[2] Eftekhari S A, Bakhtiari-Nejad F, Dowell E H. Damage detection of an aeroelastic panel using limit cycle oscillation analysis[J]. International Journal of Non-Linear Mechanics, 2014, 58: 99 – 110.

[3] Ye W, Dowell E H. Limit cycle oscillation of a fluttering cantilever plate[J]. AIAA Journal, 1991, 29(11): 1929 – 1936.

[4] Alder M. Development and validation of a partitioned fluid-structure solver for transonic panel flutter with focus on boundary layer effects[C]. Atlanta: 44th AIAA Fluid Dynamics Conference, 2014.

[5] Boyer N R, McNamara J J, Gaitonde D V, et al. Study on shock-induced panel flutter in 3 – D inviscid flow[C]. Grapevine: 58th AIAA/ASCE/AHS/ASC Structures, Structural Dynamics, and Materials Conference, 2017.

[6] Ganji H F, Dowell E H. Panel flutter prediction in two dimensional flow with enhanced piston theory[J]. Journal of Fluids and Structures, 2016, 63: 97 – 102.

[7] Wang X, Yang Z, Wang W, et al. Nonlinear viscoelastic heated panel flutter with aerodynamic loading exerted on both surfaces[J]. Journal of Sound Vibration, 2017, 409 (24): 306 – 317.

[8] Tian W, Yang Z, Gu Y, et al. Analysis of nonlinear aeroelastic characteristics of a trapezoidal wing in hypersonic flow[J]. Nonlinear Dynamics, 2017, 89(2): 1205 – 1232.

[9] Cheng G, Mei C. Finite element modal formulation for hypersonic panel flutter analysis with thermal effects[J]. AIAA Journal, 2004, 42(4): 687 – 695.

[10] Gray C E, Mei C. Large-amplitude finite element flutter analysis of composite panels in hypersonic flow[J]. AIAA Journal, 1993, 31(6): 1090 – 1099.

[11] Mei C. A finite-element approach for nonlinear panel flutter[J]. AIAA Journal, 1977, 15 (8): 1107 – 1110.

[12] Song Z, Li F. Aerothermoelastic analysis of nonlinear composite laminated panel with aerodynamic heating in hypersonic flow[J]. Composites Part B: Engineering, 2014, 56: 830 – 839.

[13] Song Z G, Zhang L W, Liew K M. Aeroelastic analysis of CNT reinforced functionally graded

composite panels in supersonic airflow using a higher-order shear deformation theory[J]. Composite Structures, 2016, 141(1): 79 - 90.

[14] Guo X, Mei C. Application of aeroelastic modes on nonlinear supersonic panel flutter at elevated temperatures[J]. Computers and Structures, 2006, 84(24 - 25): 1619 - 1628.

[15] Mortara S A, Slater J, Beran P. Analysis of nonlinear aeroelastic panel response using proper orthogonal decomposition[J]. Journal of Vibration and Acoustics, 2004, 126(3): 416 - 421.

[16] Xie D, Xu M. A comparison of numerical and semianalytical proper orthogonal decomposition methods for a fluttering plate[J]. Nonlinear Dynamics, 2015, 79(3): 1971 - 1989.

[17] Xie D, Xu M, Dowell E H. Proper orthogonal decomposition reduced-order model for nonlinear aeroelastic oscillations[J]. AIAA Journal, 2014, 52(2): 229 - 241.

[18] Strganac T W, Kim Y I. Aeroelastic behavior of composite plates subject to damage growth [J]. Journal of Aircraft, 1996, 33(1): 68 - 73.

[19] Dugundji J, Dowell E H, Perkin B. Subsonic flutter of panels on a continuous elastic foundation[J]. AIAA Journal, 1963, 1(5): 1146 - 1154.

[20] Lock M H, Fung Y C. Comparative experimental and theoretical studies of the flutter of flat panels in a low supersonic flow[R]. Air Force Office of Scientific Research TN, 1961.

[21] Rucka M, Wilde K. Application of continuous wavelet transform in vibration based damage detection method for beams and plates[J]. Journal of Sound and Vibration, 2006, 297(3 - 5): 536 - 550.

[22] Yam L, Yan Y, Jiang J. Vibration-based damage detection for composite structures using wavelet transform and neural network identification[J]. Composite Structures, 2003, 60(4): 403 - 412.

[23] Trendafilova I, Manoach E. Vibration-based damage detection in plates by using time series analysis[J]. Mechanical Systems and Signal Processing, 2008, 22(5): 1092 - 1106.

[24] Doebling S W, Farrar C R, Prime M B, et al. Asummary review of vibration-based damage identification methods[J]. The Shock Vibration Digest, 1998, 30(2): 91 - 105.

[25] Fan W, Qiao P. Vibration-based damage identification methods: a review and comparative study[J]. Structural Health Monitoring, 2011, 10(1): 83 - 111.

[26] Dai H, Jing X, Wang Y, et al. Post-capture vibration suppression of spacecraft via a bio-inspired isolation system[J]. Mechanical Systems and Signal Processing, 2018, 105(15): 214 - 240.

[27] Wang Y, Li F, Wang Y, et al. Nonlinear responses and stability analysis of viscoelastic nanoplate resting on elastic matrix under 3 : 1 internal resonances[J]. International Journal of Mechanical Sciences, 2017, 128: 94 - 104.

[28] Abdelkefi A, Vasconcellos R, Nayfeh A H, et al. Online damage detection via a synergy of proper orthogonal decomposition and recursive bayesian filters[J]. Nonlinear Dynamics, 2013, 71(1 - 2): 159 - 173.

[29] Epureanu B I, Tang L S, Païdoussis M P. Exploiting chaotic dynamics for detecting parametric variations in aeroelastic systems[J]. AIAA Journal, 2004, 42(4): 728 - 735.

[30] Manoach E, Samborski S, Mitura A, et al. Vibration based damage detection in composite

beams under temperature variations using poincare maps [J]. International Journal of Mechanical Sciences, 2012, 62(1): 120 – 132.

[31] Eftekhari S A, Bakhtiari-Nejad F, Dowell E H. Bifurcation boundary analysis as a nonlinear damage detection feature: does it work? [J]. Journal of Fluids and Structures, 2011, 27 (2): 297 – 310.

[32] Moniz L, Nichols J M, Nichols C J, et al. A multivariate, attractor-based approach to structural health monitoring [J]. Journal Sound and Vibration, 2005, 283 (1 – 2): 295 – 310.

[33] Nichols J M, Todd M D, Seaver M, et al. Use of chaotic excitation and attractor property analysis in structural health monitoring[J]. Physical Review E, 2003, 67(1).

[34] Nichols J M, Virgin L N, Todd M D, et al. On the use of attractor dimension as a feature in structural health monitoring[J]. Mechanical Systems and Signal Processing, 2003, 17(6): 1305 – 1320.

[35] Li H, Huang Y, Ou J, et al. Fractal dimension-based damage detection method for beams with a uniform cross-section [J]. Computer-Aided Civil and Infrastructure Engineering, 2011, 26(3), 190 – 206.

[36] Chen G, Sun J, Li Y. Active flutter suppression control law design method based on balanced proper orthogonal decomposition reduced order model[J]. Nonlinear Dynamics, 2012, 70 (1): 1 – 12.

[37] Chen G, Zhou Q, Da Ronch A, et al. Computational fluid dynamics-based aero-servo-elastic analysis for gust load alleviation[J]. Journal of Aircraft, 2017, 55(4): 1619 – 1628.

[38] Sprott J C. Chaos and time-series analysis[M]. Oxford: Oxford University Press, 2003.

[39] Wolf A, Swift J B, Swinney H L, et al. Determining Lyapunov exponents from a time series [J]. Physica D: Nonlinear Phenomena, 1985, 16(3): 285 – 317.

[40] Moon F C. Chaotic vibrations: an introduction for applied scientists and engineers[M]. New York: Wiley, 1987.

[41] Xie D, Xu M, Dai H, et al. Proper orthogonal decomposition method for analysis of nonlinear panel flutter with thermal effects in supersonic flow[J]. Journal of Sound and Vibration, 2015, 337(17): 263 – 283.

第8章

基于力‑热‑结构耦合的壁板热颤振分析

8.1 引言

针对低成本的、可重复使用的运载火箭(reusable launch vehicle, RLV)和无人高超声速飞行器,高超声速飞行技术已成为一个国家军事力量的典型代表[1]。在高超声速飞行中,遇到的条件是复杂且棘手的,包括在大气中以更高的马赫数飞行而导致的气动加热、细长体的柔性结构以及最小的重量限制导致的薄壁控制面等。气动加热、气动力和结构弹性变形的共同作用导致了流体‑热‑结构耦合现象,即热气动弹性问题,自20世纪50年代末起,已引起广泛关注。

现代高超声速飞行器,例如,由美国国家航空航天局(National Aeronautics and Space Administration, NASA)[3]开发的X‑33,X‑34和X‑44,通常在大气层内以马赫数为0~15的速度飞行。如图8.1所示的某典型NASA吸气式高超声速飞行器,其下表面是超燃冲压发动机的一部分,由于受到严重的气动加热,而面临着温度变化引起的材料退化和壁板热弹性变形/热应力等问题。因此,高超声速飞行器的下表面往往设计有热防护系统(thermal protection system, TPS),TPS一般由上表面的辐射层、中间的隔热层和底层的金属壁板构成[4]。热防护系统能够保证底层机身在有限的温度下正常工作。因此,TPS设计是高超声速飞行器设计中的首要问题。

为了满足高超声速飞行器的需求,大量的TPS设计旨在可重复使用、低维护、低成本和轻量化等综合目标。目前典型的TPS由金属壁板、瓷砖和陶瓷毯构成。不同TPS概念的参数的权重比较是由NASA[5]使用一维瞬态TPS尺寸代码进行的。该算法将重量最小化作为目标函数,将表面热负荷作为约束。在设

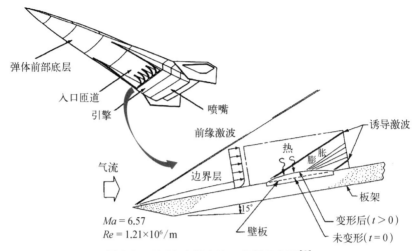

图 8.1 NASA 高超声速飞行器示意图[2]

计任何先进的金属 TPS 概念期间,选择面板的尺寸以将温度、热传递速率和空气声压限制在整个飞行范围的设计极限内[6]。最近的研究[7]在 TPS 优化中考虑了低热导率和高机械性能的热机械约束。类似地,基于热机械优化概念,设计金属 TPS 的目的是极大程度地减少结构重量并满足多种性能约束,包括顶面板的变形、凸耳孔周围的应力、蜂窝芯的应力,以及内部温度[8]。

目前 TPS 的优化设计主要考虑结构重量、热载荷、表面温度和结构应变/应力等约束,而且,气动压力、热载荷及结构应变/应力几乎都是基于单独模型进行计算的,而实际上这些因素之间存在强耦合作用。因此,为了获得准确的表面热通量、瞬态温度分布及其引起的结构变形/应力,考虑流体-热-结构耦合效应至关重要,即基于气动力-热-结构多物理场耦合进行热气动弹性分析非常必要。因此,本章旨在建立准确的热气动弹性分析模型,并通过热气动弹性分析指导 TPS 的优化设计。

关于高超声速气流的热气动弹性分析,Culler 和 McNamara[9]开创性地将 NASA 开发的 X-43 飞机的 TPS 简化为壁板结构,基于三阶活塞理论、参考焓法、von Karman 板理论及经典的伽辽金方法分别建立了气动力、气动热及结构动力学模型,并基于气动热-气动弹性单向/双向耦合策略建立了气动-热-结构耦合的热气动弹性分析模型。然而,该项研究工作仅讨论了高超声速气流中 TPS 底层壁板的热颤振问题,而没有进一步涉及 TPS 设计。针对壁板颤振问题已经有大量学者做了多方面研究,从超声速[10-13]到高超声速[14]流,从传统的伽辽金方法和瑞利-里茨方法[15]到有限元法(finite element method，FEM)[16]以获得结构响应解，从活塞理论[9]到 N - S 方程[17]以进行气动力的计算，从均匀热应力[18]到任意温度分布[19]以考虑热效应，从气动弹性分析[17,20]到热气动弹性分析[21,22]。综上所述，同时考虑气动-热-结构耦合的高超声速壁板颤振分析的研究仍然是很有限的[2,23]。具体来说，要对热气动弹性系统建模，需要两个方面的建模技术：① 通过简单的近似理论[11,24,25]、高保真数值方法[26]及 ROM[27-30]对气动力、气动热、热传导和结构动力学单独建模；② 气动-热-结构多物理场的耦合机制，包括气动力-气动热耦合[31,32]和气动-结构耦合[33,34]两个物理场耦合，以及三个物理场的单向耦合[19,35]和双向耦合[36,37]。

当前的研究旨在对高超声速气流中通用可重复使用飞行器的 TPS 壁板进行热气动弹性分析，并评估 TPS 的几何尺寸对 TPS 壁板热气动弹性特性的影响，以指导高超声速飞行器的 TPS 优化设计。三个物理场的耦合将采用考虑弹性变形对气动加热影响的气动热-气动弹性双向耦合方案。此外，由于气动弹性和热传导模块之间的时间尺度差异很大，将采用时间动态平均法进行耦合迭代，即在每个热传导的时间步内计算数个气动弹性时间步长的平均响应，并作为输入，以减少计算量，降低精度损失[9]。本章将对结构响应、颤振边界、稳定域及流体参数进行讨论，并评估 TPS 的几何尺寸对壁板热气动弹性稳定性的影响规律以指导 TPS 的优化设计。

本章的组织结构如下：在 8.2 节中，分别建立二维 TPS 壁板的气动力、气动热、热传导和结构动力学模型。此外，引入力-热-结构耦合方案，并推导耦合的热气动弹性方程。在 8.3 节中，验证热气动弹性分析模型，并进行飞行参数和 TPS 结构参数的影响分析。在 8.4 节中，基于热气动弹性分析的热防护结构设计，确定不同飞行高度、马赫数和 TPS 结构层厚度情况下的热气动弹性稳定域。在 8.5 节中，对典型弹道状态下的变参数热气动弹性问题进行分析。

8.2　热防护金属壁板结构建模

在本节中，如图 8.2 所示，作为高超声速飞行器中超燃冲压发动机腹板一部分的 TPS 壁板，由辐射屏蔽层、隔热层和金属壁板构成，为了考虑气动-热-结构耦合效应，该 TPS 壁板被近似视为两端简支的 von Karman 板。

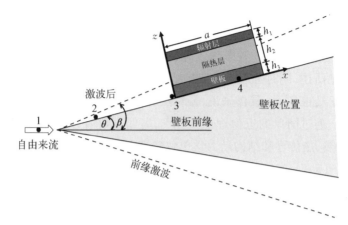

图 8.2 超燃冲压发动机倾斜表面上的 TPS 壁板结构

8.2.1 气动-热-结构耦合方案

考虑到气动弹性变形与气动热流之间的相互影响,本章采用气动热-气动弹性的双向耦合策略进行 TPS 壁板的热气动弹性分析。如图 8.3 所示,给定初始位移和温度,首先求解气动弹性模块得到当地(TPS 壁板所在位置)压力、马赫数及温度,并将它们作为输入传递给气动热模块。然后,通过气动热模块得到气动热通量和辐射热通量,做差将净热通量 $Q_{aero} - Q_{rad}$ 作为输入传递到 TPS 壁板的上表面。基于净热通量求解二维瞬态热传导方程,得到 TPS 夹芯板结构的温度分布。同时,更新随温度变化的材料参数,如杨氏模量、热膨胀系数、热传导系数等。热传导模块分别为气动弹性模块提供了新的材料参数及热应力和热弯矩,为气动热模块提供了新的温度场,为热传导模块本身更新了热传导系数,并进行下一步迭代。反复以上迭代过程,直到飞行时间达到预期,便完成了基于气

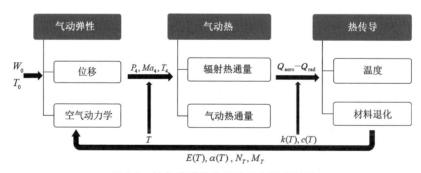

图 8.3 热气动弹性分析的双向耦合过程

动热–气动弹性双向耦合的热气动弹性分析过程。

8.2.2　气动弹性模型

对于图 8.2 所示的壁板结构,考虑到几何非线性引起的薄膜力 N_x、惯性力、气动力以及温度变化引起的平面内热应力 N_T 和热弯矩 M_T。假设翼展方向没有弯曲,则可以忽略 y 方向的弯曲变形,二维 TPS 壁板的运动方程为[11]

$$\frac{\partial^2}{\partial x^2}\left(D\,\frac{\partial^2 w}{\partial x^2}\right) - (N_x - N_T)\,\frac{\partial^2 w}{\partial x^2} + \left(\sum_{i=1}^{3} h_i \rho_i\right)\frac{\partial^2 w}{\partial t^2} + q_a + \frac{\partial^2 M_T}{\partial x^2} = 0 \quad (8.1)$$

其中,

$$N_x = \frac{E(x)h_3}{2(1-v^2)}\int_{-\frac{h_3}{2}}^{\frac{h_3}{2}}(\partial w/\partial x)^2 \mathrm{d}x$$

$$N_T = \frac{E(x)\alpha(x)}{1-v}\int_{-\frac{h_3}{2}}^{\frac{h_3}{2}}[T(x,z)-T_{\mathrm{ref}}]\mathrm{d}z \quad (8.2)$$

$$M_T = \frac{E(x)\alpha(x)}{1-v}\int_{-\frac{h_3}{2}}^{\frac{h_3}{2}}[T(x,z)-T_{\mathrm{ref}}]z\mathrm{d}z$$

高超声速气动力的计算采用经典三阶活塞理论:

$$q_a = \frac{2q_3}{M_3}\left[\left(\frac{\partial w}{\partial x}+\frac{1}{U_3}\frac{\partial w}{\partial t}\right)+\frac{\gamma+1}{4}M_3\left(\frac{\partial w}{\partial x}+\frac{1}{U_3}\frac{\partial w}{\partial t}\right)^2\right.$$
$$\left.+\frac{\gamma+1}{12}M_3^2\left(\frac{\partial w}{\partial x}+\frac{1}{U_3}\frac{\partial w}{\partial t}\right)^3\right] \quad (8.3)$$

在得到壁板横向位移后,则很容易得到壁板的应力分布:

$$\sigma_x(x,z)=\frac{N_x}{h_3}-\frac{E(x)}{1-v^2}\left(z\,\frac{\partial^2 w}{\partial x^2}\right)-\frac{E(x)\alpha(x)}{1-v}[T(x,z)-T_{\mathrm{ref}}] \quad (8.4)$$

8.2.3　气动热模型

假设壁板位于完全湍流中,本章采用经典的半经验方法–Eckert 参考焓法来计算湍流边界层的气动热通量。首先计算参考焓:

$$H^* = H_e + 0.50(H_w - H_e) + 0.22(H_{aw} - H_e) \tag{8.5}$$

其中，

$$H_{aw} = r(H_0 - H_e) + H_e$$

$$H_0 = H_e + \frac{U_e^2}{2}$$

$$r = (P_r^*)^{1/3} \tag{8.6}$$

则气动热通量为

$$Q_{aero} = St^* \rho A U_e (H_{aw} - H_w) \tag{8.7}$$

其中，

$$St^* = \frac{c_f^*}{2} \frac{1}{(Pr^*)^{2/3}}$$

$$c_f^* = \frac{0.370}{(\lg Re_x^*)^{2.584}} \tag{8.8}$$

$$Re_x^* = \frac{\rho^* U_e x}{\eta^*}$$

基于参考焓方法，很容易通过温度-焓关系得到参考温度方法：

$$H = C_p T \tag{8.9}$$

除气动热通量之外，考虑到 TPS 表层的不透明度、散射情况和被恒温环境包围而产生的热辐射，得到热辐射通量为

$$Q_{rad} = \sigma \varepsilon (T_w^4 - T_{env}^4) \tag{8.10}$$

8.2.4 热传导模型

基于二维热传导方程建模壁板中的瞬态热传递过程：

$$\rho c \frac{\partial T}{\partial t} = k_x \frac{\partial^2 T}{\partial x^2} + k_z \frac{\partial^2 T}{\partial z^2} \tag{8.11}$$

采用时间正向空间中心离散化显式格式的有限差分法，来计算 TPS 结构中的瞬态温度分布：

$$\rho c \frac{T_{j,i}^{n+1} - T_{j,i}^n}{\Delta t} = k_x \frac{T_{j,i+1}^n - 2T_{j,i}^n + T_{j,i-1}^n}{(\Delta x)^2} + k_z \frac{T_{j+1,i}^n - 2T_{j,i}^n + T_{j-1,i}^n}{(\Delta z)^2} \quad (8.12)$$

考虑到节点间距可变且节点两侧的材料不同,基于新时间步长得到的温度为

$$T_{j,i}^{n+1} = T_{j,i}^n + \frac{k_{j,i+\frac{1}{2}}\Delta t}{(\rho c\Delta x)_{j,i}}\left(\frac{T_{j,i+1}^n - T_{j,i}^n}{|x_{j,i+1} - x_{j,i}|}\right) + \frac{k_{j,i-\frac{1}{2}}\Delta t}{(\rho c\Delta x)_{j,i}}\left(\frac{T_{j,i-1}^n - T_{j,i}^n}{|x_{j,i-1} - x_{j,i}|}\right)$$

$$+ \frac{k_{j+\frac{1}{2},i}\Delta t}{(\rho c\Delta z)_{j,i}}\left(\frac{T_{j+1,i}^n - T_{j,i}^n}{|x_{j+1,i} - x_{j,i}|}\right) + \frac{k_{j-\frac{1}{2},i}\Delta t}{(\rho c\Delta z)_{j,i}}\left(\frac{T_{j-1,i}^n - T_{j,i}^n}{|x_{j-1,i} - x_{j,i}|}\right) \quad (8.13)$$

其中,

$$(\rho c\Delta x)_{j,i} = \frac{1}{2}\left[(\rho c)_{j,i-\frac{1}{2}}|x_{j,i-1} - x_{j,i}| + (\rho c)_{j,i+\frac{1}{2}}|x_{j,i+1} - x_{j,i}|\right]$$

$$(\rho c\Delta z)_{j,i} = \frac{1}{2}\left[(\rho c)_{j-\frac{1}{2},i}|z_{j-1,i} - z_{j,i}| + (\rho c)_{j+\frac{1}{2},i}|z_{j+1,i} - z_{j,i}|\right] \quad (8.14)$$

半步索引 $i(j) + \frac{1}{2}$ 和 $i(j) - \frac{1}{2}$ 表示相邻层之间的节点。边界条件是 TPS 结构表面的热通量边界,其暴露在气动加热和热辐射环境中,因此可以将式 (8.13) 中的最后一项替换为

$$\frac{k_{j-\frac{1}{2},i}\Delta t}{(\rho c\Delta z)_{j,i}}\left(\frac{T_{j-1,i}^n - T_{j,i}^n}{|x_{j-1,i} - x_{j,i}|}\right) = \frac{\Delta t}{(\rho c\Delta z)_{j,i}}\left[Q_{\text{aero}} - Q_{\text{rad}}\right]_i^n \quad (8.15)$$

8.2.5　无量纲热气动弹性模型

定义以下无量纲变量:

$$\bar{x} \equiv x/a;\ \bar{z} \equiv z/h_3;\ \bar{w} \equiv w/h_3;\ \bar{t} \equiv t/\tau$$

$$\bar{N}_x \equiv N_x a^2/D_0;\ \bar{N}_T \equiv N_T a^2/D_0;\ \bar{M}_T \equiv M_T a^2/D_0 h_3 \quad (8.16)$$

$$\bar{T} \equiv T/\Gamma;\ \bar{D} \equiv D/D_0;\ \bar{\sigma}_x \equiv \sigma_x/\sigma_0$$

其中,

$$\tau = \left(\frac{\rho_p h_3 a^4}{D_0}\right)^{1/2}; \quad \Gamma = \frac{D_0}{E_0 h_3 \alpha_0 a^2}$$

$$\lambda = \frac{2q_3 a^3}{M_3 D_0}; \quad \mu = \frac{\rho_3 a}{\rho_p h_3} \tag{8.17}$$

$$D_0 = \frac{E_0 h_3^3}{12(1-v^2)}; \quad \sigma_0 = \frac{E_0}{1-v^2}\left(\frac{h_3}{a}\right)^2$$

因此,代入原方程(8.1)中,获得无量纲运动方程:

$$\frac{\partial^2}{\partial x^2}\left(\bar{D}\frac{\partial^2 \bar{w}}{\partial \bar{x}^2}\right) - (\bar{N}_x - N_T)\frac{\partial^2 \bar{w}}{\partial \bar{x}^2} + \left(\sum_{i=1}^{3}\frac{\rho_i h_i}{\rho_p h_3}\right)\frac{\partial^2 \bar{w}}{\partial \bar{t}^2} + \bar{q}_a + \frac{\partial^2 \bar{M}_T}{\partial \bar{x}^2} = 0 \quad (8.18)$$

将杨氏模量及热弯矩假设成如下多项式形式

$$E(\bar{x}) = E_1 + aE_2\bar{x} + a^2 E_3\bar{x}^2$$

$$M_T(\bar{x}) = M_{T1} + aM_{T2}\bar{x} + a^2 M_{T3}\bar{x}^2 \tag{8.19}$$

则

$$\bar{D} = \frac{D}{D_0} = \frac{E}{E_0} = \frac{1}{E_0}(E_1 + aE_2\bar{x} + a^2 E_3\bar{x}^2)$$

$$\bar{M}_T = \frac{E(\bar{x})\alpha(\bar{x})}{E_0\alpha_0(1-v)}\int_{-\frac{1}{2}}^{\frac{1}{2}}[\bar{T}(\bar{x},\bar{z}) - \bar{T}_{\text{ref}}]\bar{z}\mathrm{d}\bar{z} \tag{8.20}$$

除此之外,

$$\bar{N}_x = \frac{6}{E_0}\left[\int_0^1 \frac{1}{E(\bar{x})\mathrm{d}\bar{x}}\right]^{-1}\int_0^1\left(\frac{\partial \bar{w}}{\partial \bar{x}}\right)^2\mathrm{d}\bar{x}$$

$$\bar{N}_T = \left[\int_0^1 \frac{1}{E(\bar{x})}\mathrm{d}\bar{x}\right]^{-1}\int_0^1 \frac{\alpha(\bar{x})}{\alpha_0 E_0(1-v)}\int_{-\frac{1}{2}}^{\frac{1}{2}}[\bar{T}(\bar{x},\bar{z}) - \bar{T}_{\text{ref}}]\mathrm{d}\bar{z}\mathrm{d}\bar{x}$$

$$\bar{M}_T = \frac{E(\bar{x})\alpha(\bar{x})}{E_0\alpha_0(1-v)}\int_{-\frac{1}{2}}^{\frac{1}{2}}[\bar{T}(\bar{x},\bar{z}) - \bar{T}_{\text{ref}}]\bar{z}\mathrm{d}\bar{z} = \bar{M}_{T1} + \bar{M}_{T2}\bar{x} + \bar{M}_{T3}\bar{x}^2$$

$$\bar{q}_a = \lambda\left[\left(\frac{\mu}{\lambda M_3}\right)^{\frac{1}{2}}\frac{\partial \bar{w}}{\partial \bar{t}} + \frac{\partial \bar{w}}{\partial \bar{x}}\right] + \lambda\left(\frac{h_3}{a}\right)\frac{\gamma+1}{4}M_3\left[\left(\frac{\mu}{\lambda M_3}\right)^{\frac{1}{2}}\frac{\partial \bar{w}}{\partial \bar{t}} + \frac{\partial \bar{w}}{\partial \bar{x}}\right]^2$$

$$+ \lambda\left(\frac{h_3}{a}\right)^2\frac{\gamma+1}{12}M_3^2\left[\left(\frac{\mu}{\lambda M_3}\right)^{\frac{1}{2}}\frac{\partial \bar{w}}{\partial \bar{t}} + \frac{\partial \bar{w}}{\partial \bar{x}}\right]^3$$

$$\bar{\sigma}_x(\bar{x}, \bar{z}) = \frac{\overline{N}_x}{12} - \frac{E(\bar{x})}{E_0}\left[\bar{z}\frac{\partial^2 \bar{w}}{\partial \bar{x}^2}\right] - \int_0^1 \frac{E(\bar{x})\alpha(\bar{x})}{12E_0\alpha_0(1-v)}\left[\overline{T}(\bar{x}, \bar{z}) - \overline{T}_{\text{ref}}\right]\mathrm{d}\bar{x}$$

$$(8.21)$$

假设壁板横向位移响应的形式如下：

$$\bar{w}(\bar{x}, \bar{t}) = \sum_{n=1}^M A_n \sin n\pi\bar{x} + C_1 + C_2\bar{x} + C_3\bar{x}^2 + C_4\bar{x}^3 \qquad (8.22)$$

运用伽辽金方法对控制方程进行空间离散，获得了一组关于未知模态坐标 $A_n(\tau)$ 的 M 项二阶常微分方程，并采用 RK4 数值积分方法[38]求解，以获得壁板的热气动弹性位移时域响应，从而进一步计算 TPS 壁板的热应力、热弯矩等。

8.3　TPS 壁板热颤振特性分析

在本节中，研究了如图 8.2 所示的 TPS 壁板，该壁板由辐射屏蔽层、隔热层和壁板组成。从上到下，这三层的材料分别为 PM - 2000、内部多屏绝缘材料（internal multiscreen insulation，IMI）和 Ti - 6Al - 2Sn - 4Zr - 2Mo[9]。若无特别说明，本章采用的几何尺寸和材料参数为：$a = 1.5$ m，$h_1 = 2$ mm，$h_2 = 10$ mm，$h_3 = 5$ mm；$\rho_1 = 1\,010$ kg/m³，$\rho_2 = 73$ kg/m³，$\rho_3 = 4\,540$ kg/m³；$E_0 = 113.72$ GPa，$v = 0.32$。若无特殊说明，所有曲线都是在壁板弦长 75% 处的计算结果。W/h 为位移与厚度之比（为了简洁，后文中用 h 特指金属壁板的厚度 h_3），即无量纲位移 W；M_T 为热弯矩；x/a 为横坐标与长度之比，为无量纲化的横坐标。

8.3.1　热气动弹性耦合模型验证

根据参考文献[5]和[39]中的材料数据，TPS 壁板的各层材料参数随温度变化的规律如图 8.4 所示，分别为比热容、热传导系数、杨氏模量和热膨胀系数随温度的变化曲线。为了验证当前的热气动弹性分析模型，首先进行双向耦合的热颤振分析，并将计算结果与参考文献[9]进行对比。图 8.5 是在不同马赫数条件下颤振边界（颤振开始的时间）的对比结果。$Ma = 10.5$ 时的壁板位移响应及 $Ma = 8$ 时的无量纲热应力的结果均与参考文献[9]一致，证明了当前热气动弹性耦合模型的准确性和可靠性。因此，本章后续计算均采用该热气动弹性耦合模型。

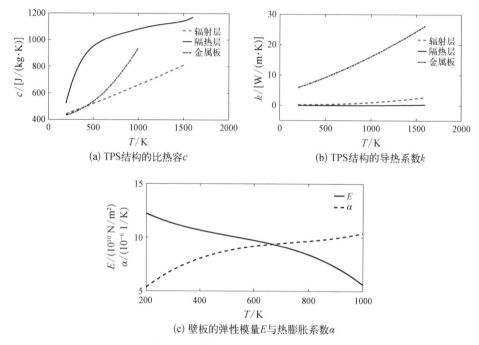

(a) TPS结构的比热容c

(b) TPS结构的导热系数k

(c) 壁板的弹性模量E与热膨胀系数α

图8.4 材料性能随温度的变化过程

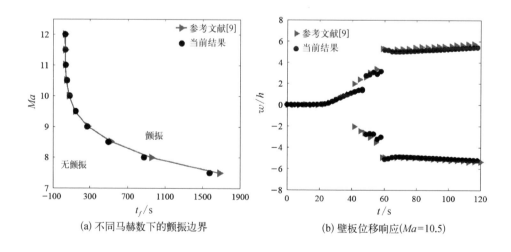

(a) 不同马赫数下的颤振边界

(b) 壁板位移响应($Ma=10.5$)

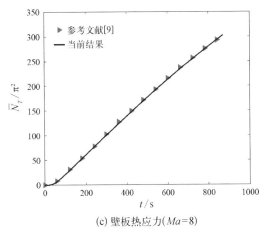

(c) 壁板热应力($Ma=8$)

图 8.5　热气动弹性耦合模型验证

8.3.2　转捩位置效应

文献[9]中,为了简单起见,假定壁板上的流动是完全湍流。但实际上该流动可能是层流、转捩流或者湍流。x_0 为层流转捩为湍流的位置到壁板前缘的距离,用于计算 Eckert 参考焓法中气动热通量的当地雷诺数。TPS 辐射屏蔽层的发射率 ε 是计算 TPS 结构上表面的辐射热通量的另一个重要参数。综上所述,与热通量有关的 x_0 和 ε 将直接影响 TPS 结构的温度场。因此,在本节中,将讨论转捩位置 x_0 和辐射发射率 ε 对壁板热气动弹性响应和热颤振边界的影响。

图 8.6 对比了 x_0 分别取值为 0.5、1.0 和 1.5 的计算结果。具体地,图 8.6(a)展示了每个 TPS 上表面的瞬态温度,正如预期的那样,温度首先快速升高,然后在飞行时间内达到平衡温度。由于热通量的输入,上表面(PM2000)的温度最高,由于内部隔热层的保护,底层的壁板保持在较低的工作温度。同时,曲线显示,不同的 x_0 得到的温度曲线有明显的偏离,并且随着 x_0 的增加,TPS 结构中每一层的温度都会降低。

由于温度的偏差,壁板的弹性模量随温度的退化情况如图 8.6(b)所示。结果表明,x_0 越大,材料退化程度越小,反之亦然。图 8.6(c)所示的瞬态平面热应力先缓慢增加,然后随时间急剧增加。考虑到特定的转捩位置,$x_0 = 0.5$ 产生的热应力最大,而 $x_0 = 1.5$ 则会产生最小的热应力。除平面热应力外,图 8.6(d)中还对热弯矩进行了对比。结果表明,热弯矩随着飞行时间的增长而增大,$x_0 = 1.5$ 会产生最小的热弯矩。

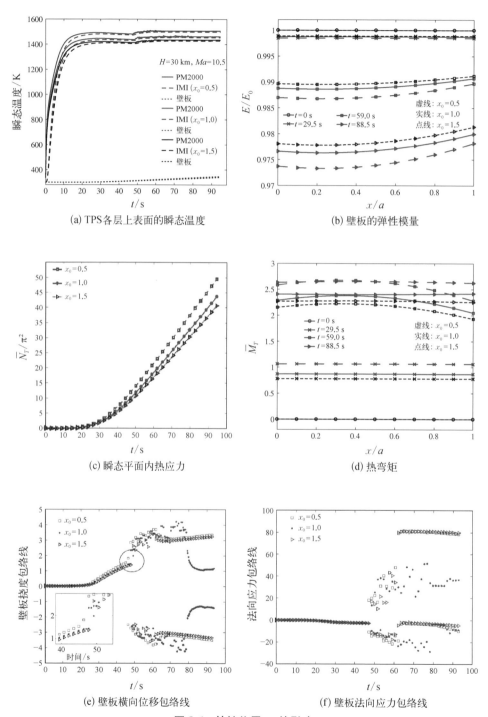

(a) TPS各层上表面的瞬态温度

(b) 壁板的弹性模量

(c) 瞬态平面内热应力

(d) 热弯矩

(e) 壁板横向位移包络线

(f) 壁板法向应力包络线

图 8.6　转捩位置 x_0 的影响

图 8.6(e)和(f)分别显示了飞行时间内的壁板横向位移包络线和法向应力包络线。对于讨论的三个转捩位置,随着时间的推移,观察到曲线由静稳定到动稳定屈曲、瞬态混沌到极限振荡的演化过程。$x_0 = 0.5$ 和 $x_0 = 1.5$ 的分岔现象大致相同,但是 $x_0 = 1.0$ 则出现较长的瞬态混沌过程,而且 LCO 的位移幅值及应力幅值均小于 $x_0 = 0.5$ 和 $x_0 = 1.5$ 对应的结果。另外,在颤振开始之前,与 $x_0 = 0.5$ 和 $x_0 = 1.0$ 相比,$x_0 = 1.5$ 对应最小的位移幅值。

综上所述,壁板离转捩位置的下游越远,稳定性则越好。原因在于,从转捩点到壁板前缘存在较大距离,导致 TPS 表面温度较低、材料退化程度较小、面内热应力/热弯矩较小,从而产生较小的位移响应幅值。这一发现表明,对于位于下游的壁板,提早从层流转捩为湍流是更优的选择。同时,Culler 和 McNamara[9]认为壁板上的气流是完全湍流的假设,可能会导致对结构温度、热应力和颤振边界等的保守预测。对于处在层流或转捩混合流中的壁板,以完全湍流假设为前提的颤振边界的预测可能导致危险的设计结果,这在 TPS 优化设计中值得关注。

8.3.3　辐射发射率效应

类似于上述对转捩位置参数的影响分析,图 8.7 展示了 $\varepsilon = 0.55$、0.70 和 0.85 不同辐射发射率得到的热气动弹性响应的对比结果。与图 8.6 中的曲线相比,辐射发射率以类似的方式影响着位移响应,即较大的辐射发射率会产生较大的辐射热通量,作为输出热通量,必将导致结构温度较低、热应力/热弯矩较小,从而产生较小的壁板形变位移及应力。另外,在图 8.7(e)和图 8.7(f)中,与 $\varepsilon = 0.55$ 和 $\varepsilon = 0.85$ 相比,$\varepsilon = 0.70$ 的位移/应力包络线呈现出更短的瞬态混沌过程。

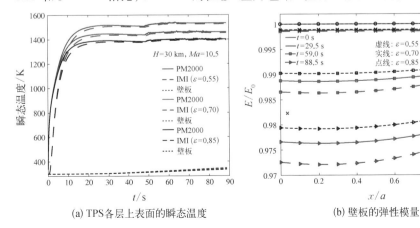

(a) TPS各层上表面的瞬态温度　　　　(b) 壁板的弹性模量

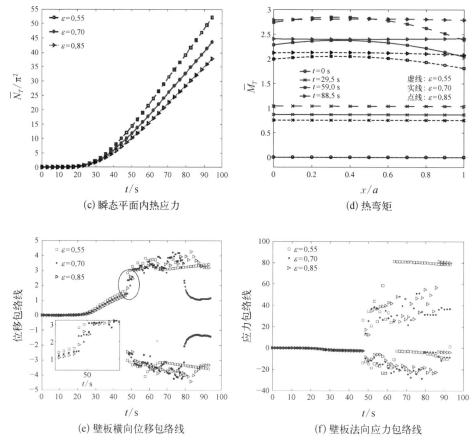

(c) 瞬态平面内热应力

(d) 热弯矩

(e) 壁板横向位移包络线

(f) 壁板法向应力包络线

图 8.7　辐射发射率 ε 的影响

综上所述,位移和应力幅值随飞行时间的演化过程实际上是温度、材料弹性模量、热应力/热弯矩、气动力等因素综合引起的非线性结果。转捩位置和辐射发射率影响壁板动力学行为演化方式的过程是复杂有趣的,感兴趣的读者可以进一步深入研究。

8.4　基于热气动弹性分析的热防护结构设计

8.4.1　TPS 结构设计方案评估

基于当前的热气动弹性分析模型,将文献[9]中的 TPS 各层厚度参数作为标准方案,并选择了其他不同层厚的七个设计方案,以对比 TPS 的结构重量以及颤振边界。图 8.8 详细给出了 TPS 在标准方案和方案 1~7 中的各层厚度取值。与标准方案相比,方案 1、方案 2 和方案 4 将辐射层厚度减半;方案 1、方案 3 和方案 6 将隔热层厚度减半;方案 3 和方案 5 将辐射层厚度加倍;方案 2 和方案 7 将隔热层厚度加倍。

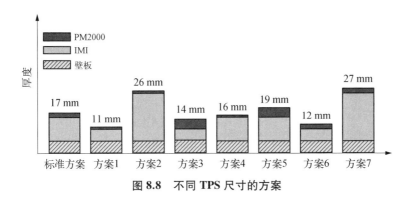

图 8.8　不同 TPS 尺寸的方案

对于设计的七种方案,TPS 各层的密度和厚度不同将引起结构重量的变化,可能导致热气动弹性响应的改变及颤振发生时刻(颤振边界)的不同。因此,固定飞行条件为 $H = 30\,\mathrm{km}$, $Ma = 10.5$,图 8.9 给出了方案 1~7 和标准方案的对比结果。图 8.9(a)将 TPS 的结构质量按降序排列,显然,相较于标准方案的结构质量为 25.45 kg,方案 1 的 24.07 kg 和方案 4 的 24.44 kg 分别减轻了约 5.4% 和 4.0%。图 8.9(b)以递增的顺序显示了颤振发生时刻,值得注意的是,方案 2 和方案 7 将颤振发生时刻延迟至标准方案的 2 倍。图 8.9(c)则引入了一种质量更轻、颤振发生更晚的优化设计概念,相较于文献[9]的标准方案,方案 2 和方案 7 是两个能够实现 TPS(各层厚度)设计更优的方案。

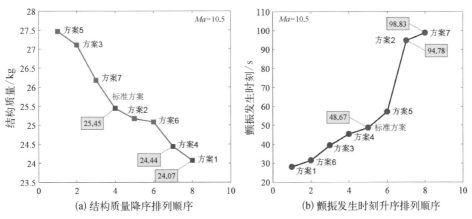

(a) 结构质量降序排列顺序　　　　(b) 颤振发生时刻升序排列顺序

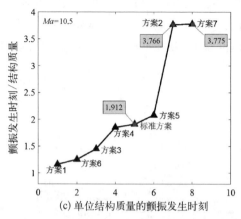

(c) 单位结构质量的颤振发生时刻

图 8.9　方案 1~7 与标准方案的对比

除结构质量和颤振边界外,还对上述设计方案的结构温度和应力进行了对比分析。图 8.10(a) 和图 8.10(b) 中上表面(辐射层)的瞬态温度曲线表明,方案 1、方案 2 和方案 4 在飞行初始阶段呈现出较高的增长率,且所有方案最终达到的平衡温度均低于标准方案。图 8.10(c) 和图 8.10(d) 中壁板表面的瞬态温度曲线表明,在整个飞行时间内壁板都处于被加热的状态,且标准方案中壁板的温度在 90 s 左右达到了 338.9 K。相比之下,方案 2 和方案 7 分别保持在较低温度 303.6 K 和 303 K,相较于标准方案,这两种方案使底层壁板的温度降低了约 10%。图 8.11 中瞬态应力的对比结果表明标准方案、方案 1、方案 3 和方案 6 产生的应力[图 8.11(a)]比方案 2、方案 4、方案 5 和方案 7[图 8.11(b)]产生的应力大得多。具体地,方案 4、方案 5 和标准方案产生的应力相对接近,而方案 2 和

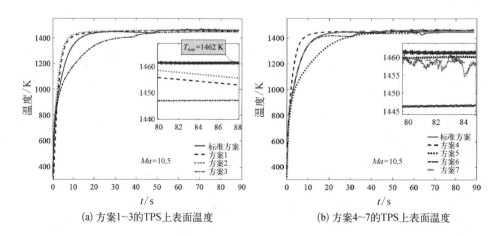

(a) 方案1~3的TPS上表面温度　　　(b) 方案4~7的TPS上表面温度

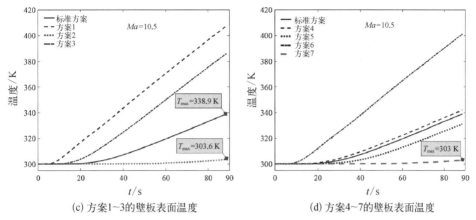

(c) 方案1~3的壁板表面温度　　　　　(d) 方案4~7的壁板表面温度

图 8.10　与标准方案相比,方案 1~7 在长度 75%处 TPS 上表面和壁板表面的瞬态温度

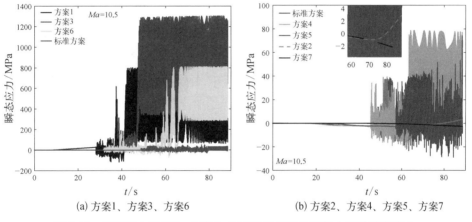

(a) 方案1、方案3、方案6　　　　　(b) 方案2、方案4、方案5、方案7

图 8.11　与标准方案相比,方案 1~7 在长度 75%处壁板中面的瞬态应力

方案 7 产生的应力则小得多。总之,通过温度和应力的方案对比分析得出了类似的结论:关于 TPS 壁板各层厚度的不同设计方案,基于热气动弹性分析,方案 2 和方案 7 能够获得更低的壁面温度及更小的应力,因此是更优的 TPS 结构设计方案。

8.4.2　热气动弹性稳定域分析

热气动弹性分析需要考虑的另一个重要因素是稳定边界的预测,这是飞行器安全飞行需要考虑的首要问题。下面通过改变飞行高度、马赫数,绘制 TPS 金属壁板的热气动弹性稳定区域,包括静稳定、动稳定屈曲、准周期及混沌等运动,并对比方案 2、方案 7 以及标准方案的稳定边界。

将飞行条件固定为 $H = 30\,\mathrm{km}$,$Ma = 10.5$,基于当前的力-热-结构热气动弹性耦合分析模型求解壁板的热气动弹性响应。图 8.12 绘制了飞行时间内不同动力学行为构成的四个区域:图 8.12(a)显示壁板随着飞行时间由静稳定发展为动稳定屈曲运动,图 8.12(b)中壁板由屈曲运动分岔成混沌运动,随着飞行时间的增加,图 8.12(c)中壁板由混沌运动发展成准周期运动,最后从图 8.12(d)中观察到壁板维持稳态的准周期运动。其中,通过图 8.13(a)、图 8.13(b)、图 8.13(c)和图 8.13(d)中的相平面图及 FFT 可判断图 8.12(b)、图 8.12(d)分别为混沌运动和准周期运动。通过准确判断不同的响应形式,图 8.12 中不同动力学行为的分岔点将作为稳定区域的边界点。

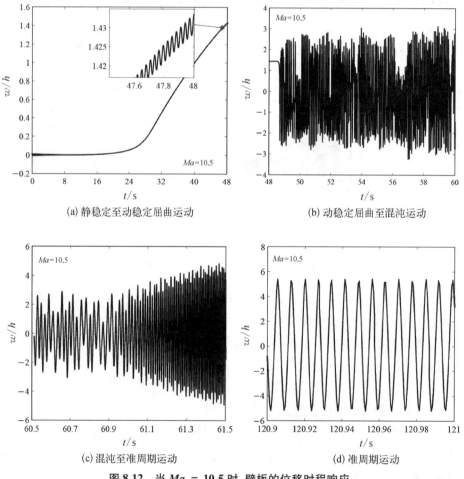

(a) 静稳定至动稳定屈曲运动   (b) 动稳定屈曲至混沌运动

(c) 混沌至准周期运动   (d) 准周期运动

图 8.12　当 $Ma = 10.5$ 时,壁板的位移时程响应

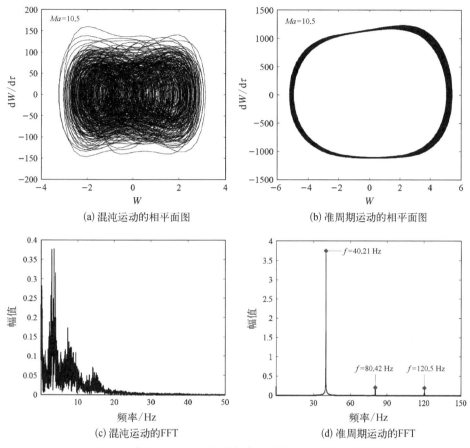

(a) 混沌运动的相平面图　　　　　(b) 准周期运动的相平面图

(c) 混沌运动的FFT　　　　　(d) 准周期运动的FFT

图 8.13　当 *Ma* = 10.5 时, 壁板颤振响应的相平面图和 FFT

　　固定马赫数 $Ma = 12$, 在特定范围 $H = 25 \sim 33\,\mathrm{km}$ 内改变飞行高度, 并绘制飞行时间与飞行高度参数平面内的壁板稳定域, 如图 8.14(a) 所示。标记为圆点、正方形和三角形的三条曲线将参数空间按时间递增的顺序分为静稳定、动稳定屈曲、混沌及准周期四个区域。静稳定区域的右边界曲线随着飞行高度的增加而缓慢增加, 因此可以忽略飞行高度之间的差异。屈曲区域的右边界在 $H > 30\,\mathrm{km}$ 的条件下, 曲线随着飞行高度呈指数增长。除了在 $H = 30\,\mathrm{km}$ 处的转折点, 混沌区域右边界则遵循屈曲区域右边界的变化趋势。

　　综上所述, 发生颤振前, 壁板响应始于静稳定运动, 而终于动稳定屈曲运动。发生颤振后, 壁板响应始于混沌运动, 而终于准周期运动。因此, 标记为红色正方形的曲线是颤振发生时刻的边界, 该曲线表明较高的飞行高度可以有效地延迟颤振的发生。另外, 随着飞行高度的增加, 瞬态混沌区域将大大减小, 该瞬态

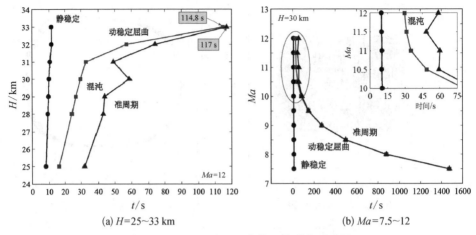

(a) $H=25\sim33$ km   (b) $Ma=7.5\sim12$

图 8.14 不同 H 和 Ma 条件下的稳定域边界

混沌区域具有很强的非线性,在飞行中应尽量避免。特别地,当 $H=33$ km 时,壁板维持瞬态混沌的时间为 $114.8\sim117$ s,持续时间仅有 2.2 s。如果可以克服这种瞬态混沌,则飞行将能够以准周期运动的形式继续跨越颤振边界。因此,壁板颤振后的动力学行为分析与颤振边界的预测同等重要。

相反地,固定 $H=30$ km,马赫数在 $7.5\sim12$ 范围内以步长为 0.5 均匀增加,图 8.14(b)显示了相似的稳定区域。图 8.14(b)中曲线表明,随着马赫数的增加,屈曲的发生时刻几乎相同,而颤振的发生时刻则以指数形式减小(提前),从 $Ma=7.5$ 到 $Ma=12$,颤振的发生时刻从 1 475 s 提前到 30 s,发生了剧烈的变化。此外,当 $Ma>10$ 时存在瞬态混沌区域,当 $Ma<10$ 时,壁板则从屈曲运动直接过渡到准周期运动,不存在瞬态混沌区域。

稳定区域的确定是飞行器设计需要考虑的重要因素。根据 8.4.1 节中 TPS 结构几何参数的方案研究,方案 2 和方案 7 因结构重量较轻且发生颤振更晚,而成为优于标准方案的 TPS 结构设计方案。将方案 2、方案 7 与标准方案得到的稳定域进行对比,见图 8.15,结果表明:① 方案 2 和方案 7 均延迟了屈曲/瞬态混沌/准周期运动的发生时刻。具体地,随着 H[图 8.15(a)]和 Ma[图 8.15(b)]的增加,偏差逐渐增大;② 比较方案 2 和方案 7,正方形标记曲线(颤振边界)紧密结合在一起,但随着高度的增加和马赫数的降低,仍然会出现越来越大的偏差;③ 用三角形标记的虚线表示从瞬态混沌到准周期运动的分岔点,相较于方案 7,方案 2 在进入准周期运动之前经历了更短的瞬态混沌过程。从这个层面来讲,方案 2 则优于方案 7。

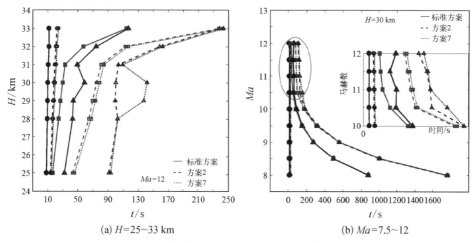

(a) $H=25\sim 33$ km   (b) $Ma=7.5\sim 12$

图 8.15 不同方案在不同 H 和 Ma 条件下的稳定性边界

8.5 典型弹道下的热气动弹性分析

随着高超声速飞行器的任务多样性与复杂性越来越强,飞行过程中变来流参数条件下的热气动弹性响应更加剧烈且不易预测,同时飞行任务往往是高超声速状态下较长时间的飞行,因此,弹道状态下变来流参数(如飞行高度、马赫数等)的热气动弹性耦合分析将尤为必要。

Culler 和 McNamara[40]对碳-碳蒙皮壁板在两种飞行轨迹(① 恒定的来流马赫数;② 线性增长的来流马赫数)线性变化状态下的热气动弹性响应分别进行了单向耦合与双向耦合分析。结果表明,随着飞行轨迹和耦合策略的变化,预测壁板内的温度梯度对壁板响应有较大的影响。因此,对弹道状态下变来流参数的热气动弹性响应进行分析,采用双向耦合策略是尤为必要的。

针对弹道状态下飞行器的气动加热问题,陈鑫[41]基于高超声速飞行器的气动热、气动力降阶模型及气动-热-结构耦合分析,在美国高超声速飞行器的设计弹道下,对典型的 F-104 战斗机的升力面进行了气动热环境预测,发现弹道的变化将引起升力面温度的剧烈变化,且随着飞行时间的增加,各阶模态频率均会不同程度地降低。针对弹道状态下的热气动弹性分析,季卫栋[42]在对整个弹道进行时域气动弹性分析时,忽略了弱耦合效应以及影响气动加热的气动压力,将热气动弹性分析简化为一个气动热问题和一个单独的气动弹性问题,弹道上某一状态的热气动弹性计算表明气动加热造成的结构温度升高使结构的固有频率降低,而对结构模态振型的影响不大。

综上所述,目前考虑弹道状态下变来流参数的研究主要局限于气动热环境的预测或仅考虑了气动热对气动弹性单向反馈的热气动弹性分析,而考虑弹道状态下且基于气动热-气动弹性双向耦合的热气动弹性分析的相关研究还很罕见。对于实际的高超声速飞行过程,同时考虑弹道状态的变来流参数,及气动热与气动弹性的双向耦合,对准确预测气动热流、温度分布、热载荷、热气动弹性响应、热颤振边界等都至关重要。因此,本节将针对高超声速飞行器的壁板结构在典型弹道状态下的热气动弹性问题,分别进行单向耦合与双向耦合的建模与分析。

8.5.1　弹道状态下的力-热-结构耦合方案

针对 8.2 节中的 TPS 壁板模型,进行典型弹道下的热气动弹性双向耦合建模与分析。将热气动弹性问题分解为气动弹性模块、气动热模块及热传导模块,而不同模块之间的数据反馈与传递则需要选择合适的耦合策略来实现。本节采用气动热-气动弹性双向耦合策略进行热气动弹性分析,具体耦合流程如图 8.16 所示。

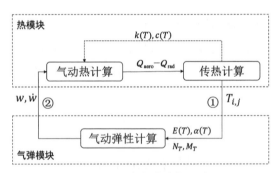

图 8.16　双向耦合求解思路

双向耦合考虑了气动热与气动弹性变形的双向反馈作用,具体地:首先,热传导模块通过①输出温度分布,并更新材料参数,计算热应力和热弯矩并传递到气动弹性模块;然后,气动弹性模块通过②输出弹性变形并传递到气动热模块,计算新的气动热流。将热通量作为输入,通过热传导模块计算新的温度分布。重复以上从①到②的迭代过程,以实现气动热-气动弹性的双向耦合计算。需要注意的是,在以上耦合过程中,忽略了气动热与结构变形之间的直接热动力学耦合,而气动热通过热传导计算得到的温度分布传递给结构,结构形变通过气动弹性模块改变气动力及温度边界进而影响气动热流。

　　在求解过程中,采用松耦合进行时间推进,气动热模块与气动弹性模块在各自的特征时间尺度内交替执行。其中,在气动弹性问题的求解中,结构物理形变与气动力的计算是同步的,这是因为结构形变导致的气动力通过三阶活塞理论耦合在气动弹性运动方程中。而气动热模块求解则需要在对气动热流和辐射散热的温度边界进行更新后,再进行结构的瞬态热传导计算。双向耦合求解过程采用分步求解的思路,对气动弹性模块、热模块分别采用不同的时间步长,以更高的计算效率实现双向耦合过程中的数据传递。

　　在弹道状态下,来流的各个参数都会随着高度与马赫数的变化而改变,从而影响瞬态热气动弹性响应。考虑到弹道参数对来流温度、来流压强,以及密度的影响,其双向耦合求解流程见图 8.17。

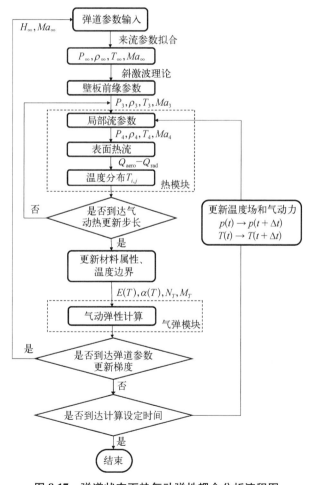

图 8.17　弹道状态下热气动弹性耦合分析流程图

在对热模块-气动弹性模块进行耦合求解的计算中,网格单元划分及耦合时间步长将直接影响计算结果。因此,首先对上述 2 个因素在固定来流参数的计算条件下进行收敛性分析,以保证后续变参数弹道热气动弹性问题求解的准确性。

1. 网格单元

隔热层的厚度及其参数影响结构热传导的计算,对不同的隔热层单元进行收敛性分析,其中 z1-z2-z3 代表辐射层、隔热层与金属板的纵向单元划分数目分别为 z1、z2、z3。本节计算中采用的横向单元数目均为 100,纵向单元数目辐射层取 4,金属板层取 10。针对隔热层,在纵向分别划分为 10、20、40 及 50 个纵向单元,取 $Ma_\infty = 10.5$,计算得到的热流、温度、弹性模量、热应力及热弯矩的对比结果见图 8.18,壁板的位移响应及应力响应见图 8.19。对应的颤振边界(颤振发生时刻)的对比结果见表 8.1。

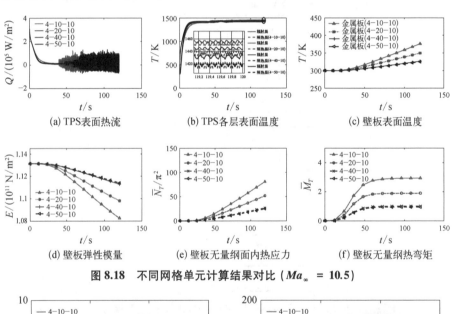

(a) TPS表面热流　　(b) TPS各层表面温度　　(c) 壁板表面温度

(d) 壁板弹性模量　　(e) 壁板无量纲面内热应力　　(f) 壁板无量纲热弯矩

图 8.18　不同网格单元计算结果对比（$Ma_\infty = 10.5$）

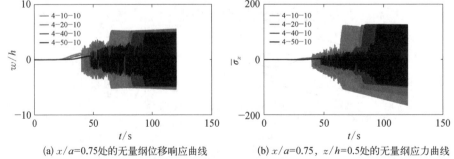

(a) x/a=0.75处的无量纲位移响应曲线　　(b) x/a=0.75, z/h=0.5处的无量纲应力曲线

图 8.19　不同网格单元数的计算结果对比（$Ma = 10.5$）

表 8.1　不同单元数得到的颤振边界

耦合方式	双　向　耦　合			
网格	4 − 10 − 10	4 − 20 − 10	4 − 40 − 10	4 − 50 − 10
t_f	40.05 s	42.61 s	47.20 s	48.29 s

图 8.18 中不同隔热层网格划分得到的表面热流、各层表面温度、壁板的弹性模量、热应力与热弯矩等结果表明,隔热层单元越少,计算得到的壁板温度越高,材料特性退化越快,从而产生较大的热应力与热弯矩,反之亦然。因此,随着隔热层纵向单元数的增加,颤振边界稍有延迟,见表 8.1。如图 8.19 所示的位移/应力响应,采用较多隔热层单元的网格划分方案进行热传导计算,使得气动弹性模块计算得到的瞬态混沌区域显著增长,但对热效应计算结果已收敛的方案 4 − 40 − 10 与 4 − 50 − 10 来说,造成瞬态混沌时长差异的原因在于: 混沌现象本身对于系统的微小变化非常敏感,而网格划分方案的不同引起的数学误差正是这一微小变化的来源,但是 2 种网格方案并不影响颤振临界及稳态结果。

2. 耦合时间步长

在耦合分析中,由于气动弹性模块与热模块的时间尺度相差数个量级,因此在每个热模块的时间步长 Δt_T 内,进行了多个气动弹性时间步长 Δt_A 的迭代,耦合时间步长取较大的 Δt_T,具体耦合过程如图 8.20 所示。那么,除了单元数目的收敛性分析,耦合时间步长也将影响计算结果和计算效率。此处的算例选择了三个单向耦合与一个双向耦合算例并进行对比分析,原因在

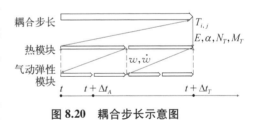

图 8.20　耦合步长示意图

于: ① 单向耦合的计算同样需要更新温度场,但不进行物理形变对温度分布的反馈,可见气动弹性步长 Δt_A 与耦合步长 Δt_T 对单向耦合、双向耦合的影响规律应该是一致的。因此,为了节约计算成本,对单向耦合进行 Δt_T 的收敛性分析;② 通过相同耦合时间步长的单向、双向耦合分析的计算成本对比来探究耦合方式对计算效率的影响。

因此,对表 8.2 中不同 Δt_T 即不同耦合程度进行计算,图 8.21 给出了热效应的计算结果对比,表 8.2 给出了颤振边界与每 10 s 无量纲计算时间下所需的 CPU 时间。由图 8.21 可以看出,随着 Δt_T 的增加,得到的温度更高,引发的热应力与热弯矩更大,从而导致颤振提前发生。然而,随着 Δt_T 继续增加,计算得到

的温度不会继续升高,由表 8.2 可以看出,此时颤振的发生时刻由于较大的耦合时间步长出现延迟,此外,双向耦合的计算成本约为单向耦合的 1.2 倍。因此,从与热效应相关的计算结果可以看出,如果仅仅关注热效应的分析,可以适当增大 Δt_T,以在保证精度的前提下节约计算成本。图 8.22 给出了不同 Δt_T 的位移响应曲线以及应力计算结果。在发生颤振前,壁板首先经历了屈曲运动阶段,对颤振后的响应来说,随着 Δt_T 的增加,瞬态混沌区域明显增大,但极限环幅值与颤振边界的计算结果则变化不大。

表 8.2　不同 Δt_T 下的颤振边界与 CPU 时间

耦合方式	Δt_T	Δt_A	t_f	CPU 时间/10 s 飞行时间
单向	10 s	0.02 s	40.53 s	83.568 s
单向	4 s	0.02 s	41.63 s	83.966 s
单向	0.2 s	0.02 s	39.93 s	84.528 s
双向	0.2 s	0.02 s	40.05 s	103.877 s

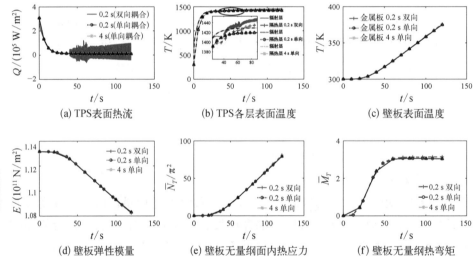

图 8.21　不同 Δt_T 的计算结果对比 ($Ma = 10.5$)

综上所述,隔热层单元划分的数量增加,以及分步计算中耦合时间步长的增大,均会引起壁板的位移响应中瞬态混沌区域的变化,而对热效应的影响则越来越小。这将作为后续典型弹道热气动弹性分析的单元划分数量与模块耦合时间步长选取的依据。

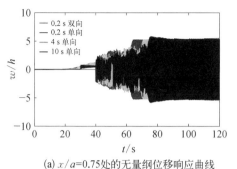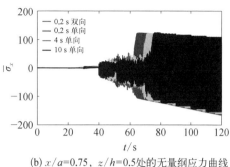

(a) x/a=0.75处的无量纲位移响应曲线 　　(b) x/a=0.75，z/h=0.5处的无量纲应力曲线

图 8.22　不同 Δt_T 的计算结果对比（$Ma = 10.5$）

8.5.2　X‑43A 设计弹道

X‑43A 的设计弹道[43]首先由固体火箭发动机在高度 $H = 33\,528$ m 处进行点火。点火 7~8 s 后，当 $Ma = 9.8$ 时，X‑43A 与助推火箭分离。分离 3 s 后，超燃冲压发动机在 $H = 33\,528$ m、$Ma = 9.65$ 的条件下点火。此时，X‑43A 在助推火箭的原轨迹上仍有一个小幅爬升。分离 21 s 后，进气门关闭，飞行器进行后续飞行，并在近似连续的动压下降低高度。因此，以上述弹道数据作为本节的计算弹道 1，进行热防护壁板的热气动弹性分析。

1. 弹道曲线

计算弹道 1（图 8.23）包括在 31.46 km 高度处以 $Ma = 5.79$ 开始的加速升空阶段，以及在 48.93 km 高度处以 $Ma = 9.9$ 进行的滑翔阶段，在末段，飞行器的高度和速度则逐渐降低。

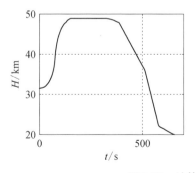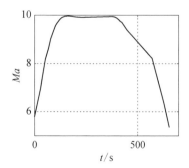

图 8.23　计算弹道 1 曲线

2. 来流参数

飞行器的高度与速度对来流参数的影响体现在来流温度、来流压强与来流

密度三个方面。参考有关大气参数随高度的变化特征及拟合方法,首先对一定高度下的大气参数进行理想情况下的温度、压强与密度的计算[44],考虑理想气体状态方程式:

$$\rho = \frac{P \cdot M}{R^* \cdot T} \tag{8.23}$$

其中,R^* 为通用气体常量,根据不同高度下的空气摩尔质量 M 的变化规律将大气按照高度分为 4 层,得到不同高度下的大气压强、温度与密度。

然后采用如下方法对飞行高度参数的插值进行简化[45]:

$$
\begin{aligned}
P_{x1} &= P_{11} \frac{M_2 - M_x}{Ma_2 - Ma_1} + P_{21} \frac{M_x - M_1}{Ma_2 - Ma_1} \\
P_{x2} &= P_{12} \frac{M_2 - M_x}{Ma_2 - Ma_1} + P_{22} \frac{M_x - M_1}{Ma_2 - Ma_1} \\
P_{xx} &= P_{x1} \frac{H_2 - H_x}{H_2 - H_1} + P_{x2} \frac{H_x - H_1}{H_2 - H_1}
\end{aligned}
\tag{8.24}
$$

其中,P_{11}、P_{12}、P_{21}、P_{22} 为四个不同来流参数下的计算状态,分别对应两个马赫数与两个高度的组合,即 (Ma_1, H_1)、(Ma_1, H_2)、(Ma_2, H_1)、(Ma_2, H_2),P_{xx} 为某个弹道时间点上飞行条件 (Ma_x, H_x) 状态下的流动参数。

图 8.24 给出了该弹道对来流参数的影响,可以看出随着弹道 1 高度的增加,来流温度逐渐增加,来流密度与来流压强逐渐降低,在经历一段高度恒定的飞行后,此时来流参数的变化不大,来流温度随着高度的下降而下降,来流压强与来流密度逐渐增大。

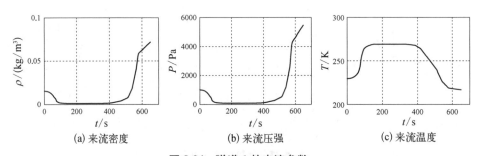

图 8.24   弹道 1 的来流参数

3. 结果分析

针对 8.2 节中的 TPS 壁板模型,进行弹道 1 状态下的热气动弹性耦合建模

与分析,选择纵向单元数量为 4 - 40 - 10,横向单元数量为 100,耦合时间步长为
4 s,分别进行单向耦合与双向耦合分析。从图 8.25、图 8.26 给出的计算结果中
可以看出:对于热效应分析,双向耦合显然计算得到了更大的热流,这是由于发
生颤振形变后,壁板位移的反馈影响了气动热的计算。从 TPS 结构表面温度的
变化曲线中可以看出,虽然未发生颤振时单向、双向耦合得到的表面热流相差不

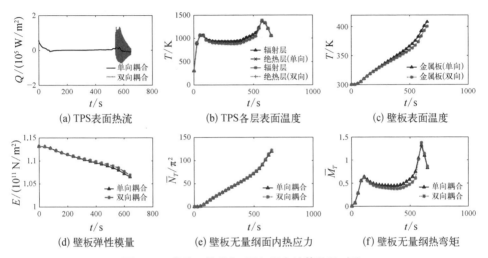

(a) TPS表面热流　　　　(b) TPS各层表面温度　　　　(c) 壁板表面温度

(d) 壁板弹性模量　　　　(e) 壁板无量纲面内热应力　　　　(f) 壁板无量纲热弯矩

图 8.25　弹道 1 的单向、双向耦合计算结果对比

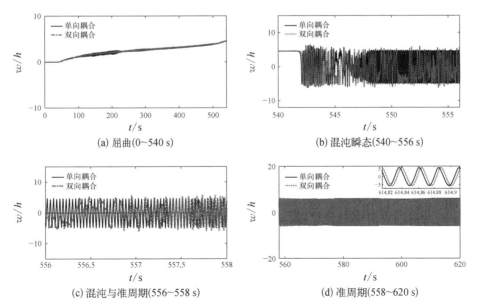

(a) 屈曲(0~540 s)　　　　　　　　(b) 混沌瞬态(540~556 s)

(c) 混沌与准周期(556~558 s)　　　　　　　　(d) 准周期(558~620 s)

图 8.26　弹道 1 的壁板位移响应时程图

大,但是表面温度已经开始逐渐出现差异,随着时间的增加,两者差异愈为显著,在弹道下降阶段,双向耦合得到的表面温度的下降幅度较单向耦合更大,同时伴随着更大的热弯矩变化。

整个弹道的位移响应对比结果见图 8.26,图 8.26(a)中单向与双向耦合的计算结果首先经历了一个长时间的屈曲运动状态,而后在图 8.26(b)中几乎同时于 542 s 发生颤振,进入瞬态混沌运动状态,最终达到图 8.26(d)所示的准周期运动状态。单向耦合得到的瞬态混沌区域较双向耦合的更小,显然,从图 8.26(c)中可以发现,当双向耦合的计算结果仍然处于瞬态混沌运动状态时,单向耦合得到的响应已经开始了一段时间的极限环振荡。而图 8.26(d)表明两种耦合方式得到的稳态极限环的幅值与频率吻合较好。图 8.27 所示的相平面图也给出了类似的结论。

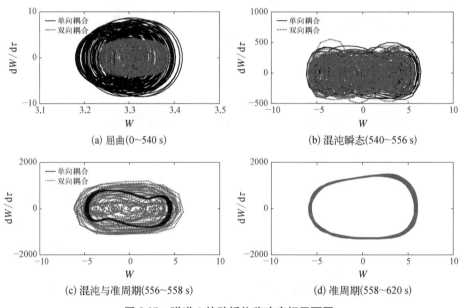

(a) 屈曲(0~540 s)

(b) 混沌瞬态(540~556 s)

(c) 混沌与准周期(556~558 s)

(d) 准周期(558~620 s)

图 8.27 弹道 1 的壁板位移响应相平面图

8.5.3 FALCON 设计弹道

FALCON 计划,是一种快速空天打击的飞行器计划[46],其作战任务需要飞行器进行速度与高度变化较大的机动,也是当今很多飞行器的飞行状态。因此,采用美国 FALCON 弹道的飞行弹道数据作为本节的计算弹道 2,并进行热防护壁板的热气动弹性分析。

1. 弹道曲线

图 8.28 所示的 FALCON 设计弹道包括三个部分[41]：① 第一阶段,飞行器在常规跑道上起飞,爬升到 40 km 的高空,最高飞行马赫数可达 12;② 第二阶段,发动机关闭,飞行器在惯性下爬升到近 60 km,随后滑翔至 35 km 高度;③ 第三阶段,在 35 km 处重新点燃发动机,爬升至 40 km 处,随后发动机关机,重复第二阶段飞行。弹道整体呈现跳跃式趋势,并且该弹道时长约 60 min,因此具有长时飞行的特点。

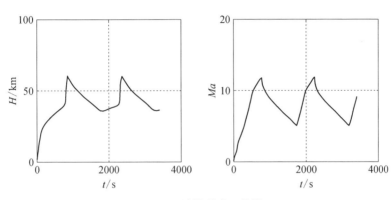

图 8.28   计算弹道 2 曲线

2. 来流参数

类似于计算弹道 1,用同样的方法得到弹道 2 的来流参数,见图 8.29。随着高度的增加,来流密度与来流压强以较大的幅度降低,在高空中进行跳跃的阶段则与高度变化趋势一致,但相对初始上升阶段变化的幅度不大,针对来流温度,对流层(0~11 km)的温度随着高度的上升递减,平流层(11~20 km)的温度为常数,高度继续上升后温度随之递增[47]。因此对于弹道 2 这样一个高度变化跨度较大的弹道,来流温度的变化较为剧烈,而压强与温度仅在第一阶段快速下降,

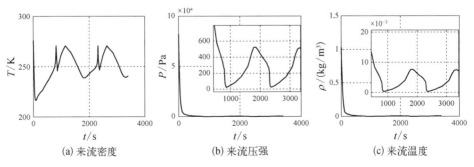

(a) 来流密度　　　　　　(b) 来流压强　　　　　　(c) 来流温度

图 8.29   弹道 2 的来流参数

在第二、第三阶段的变化相对较小。

3. 结果分析

在弹道 2 下,对 TPS 热防护壁板进行长时飞行状态下的热气动弹性耦合分析,图 8.30 给出了热流与温度的计算结果。结果显示,相较于单向耦合,双向耦合得到的热流的下降与上升幅度更大,TPS 各层的表面温度也更高。因此,对于金属壁板,双向耦合更早地出现了材料退化,以及更大的热应力与热弯矩。图 8.31 给出了整个 60 min 内壁板的位移响应及应力响应,与弹道 1 的计算结果进行对比,发现整个飞行过程中壁板均呈现屈曲运动状态,并存在一定的小幅振荡,而未发生颤振。同时,随着时间的累积,双向耦合得到的位移和应力幅值均比单向耦合的更大。

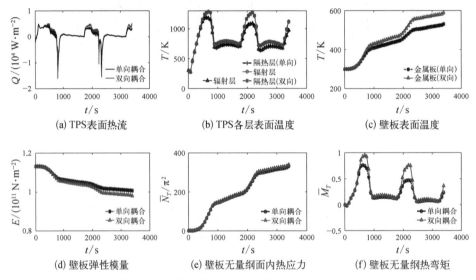

图 8.30　弹道 2 的单向、双向耦合计算结果对比

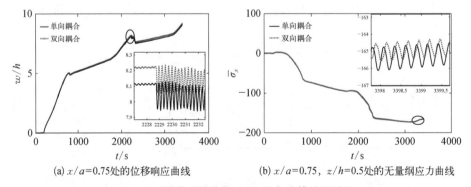

图 8.31　弹道 2 的单向、双向耦合计算结果对比

8.6 本章小结

本章以典型高超声速飞行器腹板模型为研究对象,采用气动热-气动弹性双向耦合策略,构建了力-热-结构耦合的热气动弹性模型,并基于热气动弹性分析进行高超声速 TPS 金属板的结构优化设计。进一步地,建立了飞行弹道状态下的热气动弹性耦合分析模型。基于热气动弹性分析,评估了壁板前缘气流的转捩位置和 TPS 表面的辐射发射率等流体参数对热气动弹性特性的影响。比较了 7 种具有不同层厚度的 TPS 金属壁板结构的重量和颤振边界,并绘制了不同飞行高度、马赫数和典型 TPS 层厚度情况下的热气动弹性稳定域。对两种典型弹道状态下的热气动弹性进行了双向耦合与单向耦合的对比与分析。主要结论如下。

(1) 为了简化建模,以往的研究大多忽略了结构弹性变形对气动热通量的反馈影响。为了提高耦合精度,本章采用了考虑结构变形与气动加热相互反馈的双向耦合策略进行热气动弹性分析。通过与经典文献对比,力-热-结构耦合模型被证明是可靠的。

(2) 评估了 TPS 金属板上游的来流转捩位置和 TPS 表面的辐射发射率对壁板热气动弹性特性的影响。随着转捩位置向下游移动(x_0 减小),壁板将出现更高的温度、更大程度的材料退化,进而更早地发生颤振。另外,由于 TPS 的表面热通量较小,较小的辐射发射率 ε 将以与 x_0 类似的方式影响壁板的热气动弹性特性。因此,较大辐射发射率及距转捩位置下游更远的 TPS 壁板将具有更好的稳定性。

(3) 与典型的标准方案(Culler 和 McNamara[9])相比,关于 TPS 各层厚度的 7 个方案中,方案 2 和方案 7 将颤振发生时刻延迟了约 100%,且具有更轻的结构重量,因此,成为首选的两个 TPS 设计方案。方案 2 和方案 7 具有显著优势的根本原因在于,它们将 TPS 隔热层的厚度增加了一倍,极大程度地降低了从表面到金属壁板的热量输入。

(4) 对于研究的高超声速 TPS 壁板,观察到了由静稳定、屈曲、混沌和准周期运动构成的稳定区域。飞行高度的增加可以有效延迟颤振发生时刻并显著减小瞬态混沌区域。相反地,较高的马赫数将导致颤振提前发生和较长的瞬态混沌过程。TPS 设计方案对稳定域边界的影响表明,方案 2 和方案 7 可以延迟所有动力学行为的分岔边界。综合考虑结构重量、颤振边界和稳定,方案 2 是最优的 TPS 设计方案。

(5) 对于 X - 43A 弹道与 FALCON 弹道状态下的长时间飞行状态,双向耦合较单向耦合分析得到的热流及温度更高,体现出了更显著的热效应,这是由于在双向耦合策略中,考虑了壁板弹性形变对气动热计算的影响。

(6) 对于 X - 43A 弹道状态下的热气动弹性响应计算,单向、双向耦合分析得到的颤振边界及稳态周期运动的幅值与频率均吻合较好,而双向耦合得到的瞬态混沌区域较单向耦合更大。因此,若须关注飞行过程的复杂非线性效应,采用双向耦合策略是尤为重要的;若仅关注颤振边界及颤振后的稳态限幅响应,单向耦合策略则可以在保证精度的前提下在一定程度上节约计算成本。

(7) FALCON 弹道下热防护壁板的热气动弹性分析表明,虽然长时间的飞行不会发生颤振,但是由于长时间的热效应累积效应,需要重点关注飞行器的结构应力及材料强度等问题。

参考文献

[1] Kazmar R. Airbreathing hypersonic propulsion at Pratt & Whitney-overview[C]. Capua: AIAA/CIRA 13th International Space Planes and Hypersonics Systems and Technologies Conference, 2005.

[2] Thornton E A, Dechaumphai P. Coupled flow, thermal, and structural analysis of aerodynamically heated panels[J]. Journal of Aircraft, 1988, 25(11): 1052 - 1059.

[3] McNamara J J, Friedmann P P. Aeroelastic and aerothermoelastic analysis in hypersonic flow: past, present, and future[J]. AIAA Journal, 2011, 49(6): 1089 - 1122.

[4] Shideler J L, Webb G L, Pittman C M. Verification tests of durable thermal protection system concepts[J]. Journal of Spacecraft and Rockets, 1985, 22: 598 - 604.

[5] Myers D E, Martin C J, Blosser M L. Parametric weight comparison of advanced metallic, ceramic tile, and ceramic blanket thermal protection systems [R]. NASA Technical Memorandum, 2000, XI - 24.

[6] Blosser M L, Chen R R, Schmidt I H, et al. Development of advanced metallic thermal-protection-system prototype hardware[J]. Journal of Spacecraft and Rockets, 2004, 41(2): 183 - 194.

[7] Yang Q, Gao B, Xu Z, et al. Topology optimisations for integrated thermal protection systems considering thermo-mechanical constraints[J]. Applied Thermal Engineering, 2019, 150 (5): 995 - 1001.

[8] Guo Q, Wang S, Hui W, et al. Thermo-mechanical optimization of metallic thermal protection system under aerodynamic heating [J]. Structural and Multidisciplinary

Optimization, 2020, 61: 819 – 836.

[9] Culler A J, McNamara J J. Studies on fluid-thermal-structural coupling for aerothermoelasticity in hypersonic flow[J]. AIAA Journal, 2010, 48(8): 1721 – 1738.

[10] Fung Y C. A summary of the theories and experiments on panel flutter[R]. Air Force Office of Scientific Research TN, 1960, 60 – 224.

[11] Dowell E H. Nonlinear oscillations of a fluttering plate[J]. AIAA Journal, 1966, 4(7): 1267 – 1275.

[12] Alder M. Nonlinear dynamics of prestressed panels in low supersonic turbulent flow[J]. AIAA Journal, 2016, 54(11): 3632 – 3646.

[13] Song Z, Chen Y, Li Z, et al. Axially functionally graded beams and panels in supersonic airflow and their excellent capability for passive flutter suppression[J]. Aerospace Science and Technology, 2019, 92: 668 – 675.

[14] Gray C E, Mei C. Large-amplitude finite element flutter analysis of composite panels in hypersonic flow[J]. AIAA Journal, 1993, 31(6): 1090 – 1099.

[15] Xie D, Xu M, Dai H, et al. Observation and evolution of chaos for a cantilever plate in supersonic flow[J]. Journal of Fluids and Structures, 2014, 50: 271 – 291.

[16] Dixon I R, Mei C. Finite element analysis of large-amplitude panel flutter of thin laminates [J]. AIAA Journal, 1993, 31(4): 701 – 707.

[17] Lamorte N, Friedmann P P. Hypersonic aeroelastic and aerothermoelastic studies using computational fluid dynamics[J]. AIAA Journal, 2014, 52(9): 2062 – 2078.

[18] Xie D, Xu M, Dai H. Effects of damage parametric changes on the aeroelastic behaviors of a damaged panel[J]. Nonlinear Dynamics, 2019, 97: 1035 – 1050.

[19] Xue D Y, Mei C. Finite element nonlinear panel flutter with arbitrary temperatures in supersonic flow[J]. AIAA Journal, 1993, 31(1): 154 – 162.

[20] Lin H, Shao C, Cao D. Nonlinear flutter and random response of composite panel embedded in shape memory alloy in thermal-aero-acoustic coupled field[J]. Aerospace Science and Technology, 2020, 100: 105785.

[21] Lamorte N, Friedmann P P, Glaz B, et al. Uncertainty propagation in hypersonic aerothermoelastic analysis[J]. Journal of Aircraft, 2014, 51(1): 192 – 203.

[22] Song Z G, He X, Liew K M. Dynamic responses of aerothermoelastic functionally graded CNT reinforced composite panels in supersonic airflow subjected to low-velocity impact[J]. Composites Part B: Engineering, 2018, 149(15): 99 – 109.

[23] Riley Z B, Deshmukh R, Miller B A, et al. Characterization of structural response to hypersonic boundary-layer transition[J]. AIAA Journal, 2016, 54(8): 2418 – 2431.

[24] Ashley H, Zartarian G. Piston theory — a new aerodynamic tool for the aeroelastician[J]. Journal of the Aeronautical Sciences, 1956, 23(12): 1109 – 1118.

[25] Kim G, Kang Y C, Woo J, et al. Efficient prediction of the temperature history of a hypersonic vehicle throughout the mission trajectory with an aerodynamic thermal load element [J]. International Journal of Aeronautical and Space Sciences, 2020, 21: 363 – 379.

[26] Miller B A, McNamara J J. Efficient fluid-thermal-structural time marching with

computational fluid dynamics[J]. AIAA Journal, 2018, 56(9): 3610-3621.

[27] Xie D, Xu M, Dowell E H. Proper orthogonal decomposition reduced-order model for nonlinear aeroelastic oscillations[J]. AIAA Journal, 2014, 52(2): 229-241.

[28] Kou J, Zhang W. A hybrid reduced-order framework for complex aeroelastic simulations[J]. Aerospace Science and Technology, 2019, 84: 880-894.

[29] Li D, da Ronch A, Chen G, et al. Aeroelastic global structural optimization using an efficient CFD-based reduced order model[J]. Aerospace Science and Technology, 2019, 94: 105354.

[30] Huang D, Friedmann P P. An aerothermoelastic analysis framework with reduced-order modeling applied to composite panels in hypersonic flows [J]. Journal of Fluids and Structures, 2020, 94: 102927.

[31] Thornton E A. Thermal structures for aerospace applications[M]. Education Series, 1996.

[32] Guo T, Shen E, Lu Z, et al. Thermal flutter prediction at trajectory points of a hypersonic vehicle based on aerothermal synchronization algorithm [J]. Aerospace Science and Technology, 2019, 94: 105381.

[33] Farhat C, van der Zee K, Geuzaine P. Provably second-order time-accurate loosely-coupled solution algorithms for transient nonlinear computational aeroelasticity[J]. Computer Methods in Applied Mechanics and Engineering, 2006, 195(17-18): 1973-2001.

[34] Dai H, Yue X, Yuan J, et al. Dealiasing harmonic balance method for obtaining periodic solutions of an aeroelastic system [J]. Aerospace Science and Technology, 2018, 77: 244-255.

[35] Cheng G, Mei C. Finite element modal formulation for hypersonic panel flutter analysis with thermal effects[J]. AIAA Journal, 2004, 42(4): 687-695.

[36] Gee D J, Sipcic S R. Coupled thermal model for nonlinear panel flutter[J]. AIAA Journal, 1999, 37(5): 642-650.

[37] Pourtakdoust S, Fazelzadeh S. Nonlinear aerothermoelastic behavior of skin panel with wall shear stress effect[J]. Journal of Thermal Stresses, 2015, 28: 147-169.

[38] Yan B, Ma H, Zhang L, et al. A bistable vibration isolator with nonlinear electromagnetic shunt damping[J]. Mechanical Systems and Signal Processing, 2020, 136: 106504.

[39] Metallic Materials and Elements for Aerospace Vehicle Structures [Z]. MIL-HDBK-5J, Department of Defense, 2003.

[40] Culler A J, McNamara J J. Impact of fluid-thermal-structural coupling on response prediction of hypersonic skin panels[J]. AIAA Journal, 2011, 49(11): 2393-2406.

[41] 陈鑫.高超声速飞行器气动-热-结构建模及模型降阶研究[D].北京: 北京理工大学,2015.

[42] 季卫栋.高超声速气动力/热/结构多场耦合问题数值模拟技术研究[D].南京: 南京航空航天大学,2016.

[43] 马汉东.高超声速技术项目"Hyper-X"气动研究方法学[J].力学与实践,2014,36(03): 261-268+277.

[44] 唐和根,全刚,张同彤.一定高度上大气密度的计算方法[J].计算机工程与应用,2016, 52(SI): 97-100.

［45］李佳伟,王江峰,程克明,等.高超声速全机外形气动加热与结构传热快速计算方法［J］.
空气动力学学报,2019:37(6):92-101.

［46］张志鸿.美国空间军事系统发展新动向［J］.现代防御技术,2006,34(5):1-12.

［47］胡雨濛.近空间高超声速气动热的数值模拟［D］.北京:北京交通大学,2018.

附录 A

符号变量列表

符 号		
a, b	=	壁板长度,壁板宽度
c_f	=	当地摩擦系数
c_p	=	比定压热容
D	=	壁板抗弯刚度
E	=	壁板杨氏模量
H	=	热焓
h	=	壁板厚度
h_c	=	对流换热系数
h_i	=	TPS 热防护板第 i 层的厚度
I, J	=	面内位移 u 在 x, y 向截断后的模态数目(瑞利-里茨法)
K, L	=	截断后模态数目(POD)
k	=	热传导系数
M	=	壁板挠度 w 在 x 向截断后的模态数目(伽辽金方法)
Ma	=	马赫数
M_T	=	热弯矩
N	=	壁板挠度 w 在 y 向截断后的模态数目(伽辽金方法)
N_T		面内热应力(x 方向)
N_x	=	面内薄膜力(x 方向)
$N_x^{(a)}$	=	面内外力(x 方向)
N_y, $N_y^{(a)}$	=	面内薄膜力及面内外力(y 方向)
N_x^T, N_y^T, N_{xy}^T	=	x, y 向及 xy 平面内热载荷
Pr	=	普朗特数
$p - p_\infty$	=	气动压力,与挠度 w 反向为正
Δp	=	静态压力分布,与挠度 w 反向为正
Q	=	广义气动压力
$\overline{Q}$	=	快照矩阵

（续表）

符　　号		
Q_{aero}	=	气动热通量，W/m^2
Q_{rad}	=	辐射热通量，W/m^2
q	=	$\rho U^2/2$，动压
q_a	=	气动压力
q_{mn}	=	壁板挠度的模态坐标（瑞利-里茨法）
q_k	=	壁板挠度 w 的 POD 模态坐标
R	=	面内位移 v 在 x 向截断后的模态数目
Re_x	=	当地雷诺数
r	=	恢复系数
S	=	面内位移 v 在 y 向截断后的模态数目
St	=	斯坦顿数
T（第3章）	=	动能
T	=	壁板温度，K
t	=	时间
U	=	总的弹性势能
u,v	=	壁板长度与宽度方向的面内位移
$u_{i(r)},v_{j(s)}$	=	面内位移 $u(v)$ 在 x,y 向的模态
V_∞	=	来流速度
V,v_j	=	POD 特征向量矩阵，POD 特征向量
W	≡	w/h，无量纲壁板挠度
w	=	壁板挠度
x,y,z	=	来流方向坐标，展向坐标，厚度方向坐标
x_0	=	湍流转捩点到壁板前缘的距离
α	=	壁板热膨胀系数，℃^{-1}
β	=	$(M_a^2-1)^{1/2}$ 气流压缩系数
γ	=	比热比
ε	=	热辐射系数
λ	≡	$2qa^3/\beta D$，气流无量纲动压
λ_k^p	=	POD 特征值
μ	≡	$\rho a/\rho_m h$，无量纲质量比
ν	=	泊松比
ξ,η	≡	$x/a,y/b$，x,y 向的无量纲坐标
θ	=	尖楔形斜面与来流的夹角
ρ,ρ_m	=	来流密度，壁板密度，kg/m^3
σ	=	斯蒂藩玻尔兹曼常数，$5.669\times10^{-8}\ \text{W/m}^2/\text{K}^4$
σ_x	=	应力（x 方向）

（续表）

符 号		
τ	$\equiv$	$t(D/\rho_m h a^4)^{1/2}$，无量纲时间
Φ，ϕ	$=$	相关函数，艾瑞应力函数
Ψ，ψ_i	$=$	POD 模态矩阵，POD 模态
ϕ_m，ψ_n	$=$	挠度 w 在 x，y 向的模态
φ_k	$=$	二维 POD 模态
$\tilde{\varphi}$，$\bar{\varphi}_k$	$=$	二维 POD 模态的向量形式，二维 POD 模态的矩阵形式

下 标		
AE	$=$	气动弹性
AT	$=$	气动热
aw	$=$	绝热壁
cr	$=$	临界值
d	$=$	动态的
p	$=$	幅值
0	$=$	初值
3	$=$	壁板前缘位置的参数
4	$=$	壁板所在位置的参数
∞	$=$	来流参数

上 标		
$(\ )'$，$(\dot{\ })$	$=$	$\dfrac{\mathrm{d}(\ )}{\mathrm{d}\zeta}$，$\dfrac{\mathrm{d}(\ )}{\mathrm{d}\tau}$，微分算子
$(\bar{\ })$		无量纲物理量
$(\ )^*$		参考物理量
n		时间迭代步索引

附录 B

系 数 公 式

B1 系数 *A*~*F*(三维简支壁板伽辽金法)

$$A \equiv \sum_{m}^{M} \frac{\left[m^2 + \upsilon (a/b)^2 \right]}{1 - \upsilon^2} a_m^2$$

$$B \equiv \sum_{m}^{M} \frac{\left[\upsilon m^2 + (a/b)^2 \right]}{1 - \upsilon^2} a_m^2$$

$$C \equiv \sum_{m}^{M} \sum_{s}^{M} \sum_{r}^{M} a_m a_s a_r r^2 \frac{m(s-m)}{\left[(s+m)^2 + 4(a/b)^2 \right]^2} \left[\gamma_{(s+m)(r-n)} - \gamma_{(s+m)(r+n)} \right]$$

$$+ \sum_{m}^{M} \sum_{s}^{M} \sum_{r}^{M} a_m a_s a_r r^2 \frac{m(s+m)}{\left[(s-m)^2 + 4(a/b)^2 \right]^2} \left[\gamma_{(s-m)(r-n)} - \gamma_{(s-m)(r+n)} \right]$$

$$D \equiv \sum_{m}^{M} \sum_{s}^{M} \sum_{r}^{M} a_m a_s a_r r \frac{m(s-m)(s+m)}{\left[(s+m)^2 + 4(a/b)^2 \right]^2} \left[\beta_{(s+m)(r+n)} + \beta_{(s+m)(n-r)} \right]$$

$$+ \sum_{m}^{M} \sum_{s}^{M} \sum_{r}^{M} a_m a_s a_r r \frac{m(s+m)(s-m)}{\left[(s-m)^2 + 4(a/b)^2 \right]^2} \left[\beta_{(s-m)(r+n)} - \beta_{(s-m)(n-r)} \right]$$

$$E \equiv \sum_{m}^{M} \sum_{s}^{M} \sum_{r}^{M} a_m a_s a_r \frac{m(s-m)(s+m)^2}{\left[(s+m)^2 + 4(a/b)^2 \right]^2} \left[\gamma_{(s+m)(r-n)} - \gamma_{(s+m)(r+n)} \right]$$

$$+ \sum_{m}^{M} \sum_{s}^{M} \sum_{r}^{M} a_m a_s a_r \frac{m(s+m)(s-m)^2}{\left[(s-m)^2 + 4(a/b)^2 \right]^2} \left[\gamma_{(s-m)(r-n)} - \gamma_{(s-m)(r+n)} \right]$$

$$F \equiv \sum_{m}^{M} \sum_{s}^{M} \sum_{r}^{M} a_m a_s a_r \frac{m}{s+m} \left[\gamma_{(s+m)(r-n)} - \gamma_{(s+m)(r+n)} \right]$$

$$+ \sum_{m, m \neq s}^{M} \sum_{s}^{M} \sum_{r}^{M} a_m a_s a_r \frac{m}{s-m} \left[\gamma_{(s-m)(r-n)} - \gamma_{(s-m)(r+n)} \right]$$

其中

$$\gamma_{(p)(q)} = 2 \text{ 当 } p = q = 0$$
$$= 1 \text{ 当 } p = q \neq 0$$
$$= 1 \text{ 当 } p = -q \neq 0$$
$$= 0 \text{ 当 } p \neq q \,\&\, p \neq -q$$

$$\beta_{(p)(q)} = 1 \text{ 当 } p = q \neq 0$$
$$= -1 \text{ 当 } p = -q \neq 0$$
$$= 0 \text{ 其他}$$

B2　系数 $A^* \sim F^*$ 及 A^+、C^+（三维及极限状态简支壁板 POD 法）

$$A^* \equiv \frac{1}{1-v^2} \sum_i^L \sum_j^L \sum_k^L b_i b_j b_k \sum_r^M T_{i,r} T_{j,r} [r^2 + v(a/b)^2] \sum_n^M T_{k,n} T_{l,n} n^2$$

$$B^* \equiv \frac{1}{1-v^2} \sum_i^L \sum_j^L b_i b_j \sum_r^M T_{i,r} T_{j,r} [vr^2 + (a/b)^2]$$

$$C^* \equiv \sum_i^L \sum_j^L \sum_k^L b_i b_j b_k \sum_r^M \sum_s^M \sum_t^M \sum_n^M T_{i,r} T_{j,s} T_{k,t} T_{l,n}$$

$$\frac{r(s-r)t^2}{[(r+s)^2 + 4(a/b)^2]^2} [\gamma_{(r+s)(t-n)} - \gamma_{(r+s)(t+n)}]$$

$$+ \sum_i^L \sum_j^L \sum_k^L b_i b_j b_k \sum_r^M \sum_s^M \sum_t^M \sum_n^M T_{i,r} T_{j,s} T_{k,t} T_{l,n}$$

$$\frac{r(s+r)t^2}{[(r-s)^2 + r(a/b)^2]^2} [\gamma_{(r-s)(t-n)} - \gamma_{(r-s)(t+n)}]$$

$$D^* \equiv \sum_i^L \sum_j^L \sum_k^L b_i b_j b_k \sum_r^M \sum_s^M \sum_t^M \sum_n^M T_{i,r} T_{j,s} T_{k,t} T_{l,n}$$

$$\frac{r(s-r)(s+r)t}{[(r+s)^2 + 4(a/b)^2]^2} [\beta_{(r+s)(t+n)} - \beta_{(r+s)(n-t)}]$$

$$+ \sum_i^L \sum_j^L \sum_k^L b_i b_j b_k \sum_r^M \sum_s^M \sum_t^M \sum_n^M T_{i,r} T_{j,s} T_{k,t} T_{l,n}$$

$$\frac{r(s+r)(r-s)t}{[(r-s)^2 + 4(a/b)^2]^2} [\beta_{(r-s)(t+n)} - \beta_{(r-s)(n-t)}]$$

$$E^* \equiv \sum_i^L \sum_j^L \sum_k^L b_i b_j b_k \sum_r^M \sum_s^M \sum_t^M \sum_n^M T_{i,r} T_{j,s} T_{k,t} T_{l,n}$$

$$\frac{r(s-r)(s+r)^2}{[(r+s)^2 + 4(a/b)^2]^2} [\gamma_{(r+s)(t-n)} - \gamma_{(r+s)(t+n)}]$$

$$+ \sum_i^L \sum_j^L \sum_k^L b_i b_j b_k \sum_r^M \sum_s^M \sum_t^M \sum_n^M T_{i,r} T_{j,s} T_{k,t} T_{l,n}$$

$$\frac{r(s+r)(r-s)^2}{[(r-s)^2 + 4(a/b)^2]^2} [\gamma_{(r-s)(t-n)} - \gamma_{(r-s)(t+n)}]$$

$$F^* \equiv \sum_i^L \sum_j^L \sum_k^L b_i b_j b_k \sum_r^M \sum_s^M \sum_t^M \sum_n^M T_{i,r} T_{j,s} T_{k,t} T_{l,n} \frac{r}{s+r} [\gamma_{(r+s)(t-n)} - \gamma_{(r+s)(t+n)}]$$

$$+ \sum_i^L \sum_j^L \sum_k^L b_i b_j b_k \sum_{r, r \neq s}^M \sum_s^M \sum_t^M \sum_n^M T_{i,r} T_{j,s} T_{k,t} T_{l,n} \frac{r}{s-r} [\gamma_{(r-s)(t-n)}$$

$$- \gamma_{(r-s)(t+n)}]$$

其中,

$$\gamma_{(p)(q)} = 2 \; 当 \; p = q = 0$$
$$= 1 \; 当 \; p = q \neq 0$$
$$= 1 \; 当 \; p = -q \neq 0$$
$$= 0 \; 当 \; p \neq q \; 和 \; p \neq -q$$

$$\beta_{(p)(q)} = 1 \; 当 \; p = q \neq 0$$
$$= -1 \; 当 \; p = -q \neq 0$$
$$= 0 \; 其他$$

$$A^+ \equiv \frac{1}{1-v^2} \sum_i^L \sum_j^L \sum_k^L b_i b_j b_k \sum_r^M T_{i,r} T_{j,r} r^2 \sum_n^M T_{k,n} T_{l,n} n^2$$

$$C^+ \equiv \frac{1}{4} \sum_i^L \sum_j^L \sum_k^L b_i b_j b_k \sum_r^M \sum_t^M T_{i,r} T_{j,r} T_{k,t} T_{l,t} r^2 t^2$$

B3 系数 C_a、C_b、C、D_a、D_b、D、A、B、Q 及 F(瑞利-里茨法)

$$C_{pk}^{ij} = 2\left(\frac{h}{a}\right)^2 \int_0^1 u_p' u_i' \mathrm{d}\xi \int_0^1 v_k v_j \mathrm{d}\eta + (1-v)\left(\frac{h}{b}\right)^2 \int_0^1 u_p u_i \mathrm{d}\xi \int_0^1 v_k' v_j' \mathrm{d}\eta$$

$$C_{gf}^{ij} = 2v \frac{h^2}{ab} \int_0^1 u_g u_i' \mathrm{d}\xi \int_0^1 v_f' v_j \mathrm{d}\eta + (1 - v) \frac{h^2}{ab} \int_0^1 u_g' u_i \mathrm{d}\xi \int_0^1 v_f v_j' \mathrm{d}\eta$$

$$C^{ij} = - \left(\frac{h}{a}\right)^3 \sum_m^I \sum_n^J \sum_k^M \sum_l^N q_{mn} q_{kl} \int_0^1 \phi_m' \phi_k' u_i' \mathrm{d}\xi \int_0^1 \psi_n \psi_l v_j \mathrm{d}\eta$$

$$- v \left(\frac{h}{b}\right)^2 \left(\frac{h}{a}\right) \sum_m^I \sum_n^J \sum_k^M \sum_l^N q_{mn} q_{kl} \int_0^1 \phi_m \phi_k u_i' \mathrm{d}\xi \int_0^1 \psi_n' \psi_l' v_j \mathrm{d}\eta$$

$$- (1 - v) \left(\frac{h}{b}\right)^2 \left(\frac{h}{a}\right) \sum_m^I \sum_n^J \sum_k^M \sum_l^N q_{mn} q_{kl} \int_0^1 \phi_m' \phi_k u_i \mathrm{d}\xi \int_0^1 \psi_n \psi_l' v_j' \mathrm{d}\eta$$

$$D_{pk}^{rs} = 2v \frac{h^2}{ab} \int_0^1 u_p' u_r \mathrm{d}\xi \int_0^1 v_k v_s' \mathrm{d}\eta + (1 - v) \frac{h^2}{ab} \int_0^1 u_p u_r' \mathrm{d}\xi \int_0^1 v_k' v_s \mathrm{d}\eta$$

$$D_{gf}^{rs} = 2 \left(\frac{h}{b}\right)^2 \int_0^1 u_g u_r \mathrm{d}\xi \int_0^1 v_f' v_s' \mathrm{d}\eta + (1 - v) \left(\frac{h}{a}\right)^2 \int_0^1 u_g' u_r' \mathrm{d}\xi \int_0^1 v_f v_s \mathrm{d}\eta$$

$$D^{rs} = - \left(\frac{h}{b}\right)^3 \sum_m^I \sum_n^J \sum_k^M \sum_l^N q_{mn} q_{kl} \int_0^1 \phi_m \phi_k u_r \mathrm{d}\xi \int_0^1 \psi_n' \psi_l' v_s' \mathrm{d}\eta$$

$$- v \left(\frac{h}{b}\right) \left(\frac{h}{a}\right)^2 \sum_m^I \sum_n^J \sum_k^M \sum_l^N q_{mn} q_{kl} \int_0^1 \phi_m' \phi_k' u_r \mathrm{d}\xi \int_0^1 \psi_n \psi_l v_s' \mathrm{d}\eta$$

$$- (1 - v) \left(\frac{h}{b}\right) \left(\frac{h}{a}\right)^2 \sum_m^I \sum_n^J \sum_k^M \sum_l^N q_{mn} q_{kl} \int_0^1 \phi_m' \phi_k u_r' \mathrm{d}\xi \int_0^1 \psi_n \psi_l' v_s \mathrm{d}\eta$$

$$A_{mn}^{ij} = \frac{1}{6} \int_0^1 \phi_m \phi_i \mathrm{d}\xi \int_0^1 \psi_n \psi_j \mathrm{d}\eta$$

$$B_{mn}^{ij} = \frac{1}{6} \left\{ \int_0^1 \phi_m'' \phi_i'' \mathrm{d}\xi \int_0^1 \psi_n \psi_j \mathrm{d}\eta + \left(\frac{a}{b}\right)^4 \int_0^1 \phi_m \phi_i \mathrm{d}\xi \int_0^1 \psi_n'' \psi_j'' \mathrm{d}\eta \right.$$

$$+ v \left(\frac{a}{b}\right)^2 \left[\int_0^1 \phi_m \phi_i'' \mathrm{d}\xi \int_0^1 \psi_n'' \psi_j \mathrm{d}\eta + \int_0^1 \phi_m'' \phi_i \mathrm{d}\xi \int_0^1 \psi_n \psi_j'' \mathrm{d}\eta \right]$$

$$+ 2(1 - v) \left(\frac{a}{b}\right)^2 \int_0^1 \phi_m' \phi_i' \mathrm{d}\xi \int_0^1 \psi_n' \psi_j' \mathrm{d}\eta \right\}$$

$$Q^{ij} = \frac{\lambda}{6\beta} \left[\sum_m^I \sum_n^J q_{mn}(\tau) \int_0^1 \phi_m' \phi_i \mathrm{d}\xi \int_0^1 \psi_n \psi_j \mathrm{d}\eta \right.$$

$$+ \frac{M^2 - 2}{M^2 - 1} \sqrt{\frac{\mu}{\lambda}} \sum_m^I \sum_n^J \dot{q}_{mn}(\tau) \int_0^1 \phi_m \phi_i \mathrm{d}\xi \int_0^1 \psi_n \psi_j \mathrm{d}\eta \right]$$

$$F^{ij} = 2\left(\frac{a}{h}\right) \sum_m^I \sum_n^J \sum_k^M \sum_l^N a_{mn}q_{kl}\int_0^1 u'_m\phi'_k\phi'_i\,\mathrm{d}\xi\int_0^1 v_n\psi_l\psi_j\,\mathrm{d}\eta$$

$$+ \sum_k^M \sum_l^N \sum_m^M \sum_n^N \sum_r^M \sum_s^N q_{kl}q_{mn}q_{rs}\int_0^1 \phi'_k\phi'_m\phi'_r\phi'_i\,\mathrm{d}\xi\int_0^1 \psi_l\psi_n\psi_s\psi_j\,\mathrm{d}\eta$$

$$+ 2\left(\frac{a}{b}\right)^3\left(\frac{a}{h}\right) \sum_r^R \sum_s^S \sum_k^M \sum_l^N b_{rs}q_{kl}\int_0^1 u_r\phi_k\phi_i\,\mathrm{d}\xi\int_0^1 v'_s\psi'_l\psi'_j\,\mathrm{d}\eta$$

$$+ \left(\frac{a}{b}\right)^4 \sum_k^M \sum_l^N \sum_m^M \sum_n^N \sum_r^M \sum_s^N q_{kl}q_{mn}q_{rs}\int_0^1 \phi_k\phi_m\phi_r\phi_i\,\mathrm{d}\xi\int_0^1 \psi'_l\psi'_n\psi'_s\psi'_j\,\mathrm{d}\eta$$

$$+ 2v\left(\frac{a}{b}\right)^2\left(\frac{a}{h}\right) \sum_m^I \sum_n^J \sum_k^M \sum_l^N a_{mn}q_{kl}\int_0^1 u'_m\phi_k\phi_i\,\mathrm{d}\xi\int_0^1 v_n\psi'_l\psi'_j\,\mathrm{d}\eta$$

$$+ v\left(\frac{a}{b}\right)^2 \sum_k^M \sum_l^N \sum_m^M \sum_n^N \sum_r^M \sum_s^N q_{kl}q_{mn}q_{rs}\int_0^1 \phi_k\phi'_m\phi'_r\phi_i\,\mathrm{d}\xi\int_0^1 \psi'_l\psi_n\psi_s\psi'_j\,\mathrm{d}\eta$$

$$+ 2v\left(\frac{a}{b}\right)\left(\frac{a}{h}\right) \sum_r^R \sum_s^S \sum_k^M \sum_l^N b_{rs}q_{kl}\int_0^1 u_r\phi'_k\phi'_i\,\mathrm{d}\xi\int_0^1 v'_s\psi_l\psi_j\,\mathrm{d}\eta$$

$$+ v\left(\frac{a}{b}\right)^2 \sum_k^M \sum_l^N \sum_m^M \sum_n^N \sum_r^M \sum_s^N q_{kl}q_{mn}q_{rs}\int_0^1 \phi'_k\phi_m\phi_r\phi'_i\,\mathrm{d}\xi\int_0^1 \psi_l\psi'_n\psi'_s\psi_j\,\mathrm{d}\eta$$

$$+ (1-v)\left\{\left(\frac{a}{b}\right)^2\left(\frac{a}{h}\right) \sum_m^I \sum_n^J \sum_k^M \sum_l^N a_{mn}q_{kl}\right.$$

$$\left[\int_0^1 u_m\phi_k\phi'_i\,\mathrm{d}\xi\int_0^1 v'_n\psi'_l\psi_j\,\mathrm{d}\eta + \int_0^1 u_m\phi'_k\phi_i\,\mathrm{d}\xi\int_0^1 v'_n\psi_l\psi'_j\,\mathrm{d}\eta\right]$$

$$+ \left(\frac{a}{b}\right)\left(\frac{a}{h}\right) \sum_r^R \sum_s^S \sum_k^M \sum_l^N b_{rs}q_{kl}$$

$$\left[\int_0^1 u'_r\phi_k\phi'_i\,\mathrm{d}\xi\int_0^1 v_s\psi'_l\psi_j\,\mathrm{d}\eta + \int_0^1 u'_r\phi'_k\phi_i\,\mathrm{d}\xi\int_0^1 v_s\psi_l\psi'_j\,\mathrm{d}\eta\right]$$

$$+ \left(\frac{a}{b}\right)^2 \sum_k^M \sum_l^N \sum_m^M \sum_n^N \sum_r^M \sum_s^N q_{kl}q_{mn}q_{rs}$$

$$\left.\left[\int_0^1 \phi'_k\phi_m\phi_r\phi'_i\,\mathrm{d}\xi\int_0^1 \psi_l\psi'_n\psi'_s\psi_j\,\mathrm{d}\eta + \int_0^1 \phi'_k\phi_m\phi_r\phi'_i\,\mathrm{d}\xi\int_0^1 \psi_l\psi'_n\psi_s\psi'_j\,\mathrm{d}\eta\right]\right\}$$

B4　系数 C、D、A、B、Q 及 F(悬臂板 POD 法)

$$C^{ij} = -\left(\frac{h}{a}\right)^3 \sum_{k1}^{K}\sum_{k2}^{K}\iint\frac{\partial\varphi_{k1}}{\partial x}\frac{\partial\varphi_{k2}}{\partial x}\frac{\mathrm{d}u_i}{\mathrm{d}x}v_j\mathrm{d}x\mathrm{d}y$$

$$-v\left(\frac{h}{b}\right)^2\frac{h}{a}\sum_{k1}^{K}\sum_{k2}^{K}\iint\frac{\partial\varphi_{k1}}{\partial y}\frac{\partial\varphi_{k2}}{\partial y}\frac{\mathrm{d}u_i}{\mathrm{d}x}v_j\mathrm{d}x\mathrm{d}y$$

$$-(1-v)\left(\frac{h}{b}\right)^2\frac{h}{a}\sum_{k1}^{K}\sum_{k2}^{K}\iint\frac{\partial\varphi_{k1}}{\partial x}\frac{\partial\varphi_{k2}}{\partial y}u_i\frac{\mathrm{d}v_j}{\mathrm{d}y}\mathrm{d}x\mathrm{d}y$$

$$D^{rs} = -\left(\frac{h}{b}\right)^3\sum_{k1}^{K}\sum_{k2}^{K}\iint\frac{\partial\varphi_{k1}}{\partial y}\frac{\partial\varphi_{k2}}{\partial y}u_r\frac{\mathrm{d}v_s}{\mathrm{d}y}\mathrm{d}x\mathrm{d}y$$

$$-v\left(\frac{h}{a}\right)^2\frac{h}{b}\sum_{k1}^{K}\sum_{k2}^{K}\iint\frac{\partial\varphi_{k1}}{\partial x}\frac{\partial\varphi_{k2}}{\partial x}u_r\frac{\mathrm{d}v_s}{\mathrm{d}y}\mathrm{d}x\mathrm{d}y$$

$$-(1-v)\left(\frac{h}{a}\right)^2\frac{h}{b}\sum_{k1}^{K}\sum_{k2}^{K}\iint\frac{\partial\varphi_{k1}}{\partial x}\frac{\partial\varphi_{k2}}{\partial y}\frac{\mathrm{d}u_r}{\mathrm{d}x}v_s\mathrm{d}x\mathrm{d}y$$

$$A_{k1}^{k} = \frac{1}{6}\iint\varphi_{k1}\varphi_k\mathrm{d}x\mathrm{d}y$$

$$B_{k_1}^{k} = \frac{1}{6}\left\{\iint\frac{\partial^2\varphi_{k1}}{\partial x^2}\frac{\partial^2\varphi_k}{\partial x^2}\mathrm{d}x\mathrm{d}y + \left(\frac{a}{b}\right)^4\iint\frac{\partial^2\varphi_{k1}}{\partial y^2}\frac{\partial^2\varphi_k}{\partial y^2}\mathrm{d}x\mathrm{d}y\right.$$

$$+v\left(\frac{a}{b}\right)^2\left[\iint\frac{\partial^2\varphi_{k1}}{\partial y^2}\frac{\partial^2\varphi_k}{\partial x^2}\mathrm{d}x\mathrm{d}y + \iint\frac{\partial^2\varphi_{k1}}{\partial x^2}\frac{\partial^2\varphi_k}{\partial y^2}\mathrm{d}x\mathrm{d}y\right]$$

$$\left.+2(1-v)\left(\frac{a}{b}\right)^2\iint\frac{\partial^2\varphi_{k1}}{\partial x\partial y}\frac{\partial^2\varphi_k}{\partial x\partial y}\mathrm{d}x\mathrm{d}y\right\}$$

$$Q^{k} = \frac{\lambda}{6\beta}\left[\sum_{k_1}^{K}q_{k1}\iint\frac{\partial\varphi_{k1}}{\partial x}\varphi_k\mathrm{d}x\mathrm{d}y + \frac{M_a^2-2}{M_a^2-1}\sqrt{\frac{\mu}{\lambda}}\sum_{k_1}^{K}\frac{\mathrm{d}q_{k1}}{\mathrm{d}t}\iint\varphi_{k1}\varphi_k\mathrm{d}x\mathrm{d}y\right]$$

$$F^{k} = 2\left(\frac{a}{h}\right)\sum_{m}^{I}\sum_{n}^{J}\sum_{k1}^{K}a_{ij}q_{k1}\iint\frac{\mathrm{d}u_i}{\mathrm{d}x}v_j\frac{\partial\varphi_{k1}}{\partial x}\frac{\partial\varphi_k}{\partial x}\mathrm{d}x\mathrm{d}y$$

$$+\sum_{k1}^{K}\sum_{k2}^{K}\sum_{k3}^{K}q_{k1}q_{k2}q_{k3}\iint\frac{\partial\varphi_{k1}}{\partial x}\frac{\partial\varphi_{k2}}{\partial x}\frac{\partial\varphi_{k3}}{\partial x}\frac{\partial\varphi_k}{\partial x}\mathrm{d}x\mathrm{d}y$$

$$+ 2\left(\frac{a}{b}\right)^3\left(\frac{a}{h}\right)\sum_r^R\sum_s^S\sum_{k1}^K b_{rs}q_{k1}\iint u_r\frac{\mathrm{d}v_s}{\mathrm{d}y}\frac{\partial\varphi_{k1}}{\partial y}\frac{\partial\varphi_k}{\partial y}\mathrm{d}x\mathrm{d}y$$

$$+ \left(\frac{a}{b}\right)^4\sum_{k1}^K\sum_{k2}^K\sum_{k3}^K q_{k1}q_{k2}q_{k3}\iint\frac{\partial\varphi_{k1}}{\partial y}\frac{\partial\varphi_{k2}}{\partial y}\frac{\partial\varphi_{k3}}{\partial y}\frac{\partial\varphi_k}{\partial y}\mathrm{d}x\mathrm{d}y$$

$$+ 2v\left(\frac{a}{b}\right)^2\left(\frac{a}{h}\right)\sum_i^I\sum_j^J\sum_{k1}^K a_{ij}q_{k1}\iint\frac{\mathrm{d}u_i}{\mathrm{d}x}v_j\frac{\partial\varphi_{k1}}{\partial y}\frac{\partial\varphi_k}{\partial y}\mathrm{d}x\mathrm{d}y$$

$$+ 2v\left(\frac{a}{b}\right)\left(\frac{a}{h}\right)\sum_r^R\sum_s^S\sum_{k1}^K b_{rs}q_{k1}\iint u_r\frac{\mathrm{d}v_s}{\mathrm{d}y}\frac{\partial\varphi_{k1}}{\partial x}\frac{\partial\varphi_k}{\partial x}\mathrm{d}x\mathrm{d}y$$

$$+ v\left(\frac{a}{b}\right)^2\sum_{k1}^K\sum_{k2}^K\sum_{k3}^K q_{k1}q_{k2}q_{k3}\iint\frac{\partial\varphi_{k1}}{\partial x}\frac{\partial\varphi_{k2}}{\partial y}\frac{\partial\varphi_{k3}}{\partial y}\frac{\partial\varphi_k}{\partial x}\mathrm{d}x\mathrm{d}y$$

$$+ (1-v)\left\{\left(\frac{a}{b}\right)^2\left(\frac{a}{h}\right)\sum_i^I\sum_j^J\sum_{k1}^K a_{ij}q_{k1}\iint u_i\frac{\mathrm{d}v_j}{\mathrm{d}y}\left[\frac{\partial\varphi_{k1}}{\partial y}\frac{\partial\varphi_k}{\partial x}+\frac{\partial\varphi_{k1}}{\partial x}\frac{\partial\varphi_k}{\partial y}\right]\mathrm{d}x\mathrm{d}y\right.$$

$$+ \left(\frac{a}{b}\right)\left(\frac{a}{h}\right)\sum_r^R\sum_s^S\sum_{k1}^K b_{rs}q_{k1}\iint\frac{\mathrm{d}u_r}{\mathrm{d}y}v_s\left[\frac{\partial\varphi_{k1}}{\partial y}\frac{\partial\varphi_k}{\partial x}+\frac{\partial\varphi_{k1}}{\partial x}\frac{\partial\varphi_k}{\partial y}\right]\mathrm{d}x\mathrm{d}y$$

$$+ \left(\frac{a}{b}\right)^2\sum_{k1}^K\sum_{k2}^K\sum_{k3}^K q_{k1}q_{k2}q_{k3}\iint\left[\frac{\partial\varphi_{k1}}{\partial x}\frac{\partial\varphi_{k2}}{\partial y}\frac{\partial\varphi_{k3}}{\partial y}\frac{\partial\varphi_k}{\partial x}+\frac{\partial\varphi_{k1}}{\partial x}\frac{\partial\varphi_{k2}}{\partial y}\frac{\partial\varphi_{k3}}{\partial x}\frac{\partial\varphi_k}{\partial y}\right]\mathrm{d}x\mathrm{d}y\right\}$$